预压地基固结分层法计算与应用

沈锦儒　朱　丽

机械工业出版社

　　地基处理一直是工程建设中的关键施工环节和施工技术方案中的重点，也是岩土工程界的首要研究课题。本书根据作者 30 多年来从事地基处理的研究和实践经验，针对预压地基固结问题，提出了分层法的固结理论和计算原理，并就固结度的定义与计算、预压地基的竖向变形量计算、堆载预压法固结度的计算、真空预压法固结度的计算、真空联合堆载预压法固结度的计算，结合工程实践，进行了详细的讲解，并给出了算例。本质上来说，预压地基无论多少层，采用何种施工工艺，分层法都能将成层地基拆解为若干个单一土质的地基，用现有的方法计算得到各层地基的平均固结度，再根据各层地基的贡献能力，用本法将它们整合成压缩层的总平均固结度，从而使分层法用电子表格就可完成成层地基的固结度计算。大量的实践证明，其计算结果与工程实例相比十分吻合，误差在允许范围内。这就为预压地基固结度计算提供了有别于传统思路的一种简明且行之有效的方法。

　　本书适合于工程地基研究、设计及施工人员参考使用。

图书在版编目（CIP）数据

　　预压地基固结分层法计算与应用/沈锦儒，朱丽著．—北京：机械工业出版社，2022.1

　　ISBN 978-7-111-69805-0

　　Ⅰ.①预…　Ⅱ.①沈…②朱…　Ⅲ.①地基－预压加固－固结（土力学）－计算方法　Ⅳ.①TU470

　　中国版本图书馆 CIP 数据核字（2021）第 251250 号

机械工业出版社（北京市百万庄大街 22 号　邮政编码 100037）
策划编辑：薛俊高　责任编辑：薛俊高　范秋涛
责任校对：刘时光　封面设计：张　静
责任印制：郜　敏
北京富资园科技发展有限公司印刷
2022 年 1 月第 1 版第 1 次印刷
184mm × 260mm · 14.25 印张 · 351 千字
标准书号：ISBN 978-7-111-69805-0
定价：69.00 元

电话服务　　　　　　　　　网络服务
客服电话：010-88361066　　机　工　官　网：www.cmpbook.com
　　　　　010-88379833　　机　工　官　博：weibo.com/cmp1952
　　　　　010-68326294　　金　书　网：www.golden-book.com
封底无防伪标均为盗版　　机工教育服务网：www.cmpedu.com

前　言

　　国家规范中预压地基变形计算公式考虑了成层地基的特性，采用分层总和法，而固结计算恰是单一土质的计算公式。因此，预压法加固成层地基的固结度计算，一直困扰着设计人员，总是不能获得既简便又能保证答案具有足够精度的计算方法。本书提供的分层法是计算成层地基固结度的简易而实用的方法。

　　基于工程实践，分层法提出完整井和非完整井地基的概念，考虑成层地基的特性，对软基在预压时的固结度计算方法进行了研究。分层法不走如下常规老路：设立假定，将成层地基或等效为单一土质的均质地基，或转化为双层地基，建立偏微分方程，通过数值法或解析法解方程，获得精确解或近似解。分层法"反其道而行之"，在研究之初就刻意地避开学术界和理论界的固有思维模式，走与工程设计相结合的道路。对预压对象的地基仍保持其成层地基状态，既不建立任何偏微分方程，也不需要采用数值法或解析法来解方程。在现有的排水固结原理基础上，首先分析了预压时荷载的施加方式和地基内的应力构成及其分布模式，再从地基变形计算入手，分析压缩层中各分层地基的变形量与整个压缩层的总变形量之间的关系，研究各分层所承受的应力与地面承受的荷载的差别，定义了分层固结度初值、分层平均固结度、分层固结度贡献值等新概念。同时引入了"全路径竖向固结系数""分层贡献率""分层应力折减系数"和竖井层的"复合竖向固结系数"等新参数。推导出了计算成层地基固结度的实用而简易的方法。分层法采用人们已经非常熟悉的理论和公式，不论是竖井层还是井下层中的各层土，均按自然层位分层，每层土的排水距离是该层土底面至竖井层顶面的距离。采用"全路径竖向固结系数"计入土中水渗流运动需经过的所有土层的影响。用预压法的普遍表达式计算得到土层的固结度，在单一土层时就是该土层的总平均固结度。在成层地基中，某分层地基的固结度就不再是其平均固结度，而是分层固结度初值，只有乘以该分层的"应力折减系数"后才是该分层平均固结度的真实值，再乘以本层的贡献率后就是该分层对整个压缩层总平均固结度的贡献值，只有将所有分层的分层固结度贡献值求和才得到整个压缩土层的总平均固结度。分层法避免了采用高深复杂的数学方法，只需用一般的数学方法运算，利用电子表格就可完成成层地基固结度的计算。分层法不仅可计算整层的总平均固结度，还可计算各分层的平均固结度，又可计算任意合层的平均固结度，例如竖井层或井下层等。分层法的计算工作量小且精度满足设计要求。用分层法计算几个算例的结果与国内常用的解析法和某些近似法等的结果都比较接近。用分层法计算工程实例与实测值对比，吻合较好，且满足计算精度要求。

　　分层法研究过程中始终将工程实例作为检验研究成果的标杆，提出的上述新参数都是在不断地比对工程实例基础上陆陆续续地总结出来的，逐个充实了分层法创新的内涵。

　　排水距离的取值一直是工程界争议颇大的问题，将井下层的排水距离定为 $H' = (1 - \alpha Q) H$，看似科学地计入了排水竖井对井下层渗流有限的影响，但这完全是人为的设定，有悖客观实际。井下层的渗流水运动进入竖井层后又将做何运动，其出路又是何处？分层法将排水距离一律定为分层底面至整层顶面的距离，各分层的渗流水的最后归宿都是压缩层的顶面，毫无疑问，这完全符合实际。同时提出了"全路径竖向固结系数"和竖井层的"复合竖向固结系数"新参数，与之配套，圆满地解决了排水距离的问题。

成层地基与单层地基最大区别是土层数，单层地基只要满足 $H/B \leqslant 0.3$ 就可以视单一土层内的附加应力与地面荷载相等的常数，其误差不足 3%。但成层地基的各分层在压缩层中的位置各不相同，靠近地面处的分层也许可以将土层内的附加应力视为与地面荷载相等的常数，其误差不会太大。其余各层就不能如此对待了，它们的附加应力与地面荷载有较大的差值，不计入此差值必将引起较大的误差，因此分层应力折减系数就应运而生。应力折减系数解决了普遍表达式只能计算单一土层固结度的问题。当此普遍表达式用到成层地基时，其计算得到的分层固结度定名为分层固结度初值，乘以应力折减系数后就是分层平均固结度。

压缩层的总沉降由各分层的固结沉降累加合成，各分层的层厚不等，压缩性能各异，在压缩层的最终沉降中的占比就不会相同，因此各分层的平均固结度对于整层的总平均固结度的贡献大小就不会相同，这就要仰仗各分层对整个压缩层总平均固结度的贡献大小。所以成层地基固结度计算时，分层贡献率是个十分重要的参数。

分层法对于逐渐加荷条件下的堆载预压加固地基固结度的计算，采用将分次线性均匀加荷的方式转变为分级瞬时加荷的方式，逐级逐层计算各分层的固结度，最后汇总为整个压缩层的总平均固结度。

实践证明，真空预压法直接引用传统堆载预压法的体积应变计算公式会导致较大误差。工程界迫切要求提供一种用于真空预压法加固成层地基的固结度计算的专用方法。分层法研究了真空预压的特点，认为真空预压时，存在真空负压和水位下降两种作用（荷载），它们在地基中的应力分布模式和施加方式并不相同，不能采用同一套公式计算它们的沉降和固结度，必须分别计算，因而提出了真空预压法加固地基固结度计算的 ABV 算法。真空预压的地基变形计算公式，其形式虽然也是分层总和法，但与堆载预压并不相同，是新创的计算公式。

真空堆载联合预压法加固成层地基固结度的计算，大多将堆载压力和真空压力叠加后，采用加权平均固结系数的方法，按单一土层计算。这种方法既没有区分堆载压力与真空压力在向下传递过程中的差别，也没有反映它们在联合作用中各自所发挥的作用大小。工程实例证明用此法计算的结果与实测值误差高达百分之几十。研究表明：堆载压力与真空压力是不同的作用（荷载），应该采用类似于真空预压法的 ABV 算法"先分后合"，真空堆载联合预压法比真空预压法多了堆载压力的环节，因此称为 ABCU 算法。

综上所述，计算成层地基固结度的分层法，包含了瞬时加荷的堆载预压法、逐渐加荷条件下的堆载预压法、真空预压法和真空堆载联合预压法等四个不同课题，经国家知识产权局审查批准为国家发明专利，专利号依次为：ZL 2019 1 0628356.2、ZL 2019 1 0628350.5、ZL 2019 1 0628349.2 和 ZL 2019 1 0628493.6。为了广大读者能尽快熟悉上述四个课题的具体计算步骤和方法，作为上述四个课题"使用说明"的本书列举了四个课题的多个算例。为了便于对比计算结果，有的算例是地基处理手册中的例题，有的算例是建筑地基处理规范中的例题，经对比，计算结果完全相同。算例中还有三个工程实例，计算结果与实测值非常接近，误差均在允许范围内，其精度比平均指标法高许多。

本书编撰过程中，参阅了一些已发表的论文、研究报告和工程文档，都已列入书末参考文献中，从中汲取了不少营养，引用了部分资料。作者在此一并向他们表示深切的谢意。

本书得到中国能建集团江苏省电力设计院有限公司和江苏科能岩土工程有限公司的大力支持，得到刘益平、朱晶晶、王志楠、周伟、陆伟岗、何小飞、卫华、陈念军的帮助，为我提供有关资料和文档；机械工业出版社建筑分社薛俊高副社长和编、排、印、订等工作人员为本书出版做了大量、细致、艰辛的工作，使本书能顺利出版，对此作者向他们表示衷心的感谢。

沈锦儒

2021 年 4 月于南京

目　　录

第1章 概　论

1.1　简述地基固结度计算的发展概况

1924 年 Terzaghi 提出了一维固结理论和有效应力原理，Ren-dulic（1935）将 Terzaghi 一维固结理论推广到二维和三维的情况，提出了 Rendulic-Terzaghi 固结理论。Biot（1940）根据连续体力学的基本方程，建立了 Biot 固结理论[1]。

Terzaghi 一维固结理论具有简单易用的特点，所以当前实际工程中运用最多的还是 Terzaghi 一维固结理论及其各种改进方法。传统的 Terzaghi 一维固结方程的求解大多基于分离变量法，而用分离变量法来求解实际工程中常见的成层地基的一维固结问题，存在较大的困难，因此不得不采用各分层的加权平均指标，仍按均匀土层的情况计算，以求得近似的结果[2]。

成层地基的固结计算是工程实践中的常见课题。对这一课题的严格解析解，目前仅有适用于双层地基一维固结的解答[3]，应用这些解答解决实际工程问题时，由于需要求解位置并不确定的超越方程的根，一般来讲是较为困难的[4]，计算表明容易出现漏根。这使得解析法虽然理论上严格、计算复杂，但计算结果未必准确。工程实践中广泛采用的是简化计算法，常见的有加权系数法和平均指标法[3]。这些简化法无疑难于全面揭示层状地基的固结性状。不同简化计算法获得的计算结果也不尽相同，此外，解析法和简化法均不能考虑水平向排水对固结的影响，对层状地基而言，这种影响并不总是可以忽略的[5]。实际上，近代沉积的深厚软黏土往往成层分布，各个土层均具有不同的物理力学参数，而且排水竖井又分为打穿受压土层（以下称为完整井）和不打穿受压土层（以下称为非完整井）两种情况。现今规范往往没有考虑成层地基固结度计算问题[6]。对于成层地基固结度计算，大多采用格雷[7]建议的成层地基的固结度，采用加权平均固结系数的方法，按单一土层计算。这种方法可以简化计算整个土层的平均固结度，但不能计算各个土层的固结度、分层沉降等结果。对于成层地基固结度计算的其他方法，近年来研究成果比较多，在国内近期比较有代表性的有谢康和[8]、蓝柳和[9]、徐长节[10]、刘加才[11]、闫富有[12]等人的工作，但一般理论与公式都比较复杂，需要借助于高深的数学方法才能获得固结方程的解。有的采用数值方法，也有的采用分析解法。数值方法主要用有限差分法和有限元法，解析法采用分离变量和傅里叶展开、拉格朗日插值法、拉普拉斯积分变换等方法。这对设计人员来讲都是比较繁复的，不便应用于工程实践中。

预压法加固的地基多为不同类型软土组成的成层地基，且多为竖井未打穿压缩层的非完整井地基，其理论求解已引起广泛的重视。A. Onoue[13]考虑井阻作用而忽略涂抹效应，用差分法计算了成层各向异性砂井地基固结问题，结果表明，双层地基固结明显滞后于取其平均固结系数的单层地基。房营光[14]采用了先求得整个地基的孔隙水压力，然后由

Laplace-Fourier 联合变换法求得成层砂井地基的固结变形。谢康和[15]给出了双层砂井地基孔隙水压力和固结度的具体表达式，但由于其解析式中含有三角函数和双曲函数，表述形式相对比较复杂，很难推广到成层地基固结计算。X. W. Tang 和 K. Onitsuka[16]把求解理想砂井地基固结方法推广到双层非理想砂井地基固结，并导出了系统的正交关系，使求解多层砂井地基固结问题成为可能。关于未打穿砂井地基固结问题，X. W. Tang 和 K. Onitsuka[17]对下卧层顶面即渗透面上的连续条件做了进一步简化，视下卧层为一维渗流，利用系统的正交关系，得到考虑砂井打设区和下卧层相互影响的未打穿砂井地基固结解析解。刘加才等[18、19]把该方法用于多层未打穿砂井地基固结分析中，因其表达式过于复杂，求解过程十分繁琐，故不便于工程应用。

由于成层非完整井地基固结问题的复杂性，E. G. Hart 等[20]、谢康和和曾国熙[21]针对单一土层提出了近似算法。陈根媛[22]根据固结度相等的原则，把砂井长度范围内土层的三维固结转化为一维固结，即"等效双层地基法"。王立忠和李玲玲[23]进一步提出了等效土层厚度应由井距来控制的思想。郝玉龙等[24,25]对等效转化的计算方法做了改进，形成了把成层非完整井地基固结等效为多土层一维固结的简化计算方法。在等效转化过程中，平均固结度的选取对计算结果影响较大，且很难考虑井阻或涂抹效应。闫富有[12]将下卧层中，位于砂井底面以下的土柱视为"虚拟砂井"，"虚拟砂井"的半径等于砂井的半径，长度等于下卧层的厚度。虚拟砂井仅发生向上渗流，其渗透固结系数等于下卧层的相应值，其周围土体发生竖向和径向渗流。该"虚拟砂井"没有涂抹区，与砂井交界面处满足孔压和流量连续性条件。采用 Lagrange 插值函数，建立成层未打穿砂井地基固结数值计算方法。

迄今为止，尚未见到 3 层以上土层未打穿砂井地基固结的算例。以上林林总总的各种方法，无论是数值解还是解析解，或近似解，都有这样或那样的不足之处，难以被设计广泛采用。

真空预压排水固结法加固软土地基的基本原理，最早由瑞典皇家地基学院的 W. Kjellman 教授于 1952 年提出。1958 年在美国费城国际机场的跑道扩建工程中首次应用真空井点降水和砂井相组合的工法处理地基问题，随后日本、芬兰、法国、苏联、瑞典、美国等国家都有该工法的报道，但由于施工工艺方面的困难，如抽气设备、密封材料、垂直排水通道、打设技术等方面的原因，在很长一段时间内没有得到广泛的应用[26]。我国于 20 世纪 80 年代开始研究此加固工艺。交通部一航局、天津大学、南京水利科学院土工所等单位对真空预压加固软土地基在施工工艺和设计方法等方面做了不少工作，使其在工程应用中取得成功，此后该工法得到很大的发展[27-30]。在真空预压技术发展的过程中伴随着真空预压机制的探索，相对于真空预压的工程应用，理论和试验研究落后于工程实践。真空预压和堆载预压的区别不仅在于初始和边界条件的区别，并且它们使土体发生体积变形的机制也有所不同。体积应变的计算对真空预压变形和固结度的计算都有较大的影响，直接引用传统堆载预压的体积应变计算公式计算可能导致较大误差。

真空预压同堆载预压加固地基一样，有两个最基本的问题：最终效果问题和预压时变形、孔压、有效应力强度参数等随时间的变化。对堆载作用下的砂井地基解析解的研究已有较长的历史，也有较多成果[26]。真空预压采用的设计理论普遍为等效于堆载的固结解，其中竖向采用 Terzaghi 的竖向固结解，径向采用 Barron 理想砂井解析解[31]、Hansbo 的非理想井解析解[32]。目前还有改进 Hansbo 解的谢康和非理想井解[33]。总的来说，现有对真空预压加固软土地基机理的研究在不同程度上带有堆载预压的思维方式，难以解释目前工程实践中遇到的一些问题，如真空预压加固软土地基的有效深度大小等[34]。至今，对于真空预压固结的解析解研究相对较少。在国内外近期比较有代表性的有董志良[35]在谢康和[36]等的砂井固结理论的基础上，通过改变初始条件和边界条件，推导出了真空预压加固地基的固结解析解；彭劼[37]推导出考虑真空荷载随时间变化的研究成果。真空预压解析解以及真空荷载瞬时施加堆载随时间变化的真空堆载联合预压解析解；Mohamedelhassan 和 Shang[38]发展了真空联合堆载预压的一维固结模型，Indraratna 等[39]提出抽真空作用下真空度的衰减经验公式，并由此在 Hansbo[32]的砂井固结理论的基础上分别推导了空间轴对称模型的固结解和平面应变模型的固结解；Tran 和 Mitachi[40]对 Indraratna 等[39]的推导过程进行了修正。真空预压下土骨架的体积应变计算与传统堆载预压有所不同，而上述理论直接引入堆载预压时的体应变计算公式进行求解。张仪萍等建立了真空预压空间轴对称的变形模型，并推导了其变形量及体积应变计算公式，求出了忽略竖向渗流情况下的真空预压加固软土地基的固结解析解[26]。

真空堆载联合预压法（以下简称联合预压法）是在真空预压法基础上发展而来。为了满足某些使用荷载大、承载力要求高的建筑物的需要，我国从 1983 年开展了联合预压法的研究。通过室内离心模拟试验[41]和现场大面积试验[42]表明，真空产生的负压和堆载产生的正压效果是可以叠加的，从而形成了真空联合堆载预压法。该方法具有真空预压和堆载预压的双重效果，但又不完全等同于二者的简单叠加。通过抽真空形成负压，当真空度达 80kPa 以上，相当于一次性施加 4.5~5m 的填土荷载。由于抽真空产生负压，使土体产生向内的收缩变形，可以抵消因堆载产生的向外的侧向挤出变形，地基不会因填土速率过快而出现稳定性的问题，同时该方法可以将填筑的路堤作为堆载加以利用，不仅具有很好的加固效果，而且经济效益明显。

叶柏荣、董志良在砂井固结理论的基础上，通过改变初始条件和边界条件，推导了真空预压的解析解[43]。在此基础上，董志良推导了联合预压砂井地基固结解析解。董志良在正负压砂井地基固结解析解的基础上，导出了排水板的渗流量、加固区竖向固结渗流量及区内外进出渗流量的计算公式。黄腾、张迎春、杨春林等从应力状态入手分析真空联合堆载条件下计算地基稳定的数学模型，提出抽真空作用下真空度衰减公式和土体抗剪强度增量的计算公式，并应用于某联合预压试验段的稳定分析中[44]。徐泽中、刘世同、柴玉卿从 Barron 的砂井地基等应变固结解出发，建立了联合预压的渗流模型[45]。

解析解便于工程的实际应用，但是分析的边界条件比较简单，采用的土体本构模型也较简单，对井阻、涂抹作用不能较好地考虑。解析解只能进行一维或轴对称分析，对实际工程的复杂性反映不全面。由于解析解一般假设固结过程中总应力不变，所以无法考虑固结过程中孔压与变形的耦合关系。邱长林、阎澍旺[46]及陈析、周卫、洪宝宁分别用有限元分析了联合预压加固软土地基过程[46,47]。李格平编制了以比奥固结理论为基础，按平面应变问题分析地基加固效果的有限元程序，对工程实例及现场试验进行了计算分析，并将程序计算结果和实测值进行比较，证明采用该程序计算联合预压时，计算所得的变形是可信的，从而为设计提供了依据[48]。杨海彤研究了正负压共同作用下土体的固结特性和变形机理，介绍了有关联合预压的解析解及有限元数值计算理论。应用比奥固结有限元方法，采用邓肯—张土体本构关系，模拟现场情况，计算分析了联合预压下土体固结变形过程。最后，根据实测资料，采用一维反演分析法，推导了最终沉降值计算公式，结合改进后的高木俊介固结度计算方法，建立联合预压法的沉降预测模型[49]。周顺华、王炳龙、李尧臣等由固结理论出发，对初始孔压采用叠加原理进行分解处理，建立了联合预压处理地基沉降计算的有限元方程[50]。彭劼、刘汉龙、陈永辉等根据浙江杭金衢高速公路娄下陈段的联合预压法的软土地基工程实践，报道了联合预压法加固对展望环境影响的实测情况，并进行了有限元分析[51]。李豪、高玉峰、刘汉龙等在真空预压机理和砂井地基固结理论基础上，根据固结度等效的原则，将复杂砂井地基转化为无砂井成层地基，提出了联合预压法的简化计算方法[52]。

如今，联合预压法在国内外越来越多的工程建设中已得到了广泛应用，施工技术也越来越成熟。但关于其加固机理、理论计算以及应用领域等方面的研究目前还不是十分的完善，还缺乏统一的认识。现阶段，对联合预压加固成层地基的研究仍然侧重于解析理论、数值分析或简化近似方法。上述研究结果尚不易用于工程实践。

1.2 成层地基固结度计算的关键问题

1.2.1 成层地基的排水距离

成层地基的特点之一就是土层数较多。各层土在压缩层中的位置各不相同。对于单向排水的均质地基而言，排水距离是明确的，它就是压缩层的层厚 H。若在均质地基的压缩层中打设了未贯穿压缩层的排水竖井（称为非完整井地基），就存在问题了，对于成层地基则问题更为复杂。

对于单向排水的均质非完整井地基而言，虽然是均质地基，但因设置了未打穿压缩层的排水井后，使原本的均质单层地基转变为具有不同固结特性的双层地基——竖井层和井下层。如何界定竖井层和井下层的排水距离，国内外并非完全相同。在我国，竖井层的固结计算，取竖井长度为竖井层的最远排水距离。竖井以下土层取竖井底面为排水面，按单向固结理论计算。而 Hart 等人（1958）的文章，在计算竖井层和井下层时排水距离一律取用整个受压层的厚度 H（等于竖井长度 H_1 和井下层厚度 H_2 之和）。当 $0 < Q < 1$ 时（$Q = H_1/H$），按我国常用方法计算的固结度比按 Hart 方法计算的大。诚然，由于打设竖井后，井下层的排水条件将得到改善，但不等于可以将竖井层的底面作为井下层渗流运动的终点，井下层土层中的孔隙水进入竖井层后，仍然会继续渗流运动直至排出压缩层的顶面。上述两种方法都是走了极端。因此，按 Hart 等人的方法计算结果是偏小的，而我国通常采用的方法计算结果则要大些[53]。谢康和（1987）提出了一个改进法，此法根据竖井排水能力的大小，将井下层的排水距离 H' 定为 $(1 - Q)H < H' < H$。即井下层的排水面介于竖井底面与顶面之间。但谢康和的方法也只能用于均质土的非完整井地基。

1.2.2 竖向固结系数的取值

计算成层地基的固结度时，无论是竖井层或井下层都有竖向渗流部分的计算，计算公式中的竖向固结系数取值是十分重要的，尤其是井下层的各分层，如何考虑排水竖井的影响是其关键。

1. 竖井层

已有的固结理论已经证明单井固结模型中的竖井层，在一定压力下，土层中的固结渗流水沿径向和竖向流动，其固结微分方程可以分解为竖向和径向两个微分方程分别求解，算得竖向排水平均固结度和径向排水平均固结度，最后求出竖向和径向排水联合作用时整个竖井影响范围内土柱体的总平均固结度。求解径向固结微分方程时，只涉及径向固结系数，与竖向固结系数无关；同样，求解竖向固结微分方程时，只涉及竖向固结系数，与径向固结系数无关。毫无疑问，当分别计算各分层径向固结微分方程时，各分层的径向固结渗流的排水距离为单井影响圆半径，在此排水距离内只涉及各分层的匀质土，其径向固结系数是常数。处于竖井层中、下部的各分层，当竖向排水的路径中有若干个分层，各分层有不同的竖向固结系数，如何将渗流水经过的各分层竖向固结系数转换成该分层的等效竖向固结系数，这是必须解决的问题。各分层渗流水经历的路程不同，涉及的分层数各异，其等效竖向固结系数也是各不相同的。

完整井的成层地基与非完整井成层地基的竖井层是相同类型的，其竖向固结系数取值的方法应该是相同的。

2. 井下层

非完整井地基井下层的竖向固结系数取值问题包含了两项内容。其一，与竖井层相同，即如何将渗流经过的各分层竖向固结系数综合考虑后转换成该分层的等效竖向固结系数；其二，如何考虑排水竖井的影响。此两者缺一不可，而且后者更为重要。

1.2.3　各土层地基所受的荷载

分层法的宗旨之一是不建立新的微分方程，而是应用现成的固结理论和计算公式来解决成层地基固结度计算的问题。

$$\overline{U}_{rz} = 1 - \alpha e^{-\beta t} \tag{1-1}$$

上式是人们熟知的计算固结度常用表达式，用此表达式可以计算不同排水条件的地基固结度。对于成层地基中的各分层应用此公式时，所计算得到的固结度究竟是否就是分层的平均固结度呢？

图 1-1 是整个压缩层的单井固结模型竖向剖面图，其中深色线条表示了假设第 j 分层的层面上受地面荷载 p 的作用，层厚为 h_j，其下为不透水层，应用常用表达式算得的是否就是第 j 分层平均固结度？事实上荷载 p 作用在地面处，传到第 j 分层的层面上的荷载必然低于 p，因此第 j 分

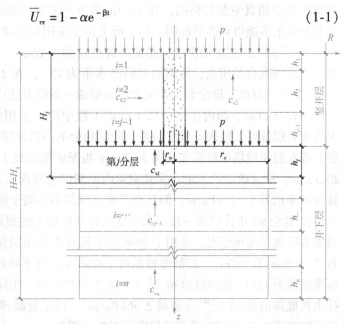

图 1-1　压缩层的单井固结模型竖向剖面图

层真正的平均固结度肯定低于用常用表达式算得的值，而常用表达式中所有参数与荷载没有任何关系，所以应该将常用表达式算得的值打一折扣，以体现分层附加应力与地面荷载的差别，这就是下文中分层应力折减系数的由来。

1.2.4 各土层对整个压缩层总平均固结度的贡献

先以国民经济的增长率为例，全国的国民经济增长率是由各省的 GDP 增长率汇总而得。各省根据本省当年的国民经济产值与上一年的国民经济产值相比，获得了当年的 GDP 增长率。当国家统计全国的 GDP 增长率时，并不是将各省的 GDP 增长率直接相加平均来得到全国的 GDP 增长率，而是要按该省 GDP 规模在全国 GDP 中的占比大小，算得该省的贡献值后，再汇总到国家 GDP 的增长率中。同理，某分层的平均固结度相当于某省的 GDP 增长率，累计整个压缩层的总平均固结度时也要根据其贡献率的大小来汇总。t 时刻成层地基第 j 分层平均固结度的涵义是第 j 分层 t 时刻的压缩变形量 s_{jt} 与第 j 分层的最终变形量 s_{jf} 之比，这就相当于某省的 GDP 增长率。它对整个压缩层的总平均固结度能提供多大的固结度增长率，还要根据第 j 分层的最终变形量 s_{jf} 在整个压缩层最终变形量 $\sum_{i=1}^{n} s_{if}$ 中的占比大小。例如第 j 分层的厚度很厚，且压缩模量又不大，它的变形是整个压缩层变形量的 70%，则它的分层平均固结度对整个压缩层总平均固结度的贡献就是该分层的平均固结度乘上 0.7 后的值。

1.2.5 真空度的衰减

采用真空预压法加固软土地基，普遍认为浅层处理效果较显著，而对加固的有效深度大小意见不一。有人认为真空预压效果只限于浅层，可以达到 20m 左右深度，也有人认为可以达到塑料排水带底部附近，一部分学者认为其加固深度不超过 10.3m，原因是真空预压的真空度是使用真空泵提供的，在 10.3m 以下水不能被抽出形成不了真空压力，因而 10.3m 以下的软土不能得到有效加固。但实际上不少采用真空联合堆载预压的工程，使用的塑料排水带都达到了 20 多米的深度，目前最深已达到了 26m。江苏省连云港灌云地区的某工程采用真空堆载联合预压法，使用的塑料排水带为 22m，在 22m 深的淤泥层中仍能测到真空压力 6kPa[54]。对此，理论和实践至今没有形成一致的看法[26]。

2007 年以来，国内在吹填软土造地工程中广泛采用无砂真空预压，其固结特点独特，表现为表层最好、地表下浅层最差，底层和中下部稍好等特点。其真空传递也十分独特，唐彤芝等在温州现场试验研究发现 3~3.5m 板至底部衰减了 40% 左右[55]，折算衰减率为 10~20kPa/m，中交疏浚技术重点实验室室内原型试验发现 3.3m 长的板底部仅余不足 50%，折算衰减率达到 8~15kPa/m。但真空严重衰减并不等同于渗流压降梯度也很大。

20 世纪 80 年代以来一直有真空度衰减率比较大的报道。沈珠江等根据天津新港四港池后方Ⅱ区地基处理情况，采用了 20m 排水板真空负压沿深度线性递减至底部仅余 1/3 的分布[56]（衰减 3kPa/m），彭劼等根据杭金衢高速路娄下陈段实测真空度情况，采用了至 25m 深度递减为 15kPa 的线性分布[57]（衰减 2.5kPa/m），张泽鹏等根据现场试验测得 10m 长的排水板底部仍有 68%[58]（衰减 2.56kPa/m）。以上衰减梯度 3% 就算很大，但与无砂真空预压动辄每米 10%~15% 的衰减梯度是无法比拟的。

传统的 Hansbo、谢康和及董志良非理想井解答板内渗流压降梯度一般为 0.5%~1.5%。

主要是因为排水板井阻较小。如采用经典解答反演无砂真空预压板内高压降梯度的固结过程，必须强制提高井阻，将排水板渗透系数减少到类似出现排水板堵塞的程度，但提高井阻的结果是固结度预测完全偏离实际。分析认为，这是板内真空不等于渗流压力的问题，真空压强与实际渗流压力之间的差值，就是真空损耗。但传统解答通常仅是把真空直接等同于渗流压降，成为问题所在。

鉴于发生的较大衰减的实际情况，Indraratna 假设真空沿深度线性损耗，总水头直接扣除损耗后推演出真空线性损减的非理想井径向固结解析解[59]，较传统解答改善了对各类高衰减工况的适应性，但该处理显然过于简单化。

真空度往下传递时的衰减量的大小会影响计算固结度的精度。但我国软土地基的地域宽广，地层构成多样、繁复，实测数据有限，尚未积累足够的资料，要精确地确定真空度的衰减值有很大的困难，因此需要从事真空预压法的工程师们在实践中获取。

1.3　分层法的特点

分层法是一种计算成层地基固结度的简易且实用的方法，它有别于其他计算成层地基固结度的方法。分层法不需要将成层地基转化为单层地基后计算固结度，也不需要将砂井转化为砂墙或延伸至下卧层为虚拟砂井，更不需要建立新的微分方程，避免采用高深复杂的数学方法，只需用一般的数学方法运算，利用电子表格就可完成成层地基固结度的计算。在计算中按压缩层中各土层的自然层位划分为若干个分层，再逐层用计算固结度的普遍表达式，并辅以分层法的特有系数和方法就可算得各分层的平均固结度和压缩层总平均固结度。也可按需要算得任意的地层或合层的平均固结度，例如竖井层或井下层等。经实际工程应用，分层法具有令人满意的计算精度，能满足设计要求。分层法弥补了现行规范尚无计算成层地基固结度的内容。其特点为：

1）概念清晰明了，方法简易。运用现成的理论与公式，利用 Excel 电子表格，只用指数函数和四则运算就能得到具有足够精度的解答，大大地简化了计算过程。

2）无论是竖井层还是井下层，都按自然层位分层，各分层均为匀质地基。每一层都可以用现成的固结度公式计算其分层固结度，使非均质地基课题转化为均质地基课题。

3）分层法定义各分层的排水距离均为分层底至整层顶。在排水距离路径内的各分层均参与渗流运动，从本层出发，经渗流运动至相邻的上层底面进入上一分层，以此类推，最终渗流运动至竖井层顶面排出。等效的竖向固结系数称为"全路径竖向固结系数"，以 $1/h^2$ 加权平均，计算方便，并具有足够的精度。

4）排水竖井对井下层的土中水渗流运动起到重要的作用。在计算井下层各分层的全路径竖向固结系数时，必须计入竖井的作用。分层法提出了复合竖向固结系数的新概念。

5）分层法不仅可计算整层的总平均固结度，还可计算各分层的平均固结度，又可计算任意数个相邻分层组合层的平均固结度，例如竖井层或井下层等。

6）采用应力折减系数对算得的分层固结度初值予以折减，可以有效消除误差。

7）只需调整某些竖井设计参数的值就能获得一个个新方案的固结度，便于进行多方案比较。

第 2 章　分层法的固结理论和计算原理

2.1　概述

2.1.1　固结理论研究的对象

地基土是一种有别于一般弹性物体的弹塑性体。地基受到荷载作用后，它的变形不是立即完成的。碎石土和砂土的压缩性小而渗透性大，在受荷后地基的变形达到稳定所需的时间很短，可以认为在外荷载施加完毕时，其固结沉降已基本完成。饱和软黏土与粉土地基在建筑物荷载作用下需要经过相当长的时间才能达到最终沉降，例如厚的饱和软黏土层，其固结沉降需要几年、十几年甚至几十年才能完成。

固结理论研究的主要对象是饱和黏性土和粉土，研究的课题是饱和土的变形与时间的关系。研究的主要成果之一是地基土的固结度。顾名思义固结度表示的是地基土固结的程度，即在某一固结应力作用下，经历时间 t 后，土体发生固结或孔隙水压力消散的程度。

2.1.2　研究分层法的起因

预压法是处理软黏土地基的有效方法之一。采用预压法处理软基的主要目的是：①减少建（构）筑物的工后沉降。地基的沉降在加载预压期间应大部分或基本完成，使建筑物在使用期间不致产生不利的沉降和沉降差。②通过预压排水固结，加速地基土抗剪强度的增长，提高地基的承载力、强度及稳定性。③消除欠固结软土地基中桩的负摩阻力，并可消除竣工后地基的不均匀沉降等。

工程界都知道，要使预压法获得理想的效果，周密的设计是十分必要的。预压法设计的内容，实质上就是排水系统和加压系统的设计。成功与否的指标是：所处理的软土地基经过预压后达到的总平均固结度、增长后的地基强度、稳定性及地基剩余沉降值和沉降差满足设计要求。实践经验表明，经过精心设计后的预压法工程没能达到预计的效果，撇开施工因素，重要原因之一是缺乏准确的成层地基固结计算方法。当前比较成熟的固结计算方法只有计算单层土地基固结度的公式。有关预压法的现行规程规范，无论是国家的或行业的，都只是在地基变形计算时采用分层总和法的公式中体现了成层土，在计算固结度的公式中体现的是单一土质的参数。因此，设计人员只能采用平均指标法、当量厚度法或其他方法将成层地基转换为等效单一土质的单层土地基。所谓"等效"的结果难免出现一定的误差。例如，江苏省连云港市某工程，厂址区域地貌单元为海积平原，地基土主要包括粉质黏土夹粉土、淤泥质粉质黏土、粉土、粉砂夹粉土、粉细砂等，地表尚分布一定厚度人工堆积成因的填土，总面积 12.1 万 m^2。设计采用真空堆载联合预压法处理软土地基，其中 Z2 地块 3.16 万 m^2。膜下真空度大于 650mmHg，堆载 38kPa 分两次堆置，经过 150 多天的真空预压和 2～3 个月的堆载预压，地面平均沉降了 105.3cm，但压缩层总平均固结度只有 0.766，只达到设计预估的 84.2%（见表 2-1）。究其原因，与采用的计算成层地基固结度方法有关。

表 2-1　设计预估值与实测值一览表

项　目	计　算	实　测	实测/计算
推算的地面最终沉降值 s_f/cm	159.7	137.4	0.860
预压完成时的地面沉降值 s_t/cm	145.3	105.3	0.725
总平均固结度	0.91	0.766	0.842

2.2　分层法的固结理论

2.2.1　分层法沿袭的固结理论与技术原理

分层法完全沿袭了现有的排水固结理论，包括 Terzaghi 一维固结理论及其固结模型和基本假定、Terzaghi 二维及三维固结理论和 Biot 固结理论、三维问题简化为一维变形和轴对称渗流固结问题、砂井理论及理想井与非理想井等理念。

2.2.2　分层法新创的固结理论与技术原理

1）分层法是在现有的排水固结原理的基础上从地基变形计算入手，分析整个压缩层中各分层地基的分层沉降与总沉降的相互关系，研究各分层所承受的实际应力与地面预压荷载的差别，定义了分层固结度初值、分层平均固结度、分层固结度贡献值等新概念。同时引入了"全路径竖向固结系数""分层贡献率""分层应力折减系数"和竖井层的"复合竖向固结系数"等新参数。

2）Terzaghi 固结理论假定地面堆载是瞬时施加，固结过程中土体的总应力分布始终不变。实际上完成荷载的施加，往往需要一定的加荷历时，固结过程中土体的应力分布是不断变化的。对于逐渐加荷条件下的堆载预压地基固结度的计算，通常采用改进的高木俊介法，也可采用 Terzaghi 修正法。但用于成层地基时，仍要采用平均指标法等将其转化为单一土层后计算。分层法定义了分层固结度初值的某级荷载的分量，引入"荷载比"和"延宕时差"新参数，用多级瞬时施加的方式，代替多次线性均匀加荷方式，解决逐渐加荷条件下成层地基固结度的计算问题。

3）采用堆载预压法加固的成层地基，分层法针对荷载往下传递时的扩散作用，采用布辛奈斯库解的应力分布模式，沿用已有的分层总和法计算公式，计算地基中各分层的最终沉降值和整层的最终沉降值，在地基变形计算的同时可算得各分层的应力折减系数和各分层对整层总平均固结度的贡献率。

4）采用真空预压法加固成层地基的施工过程中，将引起地下水位的下降，如图 2-1 所示。分层法针对在抽真空时，地基中不仅有渗流场的真空负压作用，还受到地下水位下降后部分土层出露到地下水面以上，浮力消退而增重的作用。真空负压在往下传递过程中的衰减，使其应力分布模式属于衰减型，它不同于地面堆载的扩散型，传播的深度远小于扩散型。抽真空引起地下水位下降所产生的荷载称为水位下降作用，它在地基中的应力分布模式

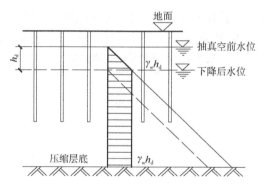

图 2-1 抽真空后地下水位的变化

属于稳定型，除了地下水位变动的范围内是变量外，以下为恒定值，传播深度可超过压缩层底。地下水位的下降将引起相关土层受到额外的附加应力 $\gamma_w h_d$，并产生相应的固结沉降。

这两种作用（荷载）施加的方式也是截然不同的。抽真空后当天或次日膜下真空度就能达到或超过设计值，因此真空负压作用可视为瞬时施加。地下水位的下降有一个过程，是逐渐地降下去的，所以水位下降作用则属于逐渐加荷的方式。

既然两种作用（荷载）的应力分布模式和施加方式都不相同，决定了它们不能合并计算，必须分别计算后再合成。所以分层法提出了真空预压法专用的分层总和法的地基变形计算公式和固结度计算公式。先分别算得它们单独作用下各分层的沉降值、应力折减系数、分层贡献率及固结度初值等，再算得它们单独作用时分层沉降在两种作用共同作用时的分层权重和整层沉降在两种作用共同作用时的整层权重，然后将真空负压和水位下降算得的参数乘以相应的权重合成为两者共同作用时的各分层平均固结度和整层总平均固结度，此方法称为真空预压 ABV 算法。

5）采用真空堆载联合预压法（以下简称联合预压法）加固成层地基时，与真空预压法相似，分层法也是采用"先分后合"的方式，先将联合预压的两种预压荷载分解成真空负压、水位下降和堆载加压三部分，分别算得它们单独作用下各分层的沉降值、应力折减系数、分层贡献率及固结度初值等，再算得它们单独作用下的分层沉降在联合预压中的分层权重和整层沉降在联合预压中的整层权重，然后将真空负压、水位下降和堆载加压算得的参数乘以相应的权重合成为三部分共同作用时的各分层平均固结度和整层总平均固结度，此方法称为联合预压 ABCU 法。

2.3 土层的定义

2.3.1 整层

排水固结法加固地基时，固结度的计算只限于一定深度范围。按照国家或行业现行规程规范所规定的原则，以附加应力小于等于自重应力的 0.1 倍为条件来确定计算深度，此深度范围内的土层称为整个压缩层，简称整层，如图 2-2 中厚度为 H 的土层。计算土的自重应力时，位于地下水位以下的土应采用浮重度。为简化起见可近似地用天然重度减 $10\mathrm{kN/m^3}$ 代替。

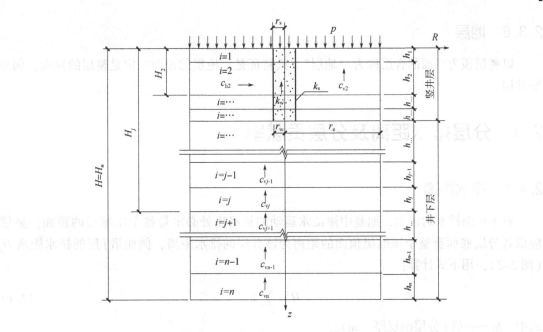

图 2-2　单井固结单元模型竖向剖面图

采用真空预压法或联合预压法加固成层地基，在计算压缩层的深度时，可以计入地下水位下降的影响。

2.3.2　完整井地基与非完整井地基

将排水竖井打穿整层的地基称为"完整井地基"，反之则称为"非完整井地基"。如图 2-2 中显示的就属于"非完整井地基"。

2.3.3　竖井层与井下层

非完整井地基的整层以竖井底面为界，划分为两个合层，上为竖井层，下为井下层。完整井地基中只有竖井层，无井下层。

2.3.4　分层

以各土层的自然层位，将竖井层和井下层划分为若干层，称为"分层"，自上而下顺序连续编号（图 2-2）。分层的特征是：每一层都是单一的均质地基。竖井层中的各分层均为完整井地基，井下层中的各分层均为无井地基。竖井底宜达到某个分层的底面。若竖井底未达到某个分层的底面时，会将按自然层位划分出的分层再次划分，在计算全路径竖向固结系数时应按再次划出的层厚采用。

2.3.5　合层

将相邻的数个分层合起来，称为"合层"。其特征是：合层位于整层中的某个部位，包含多个性质不相同、彼此相邻的分层，例如井下层。

2.3.6 地层

以整层顶为顶面的合层称为"地层"。其特征是：地层的顶面一定是整层的顶面，例如竖井层。

2.4 分层排水距离及分层贡献率

2.4.1 排水距离

对于单面排水的课题，地基中渗流水运动的最终出处必定是整个压缩层的顶面，显然应取各分层底面至整个压缩层顶面的距离为该分层的排水距离，例如第 j 层的排水距离 H_j（图 2-2），用下式计算：

$$H_j = \sum_{i=1}^{j} h_i \tag{2-1}$$

式中　h_i——第 i 分层的层厚（m）。

2.4.2 分层贡献率

任何一个分层都只是整层中的一部分，分层的平均固结度对整层的总平均固结度能贡献的比率与该分层的沉降值在整层总沉降值中的占比有关，这就是分层贡献率。第 i 分层的分层贡献率以 λ_i 表示。

以最简单的双层地基为例，根据总平均固结度的定义：

$$\overline{U}_z = \frac{s_t}{s_f} \tag{2-2}$$

式中　$\overline{U}_z$——双层地基总平均固结度，无量纲；

　　　s_t——双层地基 t 时刻的整层沉降值（cm）；

　　　s_f——双层地基最终的整层沉降值（cm）。

同理，双层地基的上、下两分层平均固结度分别为：

$$U_1 = \frac{s_{1t}}{s_{1f}} \tag{2-3}$$

$$U_2 = \frac{s_{2t}}{s_{2f}} \tag{2-4}$$

式中　U_1、U_2——第 1、2 分层的分层平均固结度，无量纲；

　　　s_{1t}、s_{2t}——第 1、2 分层的 t 时刻的分层沉降值（cm）；

　　　s_{1f}、s_{2f}——第 1、2 分层最终的分层沉降值（cm）。

将式（2-2）变换：

$$\overline{U}_z = \frac{s_t}{s_f} = \frac{s_{1t} + s_{2t}}{s_f} = \frac{s_{1t}}{s_{1f}} \times \frac{s_{1f}}{s_f} + \frac{s_{2t}}{s_{2f}} \times \frac{s_{2f}}{s_f}$$

$$= \lambda_1 U_1 + \lambda_2 U_2 \tag{2-5}$$

式中　λ_1、λ_2——第 1、2 分层的分层贡献率，无量纲。

由式（2-5）可知，双层地基的总平均固结度等于各分层土的分层平均固结度 U_1、U_2 乘上本层的分层贡献率 λ_1、λ_2 之和。λ_i（$i=1$、2）由下式计算而得：

$$\lambda_i = \frac{s_{if}}{s_f} = \frac{\psi_s s_i'}{\psi_s s_f'} = \frac{s_i'}{s_f'} \qquad (2\text{-}6)$$

由上式可知，λ_i 是按分层总和法算得的第 i 分层的地基变形量与压缩层内所有土层按分层总和法算得的地基变形量之和的比值，此值在地基变形计算时就能方便地得到。

每一分层视贡献对象不同，就有不同的贡献率。例如，竖井层中的某一分层，它既是竖井层中的一个分层，也是整层中的一个分层，它对于竖井层的平均固结度有一个分层贡献率，它对于整层就有另一个不同的分层贡献率。

由本书参考文献［63］的地基变形计算方法可知：

$$s_{if} = \frac{\psi_s p_0 A_{ci}}{E_{si}} \qquad (2\text{-}7)$$

$$s_f = \frac{\psi_s p_0 \sum\limits_{i=1}^{n} A_{ci}}{\overline{E}_s} \qquad (2\text{-}8)$$

式中　$\overline{E}_s$——整个压缩土层之压缩模量的当量值，按下式计算[63]：

$$\overline{E}_s = \frac{\sum\limits_{i=1}^{n} A_{ci}}{\sum\limits_{i=1}^{n} \dfrac{A_{ci}}{E_{si}}} \qquad (2\text{-}9)$$

式中　E_{si}——第 i 分层土的压缩模量（MPa）；

A_{ci}——第 i 分层附加应力系数沿土层厚度的积分值（m），用下式计算：

$$A_{ci} = z_i \overline{\alpha}_i - z_{i-1} \overline{\alpha}_{i-1} \qquad (2\text{-}10)$$

式中　z_i、z_{i-1}——基础底面至第 i 分层土底面、第 $i-1$ 分层土底面的距离（m）；

$\overline{\alpha}_i$、$\overline{\alpha}_{i-1}$——地面至第 i 分层土、第 $i-1$ 分层土底面范围内平均附加应力系数，无量纲，可按本书附录 A 中 A-2 采用。

同理，第 1 分层的压缩模量的当量值为：

$$\overline{E}_{s1} = \frac{A_{c1}}{\dfrac{A_{c1}}{E_{s1}}} = E_{s1} \qquad (2\text{-}11)$$

由式（2-11）可知，单一土层的压缩模量当量值就是土层的压缩模量。

将式（2-7）、式（2-8）中的 s_{1f}、s_f 代入式（2-6），则得：

$$\lambda_1 = \frac{s_{1f}}{s_f} = \frac{\psi_s p_0 \dfrac{A_{c1}}{E_{s1}}}{\dfrac{\psi_s p_0 \sum\limits_{i=1}^{2} A_{ci}}{\overline{E}_s}} = \frac{A_{c1}}{A_{c1} + A_{c2}} \times \frac{\overline{E}_s}{E_{s1}} = Q \times \frac{\overline{E}_s}{E_{s1}} \qquad (2\text{-}12)$$

式中　A_{c1}、A_{c2}——双层地基中第 1 分层和第 2 分层的附加应力系数沿土层厚度的积分值；

Q——系数，第 1 土层的附加应力系数沿土层厚度的积分值与整个压缩土层的附加应力系数沿土层厚度的积分值之比，用式（2-13）计算。

$$Q = \frac{A_{c1}}{A_{c1} + A_{c2}} \tag{2-13}$$

式（2-13）表明，系数 Q 乃是均质地基中竖井层的层贡献率与分层法定义的贡献率 λ_1 相差一个比值 $\overline{E}_s / E_{s1}$，只有在均质土地基中，才有 $\lambda_1 = Q$。

2.5 排水竖井的固结系数

2.5.1 砂井的竖向渗透系数及固结系数

1. 砂井的竖向渗透系数 k_w

砂井的竖向渗透系数取值，取决于砂井的填料，国家行业标准《建筑地基处理技术规范》（JGJ 79—2012）中采用的最小值为 1×10^{-2} cm/s，有些文献提供的砂井竖向渗透系数 $k_w = 2 \times 10^{-3}$ cm/s，两者相差 5 倍，若按标准 JGJ 79—2012 所提供的 $k_w = 5 \times 10^{-2}$ cm/s，则相差更大，达 25 倍之多，可见砂井的竖向渗透系数 k_w 不是一个常数。实际上工程中的砂井不是工厂化生产的产品，不具有统一的标准，就不可能有相同的渗透系数，需根据工程的实际情况而定。

2. 砂井的竖向固结系数 c_w

砂井的固结系数按式（2-14）或式（2-15）计算。

$$c_w = \frac{k_w(1 + e_1)}{a_v \gamma_w} \tag{2-14}$$

$$c_w = \frac{k_w E_{sw}}{\gamma_w} \tag{2-15}$$

式中 k_w——砂井的竖向渗透系数（m/d）；

      e_1——砂井的孔隙比，无量纲；

      a_v——砂井的压缩系数（kPa^{-1}）；

      E_{sw}——砂井的压缩模量（kPa）；

      γ_w——水的重度（kN/m^3）。

2.5.2 塑料排水带的竖向渗透系数及固结系数

1. 塑料排水带的竖向渗透系数 k_w

塑料排水带的竖向渗透系数值取决于滤膜。滤膜采用优质涤纶浸渍无纺布制作，具有耐水浸性，渗水性极为良好。地基处理手册中提供的 SPB 型排水带滤膜渗透系数 $k_w \geqslant 5 \times 10^{-2}$ cm/s，国内产品的变化范围为 $(2.1 \sim 7.0) \times 10^{-2}$ cm/s。有些文献提供的塑料排水带竖向渗透系数 $k_w > 5 \times 10^{-3}$ cm/s，水运工程和公路工程塑料排水带的技术标准均为 $k_w > 5 \times 10^{-4}$ cm/s，相差 1～2 个数量级。经用工程实例计算，认为取 $k_w = 5 \times 10^{-4}$ cm/s 是合适的。

2. 塑料排水带的纵向通水量 q_w

设计人员通常按塑料排水带生产厂家的产品样本提供的纵向通水量选用。所选用的产品通水量比理论值高。塑料排水带纵向通水量的实际值是不同于实验室按一定实验标准测定的通水量值，设计中如何选用产品的纵向通水量是工程上所关心且很复杂的问题，它与排水带深度、天然土层和涂抹后土渗透系数、排水带实际工作状态和工期要求等很多因素有关。同时，在预压过程中，土层的固结速率也是不同的，预压初期固结速率较快，塑料排水带的工作状态较好，排出的水

土柱

图 2-3　排水板周边形成土柱

量较大。由于淤泥土颗粒较细，处于流塑—流动状态，预压荷载下土颗粒随水迁移之后，在排水带周边形成致密土柱，产生淤堵（图 2-3）[60、61]，排水板的工作状态较差，排出的水量也就减少。关于塑料排水带的纵向通水量问题还有待进一步研究和在实际工程中积累更多的经验。目前仍旧按厂家的产品样本选用，不按排水板的渗透系数计算。

3. 塑料排水带的竖向固结系数 c_w

塑料排水带不同于砂井。砂井中的水是在散体的砂粒孔隙中渗流运动，塑料排水带中的水是从整体的塑料空格中渗流运动。国内通常使用的塑料排水带示意图如图 2-4 所示。塑料排水带由滤膜和芯板组成，芯板采用纯新聚乙烯（PE）和聚丙烯（PP）制成，其横断面具有口琴形的空格。塑料排水带的宽度为 100mm，厚度：A 型为 3.5mm，B 型为 4mm，C 型为 4.5mm，D 型为 5mm，E 型为 5.5mm。显然，塑料排水带横截面的弹性模量只能由芯板的材料决定，无纺布被忽略不计。芯板采用的聚乙烯和聚丙烯各具不同的性能。聚丙烯具有刚性，聚乙烯具有柔性和耐候性。据生产厂家介绍两种树脂的掺和比例要根据季节的变化而变化。如有的厂家当气温高时其比例为 PP∶PE = 6∶4，气温低时的比例为 PP∶PE = 4∶6。其他厂家采用的比例与上述配比不一定相同，因此设计计算时难以照顾到许多情况，一般按 PP∶PE = 5∶5 计算。

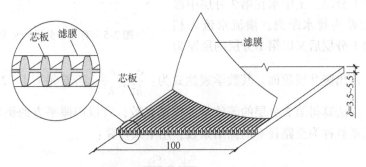

芯板　滤膜

滤膜

芯板

$\delta = 3.5 \sim 5.5$

100

图 2-4　SPB 型塑料排水带示意图

塑料排水带主要技术参数表中没有芯板的截面面积，只提供排水板每 m² 的重量。A 型板为 70g，B 型板为 80g，C 型板为 90g，D 型板与 E 型板均为 95g。可以通过排水板每 m² 的重量和芯板的重度算得它的截面面积。聚丙烯与聚乙烯的重度不同。聚丙烯是所有树脂中重度最小的，仅有 0.90 ~ 0.91g/cm³，聚乙烯的重度为 0.91 ~ 0.97g/cm³，排水板采用的聚乙烯属低重度聚乙烯，其重度为 0.91 ~ 0.93g/cm³，仍按五五配比计算，排水板芯板的材料重度按 $\gamma_x = 0.92$g/cm³ 计算。以 B 型板为例：

排水板单位质量为 $W = 80 \times 0.1 = 8(\text{g/m}) = 0.08(\text{g/cm})$ （宽度为 100mm）

排水板芯板横截面面积 $A_x = \dfrac{W}{\gamma_x} = \dfrac{0.08}{0.92} = 0.087(\text{cm}^2)$

排水板的横截面面积 $A = 0.4 \times 10 = 4(\text{cm}^2)$

芯板在排水板横截面中的占比为 $\dfrac{0.087}{4} = 0.0217$

聚丙烯的弹性模量 $E_{PP} = 1.32 \sim 1.42\text{GPa}$，计算取 1.37GPa。

高压聚乙烯的弹性模量 $E_{PE} = 1.5 \sim 2.5\text{GPa}$，计算取 2.0GPa。

仍按五五配比计算，排水板芯板材料的弹性模量 $E_x = 1.68\text{GPa}$。

排水板折算弹性模量为 $E_{bw} = 0.0217 \times 1680 = 36.4(\text{MPa})$，取整为 36MPa。

有了排水板的折算弹性模量就可以仿照计算土的固结系数方法，按下式计算塑料排水带的固结系数。

$$c_w = \frac{k_w E_{bw}}{\gamma_w} \tag{2-16}$$

式中 E_{bw}——塑料排水带的折算弹性模量（kPa）；

γ_w——水的重度（kN/m³）。

采用式（2-16）计算塑料排水带的固结系数尚缺乏实验成果的支持，但通过若干个工程试算，能取得十分满意的结果，是可行的，当然仍需做进一步的研究和实践的验证。

2.5.3 全路径竖向固结系数

1. 竖井层

以最简单的2个分层为例来说明竖井层中各分层竖向固结系数等效方法。图 2-5 中第 2 分层土中水从其层底渗流至竖井层顶面时，依次流经第 2 分层和第 1 分层。土中水在第 2 分层中渗流时以本层的层厚为排水距离，渗流水流入相邻的上层进入第 1 分层后又以第 1 分层的层厚为

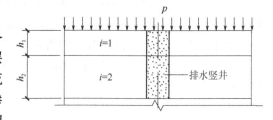

图 2-5 有 2 个分层的竖井层示意图

排水距离渗流，流出竖井层顶面。其数学表达式为：$\dfrac{c_{v1}}{h_1^2}$、$\dfrac{c_{v2}}{h_2^2}$。若要将第 1、2 分层的竖向固结系数用加权平均法算得第 2 分层的等效竖向固结系数，宜以层厚平方的倒数来加权平均。算得的等效固结系数称为全路径竖向固结系数，用下式计算：

$$\bar{c}_{v2} = \frac{\dfrac{c_{v1}}{h_1^2} + \dfrac{c_{v2}}{h_2^2}}{\dfrac{1}{h_1^2} + \dfrac{1}{h_2^2}} \tag{2-17}$$

式中 $\bar{c}_{v2}$——第 2 分层的全路径竖向固结系数（m²/d）；

c_{v1}、c_{v2}——第 1、2 分层的竖向固结系数（m²/d）；

h_1、h_2——第 1、2 分层的层厚（m）。

推广到更多分层，用下式计算：

$$\bar{c}_{vi} = \frac{\sum\limits_{m=1}^{i} \dfrac{c_{vm}}{h_m^2}}{\sum\limits_{m=1}^{i} \dfrac{1}{h_m^2}} \qquad (2-18)$$

式中　$\bar{c}_{vi}$——第 i 分层的全路径竖向固结系数（m^2/d）；

　　　c_{vm}——第 m 分层土的竖向固结系数（m^2/d）；

　　　h_m——第 m 分层的层厚（m）。

不难看出分层 1 的全路径竖向固结系数 $\bar{c}_{v1}$ 就等于分层 1 的竖向固结系数 c_{v1}。

$$\bar{c}_{v1} = c_{v1} \qquad (2-19)$$

2. 井下层

正如 1.2.2 节中所言，井下层的全路径竖向固结系数取值要考虑两个因素。其一，与竖井层一样，计入渗流水流经的所有分层的竖向固结系数影响。此可按竖井层的方法"如法炮制"。其二，要考虑排水竖井的作用。排水竖井对于井下层的作用是竖向渗流，完全不同于竖井层内的作用。竖井是竖井层中径向渗流水的"中转站"，之后渗流水顺竖井向上运动直至竖井顶流出，竖井中的竖向渗流活动在计算径向排水固结度的公式中由考虑井阻、涂抹等影响的综合系数 F 所体现。排水竖井是井下层中竖向排水通道的主要路径之一（图 2-6）。在荷载的作用下，井下层中的渗流水运动通过竖井层底面进入竖井层后在井间土和排水

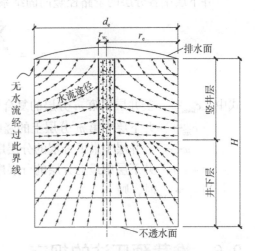

图 2-6　水流途径示意图

竖井中继续向上运动。因竖井的渗透系数远大于井间土，渗流水顺竖井的竖向渗流活动对于竖向固结度的计算是十分重要的组成部分。因此，将竖井层底面作为井下层渗流水的终点是不妥的。

竖井层中各分层地基中均含有排水竖井和井间土。两者有不同的竖向固结系数和渗流水通行的面积，为反映两者不同的特性，需按面积大小求出各分层的复合竖向固结系数。

$$c_{wsm} = \left[1 + \mu(\nu_m - 1) \right] c_{vm} \qquad (2-20)$$

式中　c_{wsm}——第 m 分层的复合竖向固结系数（m^2/d）；

　　　μ——单井横截面面积与单井等效圆横截面面积之比，简称井土面积比，无量纲，用式（2-21）计算；

　　　ν_m——竖井的竖向固结系数与第 m 分层井间土的竖向固结系数之比，简称井土系数比，无量纲，用式（2-22）计算；

　　　c_{vm}——第 m 分层的竖向固结系数（m^2/d）。

$$\mu = \frac{A_w}{A} = \frac{1}{n_w^2} \qquad (2-21)$$

$$\nu_m = \frac{c_w}{c_{vm}} \qquad (2-22)$$

式中　A_{w}——单井横截面面积（m^2）；

　　　　A——单井等效圆横截面面积（m^2）；

　　　　n_{w}——井径比，无量纲，按式（2-23）计算；

　　　　c_{w}——竖井竖向固结系数（m^2/d）；

　　　　c_{vm}——第 m 分层井间土的竖向固结系数（m^2/d）。

$$n_{\mathrm{w}} = \frac{d_{\mathrm{e}}}{d_{\mathrm{w}}} \tag{2-23}$$

式中　d_{e}——单井等效圆的直径（m）；

　　　　d_{w}——竖井的直径（m）。

井下层中各分层的全路径竖向固结系数 $\bar{c}_{\mathrm{v}i}$ 用下式计算：

$$\bar{c}_{\mathrm{v}i} = \frac{\displaystyle\sum_{m=1}^{w} \frac{c_{\mathrm{wsm}}}{h_{\mathrm{m}}^2} + \sum_{m=w+1}^{i} \frac{c_{\mathrm{vm}}}{h_{\mathrm{m}}^2}}{\displaystyle\sum_{m=1}^{i} \frac{1}{h_{\mathrm{m}}^2}} \tag{2-24}$$

式中　c_{wsm}——竖井层中第 m 分层的复合竖向固结系数（m^2/d）；

　　　　c_{vm}——井下层中第 m 分层土的竖向固结系数（m^2/d）；

　　　　w——竖井层中最下分层的分层序号，无量纲；

　　　　$w+1$——井下层中最上分层的分层序号，无量纲。

当 $c_{\mathrm{w}} \gg c_{\mathrm{vm}}$ 时，则

$$c_{\mathrm{wsm}} \approx \mu c_{\mathrm{w}} \tag{2-25}$$

2.6　堆载预压法的规定

2.6.1　地面堆载加压时地基中的应力分布模式

地面堆载加压时地基中的附加应力，只有地面上的重物所引起、唯一的附加应力，它的分布模式遵从布辛奈斯库解的规律，此工况称为 C 工况。当荷载面积（宽度 B×长度 L）很大，压缩层厚度 H 相对于荷载面积较小（即 $H/B < 0.3$）的情况，地基压缩层中的附加应力几近于常数，且等于地面荷载 p_{c0}，如图 2-7a 所示。否则，地基压缩层中的附加应力是变量，如图 2-7b 所示。

Terzaghi 固结理论将单一土质地基压缩层中应力沿深度视为均匀分布的，这相当于图 2-7a 的情况。换言之，Terzaghi 固结理论是建立在地基已在自重作用下固结完成，地面堆载面积很大，压缩层又薄的假设基础上的。分层法不采用上述假设，因为这样的假设会产生一

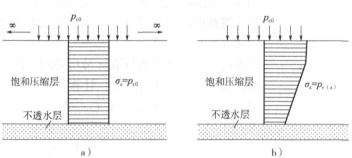

图 2-7　压缩层中附加应力分布模式示意图

些误差。通常情况下，地面荷载的作用面积是有限的，压缩层中各分层的附加应力不是常数，离地面越远，附加应力越小，如图 2-7b 所示。

分层法计算成层地基堆载预压法的沉降和固结度时均计入附加应力的变化。各分层均以其平均应力计算，如图 2-8 所示。

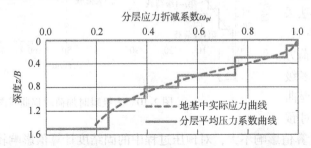

图 2-8　堆载预压法加固成层地基中的应力分布曲线示意图

由图 2-8 可见压缩层中的第 1 分层，其应力值与地面压力几乎相等，以下各分层与地面压力都有不同大小的差值，越往下差值越大。为了消除误差，根据各分层的附加应力图形面积，采用应力折减系数 ω_{ci} 对地面荷载予以折减，就可得到各分层的平均附加应力。堆载预压法的应力折减系数 ω_{ci} 用下式算得：

$$\omega_{ci} = \frac{A_{ci}}{h_i} \tag{2-26}$$

式中　A_{ci}——堆载预压时成层地基中第 i 分层附加应力系数沿土层厚度的积分值（m），用式（2-10）计算；

　　　h_i——第 i 分层的层厚（m）。

2.6.2　堆载加压法的荷载施加方式

在较大面积的范围内堆置荷载必然是逐渐施加的，不可能在 1～2 天内完成。为了研究方便，理论上认为有逐渐加荷和瞬时加荷两种方式。

逐渐加荷条件下的堆载加压又有两种不同的加荷方式，即分次线性均匀加荷和分级瞬时加荷。

1）采用分次线性均匀加荷方式时，每次堆载的施加需经历若干天才能达到预定值，在加荷时程曲线图上显示为一条斜线；随后维持若干天，在加荷时程曲线图上显示为一条水平线，接着再施加下一次的堆载；如此重复，直至完成全部堆载且维持到预压终止。多次加荷时，在加荷时程曲线图上就有数条这样的斜线和水平线（图 2-9），每次加荷的速率不尽相同，斜线的斜率就不同。

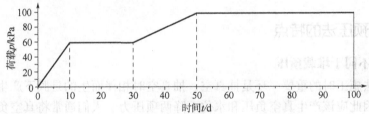

图 2-9　分次线性均匀加荷时程曲线图

2）采用分级瞬时加荷的方式时，每级堆载的施加都是瞬时完成，在加荷时程曲线图上显示为阶梯状图形。分层法采用多级瞬时施加的方式，代替分次线性均匀加荷方式。图 2-10 所示为多级瞬时加荷的荷载时程曲线图。分级的多寡对预

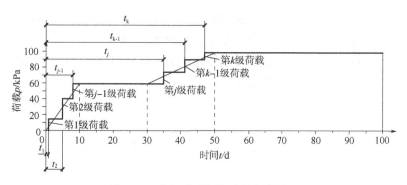

图 2-10　多级瞬时加荷时程曲线图

压结束时的固结度计算值影响不大，对预压过程中的固结度计算值影响较大。

2.6.3　分级荷载及荷载比

多级瞬时加荷是将多次线性施加的荷载改为 k 级瞬时施加。各分级荷载按施加次序的先后，依次为 Δp_1，Δp_2，$\cdots$，Δp_j，$\cdots$，Δp_k。每次线性施加的荷载可分为一级以上的瞬时加荷，各分级的荷载值为该级荷载的平均值，分级的荷载值与最终堆载值的比值，称为荷载比，可用下式计算：

$$\eta_j = \frac{\Delta p_j}{p_{c0}} \tag{2-27}$$

式中　η_j——第 j 级分级荷载的荷载比，无量纲；

Δp_j——第 j 级分级荷载值（kN/m^2）；

p_{c0}——最终的堆载值（kN/m^2）。

2.6.4　分级荷载延宕时差和分级荷载固结历时

多级瞬时加荷时，各级荷载的固结历时各不相同。第 1 级荷载的固结历时最长，以后各级荷载的固结历时 T_j 逐渐减短。设预压结束的时刻为 T_z，令各级荷载施加时刻比堆载开始时刻延宕的时差为 t_1，t_2，$\cdots$，t_j，$\cdots$，t_k，则第 j 级荷载的固结历时 T_j 用下式计算：

$$T_j = T_z - t_j \tag{2-28}$$

式中　T_j——第 j 级荷载的固结历时（d）；

t_j——第 j 级荷载的延宕时差（d）。

2.7　真空预压法的规定

2.7.1　真空预压法的特点

1. 作用力不同于堆载预压

真空预压法施工时的重要一环是抽真空，抽真空时相伴而生的是膜下产生真空负压和地下水的下降，因此应该产生真空负压和水位下降两项压力。人们通常将真空负压等同于重物作用到地面上采用分层总和法进行地基变形计算，但是忽略了地下水下降的因素。经过抽真

空后会使地基中地下水位下降，地层因而发生额外的沉降。原本处于地下水位以下，按有效重度计算其自重应力的土层，现今出露到地下水位以上，原来受到地下水的浮力消退了，故称其为"水位下降作用"。

2. 应力分布模式的差异

真空预压法加固地基的沉降虽然可沿用分层总和法的思想，只是其固结沉降的大小由真空负压和水位下降两种作用决定。真空负压（以下称为 A 工况）由抽真空形成的负压渗流场决定。而抽真空形成的负压值随地基深度的变化并不遵循布幸奈斯库解的规律，必须按抽真空时地基中相对负压沿深度的分布模式。水位下降（以下称为 B 工况）对整个地基来讲，自原地下水位面以下直达压缩层底都受到了水位下降压力的压缩。水位下降压力的大小与地下水位下降的幅度有关，预压场地范围的内外都发生了水位下降，场地外下降幅度较小，但范围较大。因此，降低后的地下水位以下，水位下降压力既不衰减，也无扩散，可视为常数，因此它在地基变形计算中所占的份额不容忽视，不亚于真空负压，压缩层越厚，份额越大。

3. 荷载施加方式不同

前文 2.2.2 节 4）中已述，真空负压的加荷方式可视为瞬时加荷，水位下降作用的加荷方式是线性匀速加荷。

江苏省连云港地区某工程的联合预压工程，抽真空 $T_z = 167d$（含停电 10d）后，实测到的地下水位下降约 3.0m。若 $T_z = 167d$ 以后，仍旧连续不断地抽真空，假设地下水位仍将维持不变。图 2-11 中 $T_z = 167d$ 以前是该工程 Z2 场地内及场地外的地下水位变化曲线，以后是假设的水位变化曲线。场地外的水位受到周围环境的影响，波动无一定规律，水位下降的最大幅度约 0.8m。场地内的水位是持续下降，其中因台风停电时，无法维持真空度而使地下水位停止下降。从图中曲线看，为简化计算，将地下水位视为按线性规律均匀下降，即水位下降压力属于线性均匀增长。经简化后如图 2-12 所示的虚线，是一条直线，压力值自 0 增长到 $\gamma_w h_d$。将线性均匀增长的方式改为瞬时加荷方式，如图中实线所示就可以按分层法的原理计算水位下降作用时的沉降和固结度了。上述假设并不能准确反映实际情况，但目前尚无法获得可靠资料，给计算带来困难。

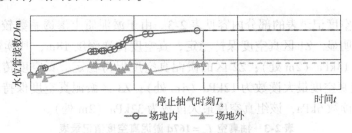

图 2-11 某工程地下水位变化时程曲线图

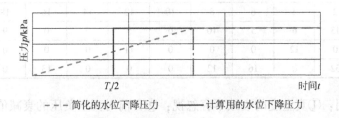

图 2-12 简化后的水位下降作用的压力时程曲线图

2.7.2 A、B 工况的应力分布模式

真空预压法 A、B 工况的应力分布模式示意图如图 2-13 所示。

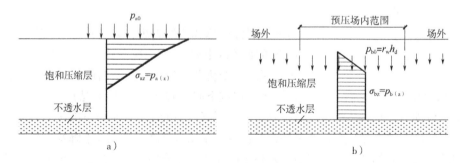

图 2-13 真空预压法 A、B 工况的应力分布模式示意图

a）真空负压（A 工况）应力图 b）水位下降（B 工况）应力图

1. A 工况——真空负压的应力分布模式

分层法计算成层地基真空预压的沉降和固结度时，计入真空压力向下传递过程中的衰减，但不取单一的固定值，而是根据土层所处位置和它的渗透特性选用不同的真空压力衰减值。第 i 分层的真空压力衰减值用 δ_i 表示，真空压力的衰减值应根据地区经验确定，或取自现场的实测值。

江苏省连云港地区某工程的真空联合堆载预压工程，实测膜下真空度记录表的部分内容见表 2-2。由表中可见膜下真空度保持稳定，所产生的负压均超过 80kPa。

表 2-2 抽真空 $T_z = 167d$ 膜下真空度值记录表 （单位：kPa）

地块	最大值 p_{max}	最小值 p_{min}	平均值 $\bar{p}$
Z1	94	84	87.3
Z2	94	84	85.7
Z3	96	84	88.7

实测淤泥真空度记录表的部分内容见表 2-3。由于淤泥质土渗透系数较小，真空度在淤泥质土中反应不明显。Z1 区真空度保持稳定，真空度传递深度 18m，其读数 9kPa，该组真空度最大读数为 13kPa（2m 处）；Z2 区的淤泥真空度保持稳定，真空度传递深度 20m，其读数 6kPa，该组真空度最大读数为 12kPa（4m 处）；Z3 区淤泥真空度保持稳定，真空度传递深度 22m，其读数 6kPa，该组真空度最大读数为 32kPa（2m 处）。

表 2-3 抽真空 $T_z = 167d$ 淤泥真空度值记录表 （单位：kPa）

地块	埋设深度 h/m										
	2	4	6	8	10	12	14	16	18	20	22
Z1	13	6	5	10	0	5	9	0	9	0	0
Z2	0	12	0	0	0	11	0	0	0	6	0
Z3	32	0	16	12	0	0	0	13	0	0	6

以上内容说明：①真空度的衰减不容忽视；②目前对真空负压的衰减值尚无法预知，也无法整理出它的变化规律；③在淤泥中传递的最大深度为 22m；④即使处在同一场地的相邻

地块，真空度的衰减值也有差别。

以膜下真空度产生的负压作为作用在地面的荷载，计入真空度的衰减后，真空负压随深度的变化曲线是条折线。第 i 分层底的真空压力用下式计算。

$$p_{a,z_i} = p_{a,z_{i-1}} - h_i \delta_i \tag{2-29}$$

式中　p_{a,z_i}——第 i 分层底的真空压力（kPa）；

$p_{a,z_{i-1}}$——第 $i-1$ 分层底的真空压力（kPa）；

z_i、z_{i-1}——第 i、$i-1$ 分层的层底到原地面的距离（m）；

h_i——第 i 分层的层厚（m）；

δ_i——第 i 分层的真空度衰减值（kPa）。

真空度的传播深度是众说纷纭，但基本一致的是真空压力的传递一般不会太深，为 20 多米，不会超过 30m。各分层均以其平均压力计算固结度，各分层所受的平均压力图形是个阶梯形（图 2-14）。第 i 分层的平均压力用下式计算：

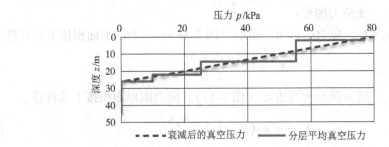

图 2-14　衰减后的真空压力和分层平均真空压力曲线图

$$p_{a,i} = p_{a,i-1} - \frac{h_{i-1}\delta_{i-1}}{2} - \frac{h_i \delta_i}{2} \tag{2-30}$$

式中　$p_{a,i}$——第 i 分层真空负压的平均压力（kPa）；

$p_{a,i-1}$——第 $i-1$ 分层真空负压的平均压力（kPa）；

h_i、h_{i-1}——第 i、$i-1$ 分层的层厚（m）；

δ_i、δ_{i-1}——第 i、$i-1$ 分层的真空度衰减值（kPa）。

2. B 工况——水位下降作用的应力分布模式

设原地下水位在地面下 h_b 处，预估地下水位下降的幅度为 h_d，则地下水位下降后的深度 $h_a = h_b + h_d$。水位下降作用的应力分布图形如图 2-15 所示。

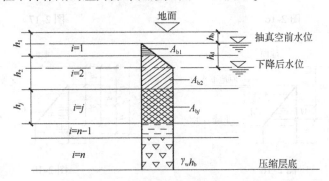

图 2-15　水位下降作用的应力分布图

当分层底深度为 z 时，水位下降作用的压力按下列方法计算：

$$\left.\begin{array}{ll} z \leqslant h_b & p_{bz} = 0 \\ h_b \leqslant z \leqslant h_a & p_{bz} = \gamma_w(z - h_b) \\ z \geqslant h_a & p_{bz} = \gamma_w h_d \end{array}\right\} \qquad (2\text{-}31)$$

式中　z——计算点与地面间的距离（m）；

　　　p_{bz}——计算点的压力值（kPa）；

　　　h_b——抽真空前，地下水位面到地面的距离（m）；

　　　h_d——抽真空后，地下水位下降的幅度（m）；

　　　γ_w——水的重度（kN/m³）；

　　　h_a——抽真空后，地下水位面到地面的距离（m）。

图 2-15 中的 A_{b1}、A_{b2}、$\cdots$、A_{bm}、$\cdots$为 B 工况第 1、2、$\cdots$、m、$\cdots$分层由水位下降作用产生的应力图形面积，按下列公式计算。

1）$i = 1$，$h_1 \leqslant h_b$，无应力图形：　　　$A_{b1} = 0$

2）$i = 1$，$h_b < h_1 \leqslant h_a$，应力图形为三角形（图 2-16）。应力图形面积按下式计算。

$$A_{b1} = \frac{\gamma_w(h_1 - h_b)^2}{2} \qquad (2\text{-}32)$$

3）$i = 1$，$h_1 > h_a$，应力图形为四边形（图 2-17）。应力图形面积按下式计算。

$$A_{b1} = \gamma_w h_d(h_1 - h_b) - \frac{\gamma_w h_d^2}{2} \qquad (2\text{-}33)$$

4）$i = 2$，$h_b < H_2 < h_a$，应力图形为梯形（图 2-18）。应力图形面积按下式计算。

$$A_{b2} = \frac{\gamma_w(H_2 - h_b)^2}{2} - \frac{\gamma_w(h_1 - h_b)^2}{2} \qquad (2\text{-}34)$$

5）$i = 2$，$h_1 < h_a$，$H_2 > h_a$，应力图形为五边形（图 2-19）。应力图形面积按下式计算。

$$A_{b2} = \gamma_w h_d h_2 - \frac{\gamma_w(h_a - h_1)^2}{2} \qquad (2\text{-}35)$$

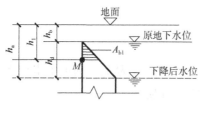

图 2-16

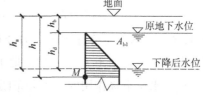

图 2-17

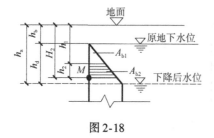

图 2-18

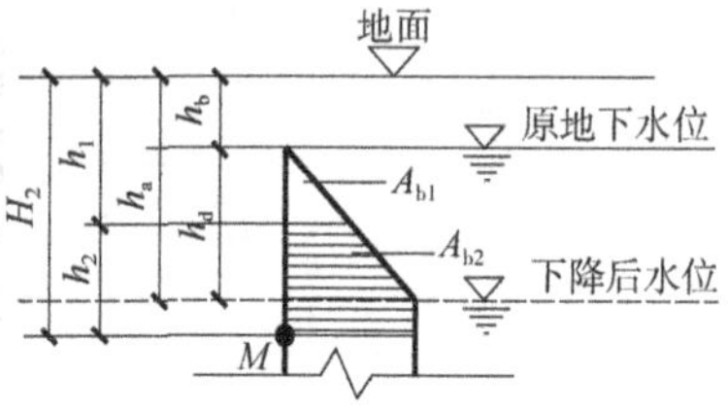

图 2-19

6）$i=m$，$H_{m-1}>h_a$，$H_m>h_a$，应力图形为矩形。应力图形面积按下式计算。

$$A_{bm}=\gamma_w h_d h_m \qquad (2\text{-}36)$$

各式中　i——成层地基中分层的序号，无量纲；

　　　h_1、h_2——成层地基中第 1、2 分层的层厚（m）；

　　　h_b——抽真空前，地下水位面到地面的距离（m）；

　　　h_a——抽真空后，最终地下水位面到地面的距离（m）；

　　　h_d——抽真空后，地下水位下降的幅度（m）；

　　　H_2——成层地基中第 2 分层的排水距离（m）；

　　　H_m——成层地基中第 m 分层的排水距离（m）；

　　　h_m——成层地基中第 m 分层的厚度（m）。

3. B 工况各分层的平均压力

第 i 分层的平均压力用下式计算：

$$p_{bi}=\frac{A_{bi}}{h_i} \qquad (2\text{-}37)$$

式中　p_{bi}——第 i 分层的平均压力（kPa）；

　　　A_{bi}——第 i 分层水位下降应力图形的面积（kN/m），用式（2-32）~式（2-36）计算。

水位下降作用的压力与深度的关系曲线由相同斜率的直线和垂直线组成，为计算方便起见，以分层平均应力图形代替，如图 2-20 所示。

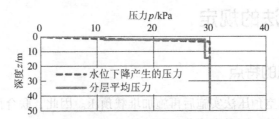

图 2-20　水位下降作用压力和分层平均压力曲线图

2.7.3　真空预压法的应力折减系数

1. A 工况的应力折减系数

真空负压作用（A 工况）的应力折减系数 ω_{ai} 用下式计算：

$$\omega_{ai}=\frac{p_{ai}}{p_{a0}} \qquad (2\text{-}38)$$

式中　p_{a0}——膜下真空度对应的压力（kPa）；

　　　p_{ai}——第 i 分层的平均压力（kPa）。

2. B 工况的应力折减系数

按下式计算水位下降作用的分层应力折减系数：

$$\omega_{bi}=\frac{p_{bi}}{\gamma_w h_d} \qquad (2\text{-}39)$$

式中　ω_{bi}——水位下降作用的应力折减系数，无量纲；

p_{bi}——第 i 分层水位下降作用的平均压力（kPa）；

γ_w——水的重度（kN/m³）；

h_d——地下水下降的幅度（m）。

2.7.4　真空预压法参数标记法则

如前所述，真空预压过程中真空负压和地下水位下降两种作用是共生的。由于这两种作用的应力分布模式不同，作用施加的方式也不同，所以此两种工况是不能合起来计算的，必须分别计算后再合成。故真空预压加固成层地基的沉降和固结度计算采用"先分后合"的方式，将真空预压的沉降和固结度计算先分为真空负压（A 工况）和水位下降（B 工况）两种工况的计算，再将 A、B 工况的计算结果组合成为 A、B 两种工况共同作用的真空预压工况（V 工况），故称为 ABV 算法。因合计有三种工况，所以每一种参数就会产生三个不同的量，例如最终沉降值有真空负压的最终沉降值、水位下降的最终沉降值和真空预压的最终沉降值。为了区分，凡参数符号下标中有字母 a、b 的表示 A、B 工况的，凡参数符号下标中有字母 v 的为 A、B 两种工况同时作用的真空预压工况。例如：s_{ait}、s_{bit} 和 s_{vit} 依次为成层地基第 i 分层在 t 时刻的真空负压的沉降值、水位下降的沉降值和真空预压的沉降值，又如 U_{ai}、U_{bi} 和 U_{vi} 依次为成层地基第 i 分层在 t 时刻的真空负压的分层平均固结度、水位下降的分层平均固结度和真空预压的分层平均固结度。其余参数均以此类推。

2.8　联合预压法的规定

2.8.1　联合预压法的特点

联合预压法是在真空预压法实施后再施加堆载预压。因此，联合预压法的特点除了具有真空预压法的全部特点外，还具有堆载预压的特点。

堆载预压法与真空预压法的特点在前文中已论述，在此不再赘述。

2.8.2　联合预压法中三个工况的应力分布模式

联合预压法 A、B、C 工况的应力分布模式示意图如图 2-21 所示。

1. 真空负压（A 工况）

A 工况的应力分布图如图 2-21a 所示。与真空预压法的 A 工况相同，各分层均以其平均压力计算沉降值和固结度，各分层所受的平均压力图形是个阶梯形（图 2-14）。第 i 分层底的真空压力用式（2-29）计算。第 i 分层的平均压力用式（2-30）计算。

2. 水位下降（B 工况）

与真空预压法的 B 工况相同，如图 2-21b 所示，此图与图 2-13b 完全相同。设原地下水位在地面下 h_b 处，预估地下水位下降的幅度为 h_d，水位下降作用的应力分布图形如图 2-15所示。

水位下降作用的压力与深度的关系曲线由相同斜率的直线和垂直线构成，为计算方便起见，以分层平均应力图形代替，如图 2-20 所示。第 i 分层的平均压力用式（2-39）计算。

3. 堆载加压（C 工况）

与堆载预压法相同，如图 2-21c 所示，此图与图 2-7b 完全相同。地基中应力分布模式遵循布辛奈斯库解，也以分层平均应力计算分层沉降和固结度。

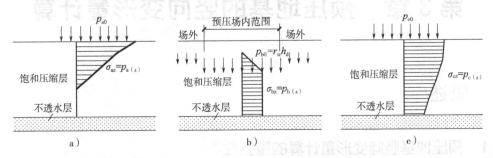

图 2-21　联合预压法 A、B、C 工况的应力分布模式示意图

a）真空负压（A 工况）应力图　b）水位下降（B 工况）应力图　c）堆载加压（C 工况）应力图

2.8.3　联合预压法中三个工况的应力折减系数

1. 真空负压（A 工况）

与真空预压 ABV 算法的 A 工况相同，A 工况的应力折减系数 ω_{ai} 按式（2-38）计算。

2. 水位下降（B 工况）

与真空预压法的 B 工况相同，B 工况的应力折减系数 ω_{bi} 按式（2-39）计算。

3. 堆载加压（C 工况）

与堆载预压法相同，C 工况的应力折减系数 ω_{ci} 按式（2-26）计算。

2.8.4　联合预压法参数标记法则

联合预压过程就是由 A、B、C 三种工况先后作用的过程，三个工况联合作用时为 U 工况。

联合预压过程中真空负压和水位下降两种作用是共生的，堆载加压是在抽真空数周后再陆续施加的。由于这三种作用的应力分布模式不同，作用施加的方式也不同，所以此三种工况是不能合起来计算的，必须分别计算后再合成。故联合预压加固成层地基的变形计算和固结度计算也采用"先分后合"的法则，将联合预压的沉降和固结度的计算先分为真空负压（A 工况）、水位下降（B 工况）和堆载加压（C 工况）三种工况的计算，再将 A、B、C 工况的计算结果组合成为 A、B、C 三种工况共同作用的联合预压工况（U 工况），故称 ABCU 算法。因合计有四种工况，所以每一种参数就会产生四个不同的量，例如最终沉降值有真空负压的最终沉降值、水位下降的最终沉降值、堆载加压的最终沉降值和联合预压的最终沉降值。为了区分，凡参数符号下标中有字母 a、b、c 的表示 A、B、C 工况的，凡参数符号下标中有字母 u 的为 A、B、C 三种工况同时作用的联合预压工况。例如，s_{ait}、s_{bit}、s_{cit} 和 s_{uit} 依次为成层地基第 i 分层在 t 时刻的真空负压的沉降值、水位下降的沉降值、堆载加压的沉降值和联合预压的沉降值，又如 U_{ai}、U_{bi}、U_{ci} 和 U_{ui} 依次为成层地基第 i 分层在 t 时刻的真空负压的分层平均固结度、水位下降的分层平均固结度、堆载加压的分层平均固结度和联合预压的分层平均固结度。其余参数均以此类推。

第3章 预压地基的竖向变形量计算

3.1 概述

3.1.1 预压地基竖向变形量计算的重要性

由于预压法的施工工期通常都以固结度、总变形量和变形速率三项指标作为控制标准，因此预压地基竖向变形量的计算对预压法加固地基具有十分重要的意义。工后沉降的准确估计也有赖于竖向变形量分析的正确与否。预压法加固地基竖向变形量的计算还影响预压工期的确定。

实践证明，达到预计的控制标准（总变形量和固结度）时，变形速率却仍然较大，未能达到设计认可的停止预压条件。曾见过如下报导：设计工期 3.5 个月，而实际需要 5 ~ 7 个月，且加固效果不佳[62]，这表明了变形计算不准确，或沉降计算经验系数取值有误。

3.1.2 地基的变形

地基的沉降按发展的先后划分为三个分量：瞬时发展的是初始变形（瞬时变形）s_d，它是土体在附加应力作用下产生的瞬时变形，属于弹性变形，可用弹性理论计算；其次发展的是固结变形 s_c，它是饱和软土在荷载作用下随着超静孔隙水压力的消散、土中孔隙水的排出使土骨架产生形变所造成的变形（固结压密），是固结变形，根据固结试验确定的参数，采用分层总和法计算，是地基沉降的主要组成部分；再次是次固结变形 s_s，它是主固结过程（超静孔隙水压力消散过程）结束后，在有效应力不变的情况下，土骨架仍随时间继续发生的变形，是蠕变变形，根据蠕变试验确定的参数，采用分层总和法求解。

3.1.3 关于分层总和法

土力学教科书和国家或行业的规程规范等，均采用分层总和法计算地基受荷载作用下的变形量。分层总和法的基本假定：①压缩时地基土不能侧向变形；②根据受荷区中心点下土的附加应力 σ_z 进行计算；③地基最终变形量等于受荷表面下压缩层范围内各土层压缩变形的总和。

分层总和法的优点是：适用于各种成层土和各种荷载的变形量计算，计算所需的压缩指标、孔隙比和压缩模量等参数易于确定。其缺点是：做了许多假定，与实际情况不符，侧限条件有一定误差，室内试验指标与实际也有一定的差别。

预压法加固地基时，大面积的荷载中心点处的变形情况基本符合上述条件，权衡优缺点后，认为用分层总和法计算堆载预压法加固地基的最终变形量是合适的。

3.2　堆载预压法地基的竖向变形量计算

3.2.1　地基变形计算公式的选定

1. 分层总和法采用的公式

我国大多数的行业规范采用的分层总和法有下列两种计算公式。

1）国家标准《建筑地基基础设计规范》（GB 50007—2011）推荐的公式[63]：

$$s = \psi_{\mathrm{s}} s' = \frac{\psi_{\mathrm{s}} \sum\limits_{i=1}^{n} p_0 (z_i \overline{\alpha}_i - z_{i-1} \overline{\alpha}_{i-1})}{E_{si}}$$

式中　s——地基最终变形量（mm）；

　　　s'——按分层总和法算得的地基变形量（mm）；

　　　ψ_{s}——沉降计算经验系数，无量纲，根据地区经验确定，无地区经验时可根据压缩层深度范围内压缩模量的当量值按 GB 50007—2011 的表 5.3.5 取值；

　　　n——地基变形计算深度范围内所划分的土层数；

　　　p_0——相应于作用的准永久组合时基础底面处的附加压力（kPa）；

　　　E_{si}——基础底面下第 i 分层土的压缩模量（MPa），应取土的自重压力至土的自重压力与附加压力之和的压力段计算；

　z_i、z_{i-1}——基础底面至第 i 分层土底面、第 $i-1$ 分层土底面的距离（m）；

　$\overline{\alpha}_i$、$\overline{\alpha}_{i-1}$——地面至第 i 分层土、第 $i-1$ 分层土底面范围内平均附加应力系数，可按 GB 50007—2011 的附录 K 采用。

2）行业标准《建筑地基处理技术规范》（JGJ 79—2012）及相关专业书籍介绍的公式[64]：

$$s_{\mathrm{cf}} = \xi \sum\limits_{i=1}^{n} \frac{(e_{0i} - e_{1i}) h_i}{1 + e_{0i}}$$

式中　e_{0i}——第 i 分层中点土自重压力所对应的孔隙比，由室内固结试验所得的孔隙比 e 和固结压力 p 关系曲线查得，无量纲；

　　　e_{1i}——第 i 分层中点土自重压力和附加压力之和所对应的孔隙比，由室内固结试验所得的孔隙比 e 和固结压力 p 关系曲线查得，无量纲；

　　　h_i——第 i 分层土层厚度（m）；

　　　ξ——经验系数，可按地区经验确定，无经验时对正常饱和黏性土地基可取 $\xi = 1.1 \sim 1.4$；荷载较大或地基软弱土层厚度大时应取较大值。

2. 分层法采用的公式

分层法引入的应力折减系数、分层贡献率等参数都要在地基变形计算过程中获取，用 GB 50007—2011 的变形计算公式在计算堆载预压地基的竖向变形时，可以十分方便地得到这些参数，所以分层法计算堆载预压地基变形的分层总和法与 GB 50007—2011 的变形计算公式相同。计算得到的参数凡有上标"'"的为分层或整层的最终变形量，无上标的为分层或整层的最终沉降值，是最终变形量乘上沉降计算经验系数的值。

堆载预压法是在场地面上堆置重物形成荷载的工况，为了与其他方法加以区别，在后文中称其为 C 工况，在相关参数的下标标注英文字母 c。

$$s'_{cif} = \frac{\omega_{ci} p_{c0} h_i}{E_{si}} \quad (3\text{-}1)$$

$$s'_{cf} = \sum_{i=1}^{n} s'_{cif} \quad (3\text{-}2)$$

$$s_{cif} = \psi_s s'_{cif} \quad (3\text{-}3)$$

$$s_{cf} = \psi_s s'_{cf} \quad (3\text{-}4)$$

式中　s'_{cif}——按压缩变形计算得到的堆载预压法第 i 分层地基的最终变形量（mm）；

　　　ω_{ci}——堆载预压法第 i 分层地基的应力折减系数，无量纲，用式（2-26）计算；

　　　p_{c0}——地面堆置的平均压力，相应于堆置在地面上重物的平均荷载（kPa）；

　　　E_{si}——基础底面下第 i 分层土的压缩模量（MPa），应取土的自重压力至土的自重压力与附加压力之和的压力段计算；

　　　h_i——第 i 分层地基的厚度（m）；

　　　s'_{cf}——按压缩变形计算得到的堆载预压法整层地基的最终变形量（mm）；

　　　n——压缩层深度范围内所划分的土层数；

　　　s_{cif}——堆载预压法第 i 分层地基的最终沉降值（mm）；

　　　ψ_s——沉降计算经验系数，无量纲，根据地区经验确定，无地区经验时可根据压缩层深度范围内压缩模量的当量值按表 3-1 取值；

　　　s_{cf}——堆载预压法整层地基的最终沉降值（mm）。

表 3-1　沉降计算经验系数 ψ_s

地面堆置平均压力 p_{c0}/kPa	压缩模量的当量值 $\overline{E}_s$/MPa	
	≤2.5	≥4.0
$p_{c0} \leqslant f_{ak}$	1.1	1.0

3.2.2　分层法对堆载预压法沉降计算经验系数的取值

GB 50007—2011 表 5.3.5 中的基底附加压力栏中有两个选项。因为堆载是逐渐施加的，累计荷载值始终不会超过地基的承载力。所以在确定沉降计算经验系数 ψ_s 值的时候，应该选基底附加压力低的一栏。根据有限个工程计算结果可知，堆载预压时，压缩层深度范围内压缩模量的当量值基本上都在 2.5～4MPa 的范围内。在预压过程中 f_{ak} 虽是个变量，但始终高于堆载的累计荷载值，绝不会发生 $p_{c0} \geqslant f_{ak}$ 的情况，所以取消了 GB 50007—2011 表 5.3.5 中的 $p_0 \geqslant f_{ak}$ 栏，剩下的栏目改为 $p_{c0} \leqslant f_{ak}$。当 $2.5 < \overline{E}_s < 4.0$ 时，可用内插法求取。

压缩层深度范围内压缩模量的当量值，按式（2-9）计算。

3.2.3　堆载预压法的分层贡献率

堆载预压法 C 工况第 i 分层的分层贡献率 λ_{ci} 按下式计算：

$$\lambda_{ci} = \frac{s_{cif}}{s_{cf}} = \frac{\psi_s s'_{cif}}{\psi_s s'_{cf}} = \frac{s'_{cif}}{s'_{cf}} \quad (3\text{-}5)$$

式中　s_{cif}——按式（3-1）算得的 C 工况第 i 分层的最终沉降值（mm）；

　　　　s_{cf}——按式（3-2）算得的 C 工况整层的最终沉降值（mm）；

　　　　s'_{cif}——C 工况第 i 分层的最终变形量（mm）；

　　　　s'_{cf}——C 工况整层的最终变形量（mm）；

　　　　ψ_s——C 工况沉降计算经验系数，无量纲。

由式（3-5）可知，在非联合预压的情况时分层贡献率可用分层和整层的最终沉降值计算，也可用分层和整层的最终变形量计算。

3.3　真空预压法地基的竖向变形量计算

3.3.1　工程实践的反馈

行业标准《建筑地基处理规范》（JGJ 79—2012）采用前述公式计算真空预压法加固地基的竖向变形量。实践证明，真空预压加固地基时，根据此公式计算得到的总变形量和固结度，确定了控制目标值（总变形量、固结度和变形速率），施工时监测到的总变形量和固结度已达到预计的控制目标，但变形速率却仍然较大，未能达到设计认可的停泵条件。这表明了变形计算不准确，同时也说明了真空预压法沿用堆载预压法的地基变形计算公式是不合适的。

尽管工程师们认识到真空预压与堆载预压在机理上有根本的区别，但为方便计算，将膜下真空度产生的负压等效为相同大小的荷载作用在地面上，采用与堆载预压法相同的公式进行地基变形计算，再乘以沉降计算经验系数 ξ 的方法来修正。此法虽然为许多规范所采纳，但由于其等效荷载这一假设存在根本错误，使得真空预压加固地基的变形量计算与实测值往往很不相符。

3.3.2　原因分析

堆载预压和真空预压有如下两个方面的差异。

1. 作用力的差异

在此重复指出真空预压时的作用力应该是真空负压和水位下降两项压力。它们在地基中的应力分布模式和荷载的施加方式与堆载预压法都不相同。在前文 2.7 节中已有详述，在此不再赘述。

2. 受力状态的差异[66]

图 3-1 示出了堆载预压和真空负压下地基单元的受力状态，从图 3-1a 可见，堆载预压时地基土单元竖向受有压力 $\Delta\sigma_z$，而两侧的压力为 $K_0\Delta\sigma_z$，称为单向压缩。从图 3-1b 可见，地基单元的三对面上作用的力都是 Δp，称为等向压缩。它们的应力应变增量分别存在如下关系：

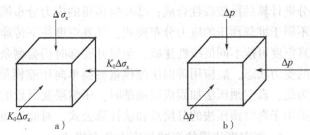

图 3-1　单元土体受力分析
a）堆载预压　b）真空负压

$$\Delta\varepsilon_{z1} = \frac{\Delta\sigma_z(1-2K_0\nu)}{E} = \frac{\Delta\sigma_z}{E_s} \qquad (3\text{-}6)$$

$$\Delta\varepsilon_{z2} = \frac{\Delta p(1-2\nu)}{E} = \frac{\Delta p}{E_c} \qquad (3\text{-}7)$$

式中　$\Delta\varepsilon_{z1}$——单向压缩竖向应变增量，无量纲；

　　　$\Delta\varepsilon_{z2}$——等向压缩竖向应变增量，无量纲；

　　　$\Delta\sigma_z$——单向压缩竖向应力增量（kPa）

　　　Δp——等向压缩各向应力增量（kPa）；

　　　K_0——静止侧压力系数，无量纲，$K_0 = \dfrac{\nu}{1-\nu}$；

　　　ν——地基土的泊松比，无量纲；

　　　E——地基土的弹性模量（MPa）；

　　　E_s——地基土的单向压缩模量（MPa）；

　　　E_c——地基土的等向压缩模量（MPa）。

因此，采用 JGJ 79—2012 公式计算真空预压法加固地基的变形量时，必须用实际应力路径（自重下 K_0 固结，然后等向固结）所得的 $e\text{-}p$ 关系曲线替换单向固结的 $e\text{-}p$ 关系曲线。采用式（3-1）时，必须用等向压缩模量 E_{ci} 替换式（3-1）中的单向压缩模量 E_{si}。E_{ci} 由先在自重条件下单向压缩固结，然后做等向压缩固结试验得到。由于通常岩土工程勘察报告提供的是单向压缩模量，可通过以下方法将单向压缩模量转换为等向压缩模量。

当 $\Delta\sigma_z$ 和 Δp 相等时，由式（3-6）和式（3-7）可得到等向压缩模量和单向压缩模量之间的换算关系如下：

$$E_c = \frac{E_s(1-2K_0\nu)}{1-2\nu} \qquad (3\text{-}8)$$

或

$$\frac{E_s}{E_c} = \frac{1-2\nu}{1-2K_0\nu} = \frac{1-2\nu}{1-\dfrac{2\nu^2}{1-\nu}} \qquad (3\text{-}9)$$

显然 $E_c > E_s$，用 E_c 算得的变形量必然小于用 E_s 算得的变形量。

3.3.3　真空预压法地基变形计算的主要内涵

根据前面的分析可知：①抽真空使地下水位下降，产生的水位下降压力会增大压缩层的总变形量，而且真空负压和水位下降压力的加荷方式不同，应该将真空负压和水位下降压力分别计算后再按线性合成；②真空预压的应力分布模式应根据真空度往下传递的特点，采用不同于堆载预压的应力分布模式；③真空度往下传递的衰减不容忽略，在竖井范围各分层的真空度可按不同值线性递减，至竖井底部时仍会剩余少许真空度；④因真空负压是三向等压的受力状态，故应用等向压缩模量替换单向压缩模量，其结果是减小了压缩层的总变形量。为此，真空预压法加固成层地基时，压缩层变形量的计算公式必须包含上述四项内容，提出适用于真空预压法的分层总和法计算公式，对此逐项分叙于下。

1. 真空度传递的衰减与应力分布模式

真空度传递的衰减与应力分布模式是一个问题的两个方面，确定了真空度传递的衰减值，就能得到应力分布模式。抽真空形成的负压渗流场从压缩层的上部向下延展，其深度与真空度衰减值有关，衰减得少，其深度就大，负压渗流场的压力也大。经过类比研究和少量工程的试算，建议如下：①成层地基中的各分层均采用沿深度线性递减。②按土层渗透特性，选用不同的真空度衰减值。③真空度传递的深度一般为25m左右，不超过30m。之下土层的真空压力已衰减殆尽，土层中的压力仅是地下水位下降后引起的压力。

真空负压的应力分布图由不同斜率的数段直线组成，为计算方便起见，都以分层平均应力图形代替，如图2-14所示。

2. 地下水位下降的作用与应力分布模式

地下水位下降产生的水位下降压力会增大压缩层的总变形量。到目前为止，尚未获得抽真空引起地下水位下降的规律，只能根据本地区以往工程的经验来估算。若正如前述地下水位下降的幅度为 3~4m，在工程开展前计算沉降时，按此范围估算。由于水位下降压力的作用深度绝不是附加应力≤0.1倍自重应力所决定的深度，产生的误差可与前述采用单向压缩模量的误差相抵，能抵多少尚需持续不断地摸索与积累，现如今将剩余的误差归纳入沉降计算经验系数 ψ_v 中解决。

水位下降作用的应力分布图由相同斜率的直线和垂直线组成，为计算方便起见，都以分层平均应力图形代替，如图2-20所示。

3. 压缩模量的应用

表3-2列出了三类土的泊松比和用式（3-10）算得的 E_s/E_c 参考值。

表3-2 黏性土、粉土的 E_s/E_c 参考值

参数	土类						
	粉质黏土			黏土			粉土
液性指数 I_L	≤0	0.5~0.75	>0.75	≤0	0.5~0.75	>0.75	—
泊松比 ν	0.25	0.3	0.35	0.25	0.35	0.42	0.25
E_s/E_c	0.545	0.459	0.370	0.545	0.37	0.23	0.545

泊松比 ν 与 E_s/E_c 的回归曲线示于图3-2中，回归方程式为：

$$\frac{E_s}{E_c} = 1.06 - 2.04\nu \tag{3-10}$$

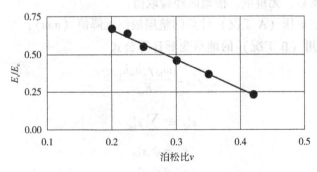

图3-2 泊松比 ν 与 $\dfrac{E_s}{E_c}$ 的回归曲线图

其相关系数的绝对值 $r=0.994$，显著度 $\alpha=0.01$ 的方差分析 $F_{1,6}=375>13.75$，为高度

显著。图中的泊松比 ν 自 0.2 到 0.5，囊括了粉土、粉质黏土和黏土等土类，黏性土的状态包括从坚硬到流动。从图中回归曲线可知，土的状态越软，ν 就较大，$\dfrac{E_s}{E_c}$ 就越小。预压法加固成层地基的上部，都是软土地基，$\dfrac{E_s}{E_c}$ 都比较小。以分层总和法计算整层地基最终沉降值 s_{vf} 时，用 E_c 算得的肯定要小于用 E_s 算得的。但最终沉降值 s_{vf} 是客观恒定的，不会因采用何种模量值而改变，要改变的只能是沉降计算经验系数。鉴于勘察报告很少提供等向压缩模量，故仍用人们熟悉而易得的单向压缩模量 E_s 计算，再由沉降计算经验系数来解决。

3.3.4 真空预压法各工况的地基变形计算公式

1. 真空负压（A 工况）的地基变形计算公式

综合考虑以上论述，真空负压（A 工况）的地基变形计算公式如下：

$$s'_{aif} = \frac{\omega_{ai} p_{a0} h_i}{E_{si}} \tag{3-11a}$$

$$s'_{af} = \sum_{i=1}^{n} s'_{aif} \tag{3-11b}$$

$$s_{aif} = \psi_v s'_{aif} \tag{3-12}$$

$$s_{af} = \psi_v s'_{af} \tag{3-13}$$

式中　s'_{aif}——由真空负压（A 工况）计算的第 i 分层地基的最终变形量（mm）；

　　　ω_{ai}——A 工况第 i 分层的应力折减系数，无量纲；

　　　p_{a0}——膜下真空度产生的负压（kPa）；

　　　E_{si}——第 i 分层的压缩模量（MPa），应取土的自重压力至自重压力与附加压力之和的压力段计算；

　　　h_i——第 i 分层的层厚（m）；

　　　s'_{af}——由真空负压（A 工况）计算的整层最终变形量（mm）；

　　　n——压缩层深度范围内所划分的土层数；

　　　s_{aif}——由真空负压（A 工况）计算的第 i 分层的最终沉降值（mm）；

　　　ψ_v——经验系数，无量纲，按地区经验取值；

　　　s_{af}——由真空负压（A 工况）计算的整层最终沉降值（mm）；

2. 水位下降作用（B 工况）的地基变形计算公式

$$s'_{bif} = \frac{\omega_{bi} \gamma_w h_d h_i}{E_{si}} \tag{3-14}$$

$$s'_{bf} = \sum_{i=1}^{n} s'_{bif} \tag{3-15}$$

$$s_{bif} = \psi_v s'_{bif} \tag{3-16}$$

$$s_{bf} = \psi_v s'_{bf} \tag{3-17}$$

式中　s'_{bif}——由水位下降作用（B 工况）计算的第 i 分层的最终变形量（mm）；

　　　ω_{bi}——B 工况第 i 分层的应力折减系数，无量纲；

　　　γ_w——水的重度（kN/m³）；

h_d——地下水位下降的幅度（m）；

h_i——第 i 分层的层厚（m）；

E_{si}——第 i 分层的压缩模量（MPa），应取土的自重压力至自重压力与附加压力之和
的压力段计算；

s'_{bf}——由水位下降作用（B 工况）计算的整层最终变形量（mm）；

n——压缩层深度范围内所划分的土层数；

s_{bif}——由水位下降作用（B 工况）计算的第 i 分层的最终沉降值（mm）；

ψ_v——经验系数，无量纲，取与真空负压相同的值；

s_{bf}——由水位下降作用（B 工况）计算的整层最终沉降值（mm）；

3. 真空预压（V 工况）的地基变形计算公式

基于弹性物体的受力和变形的叠加原理，成层地基在真空负压和水位下降压力分别作用
下的沉降值之和即为真空预压的沉降值。两者分别单独计算后按线性原则叠加。

$$s_{vit} = s_{ait} + s_{bit} \tag{3-18}$$

$$s_{vt} = s_{at} + s_{bt} \tag{3-19}$$

$$s_{vif} = s_{aif} + s_{bif} \tag{3-20}$$

$$s_{vf} = s_{af} + s_{bf} \tag{3-21}$$

$$s_{at} = \sum_{i=1}^{n} s_{ait} \tag{3-22}$$

$$s_{bt} = \sum_{i=1}^{n} s_{bit} \tag{3-23}$$

$$s_{af} = \sum_{i=1}^{n} s_{aif} \tag{3-24}$$

$$s_{bf} = \sum_{i=1}^{n} s_{bif} \tag{3-25}$$

$$s_{vt} = \sum_{i=1}^{n} s_{vit} \tag{3-26}$$

$$s_{vf} = \sum_{i=1}^{n} s_{vif} \tag{3-27}$$

式中　s_{vit}、s_{ait}、s_{bit}——第 i 分层在 t 时刻的真空预压（V 工况）的沉降值、真空负压（A 工
况）的沉降值和水位下降压力（B 工况）的沉降值（mm）；

s_{vt}、s_{at}、s_{bt}——整层在 t 时刻的真空预压（V 工况）的沉降值、真空负压（A 工况）
的沉降值和水位下降压力（B 工况）的沉降值（mm）；

s_{vif}、s_{aif}、s_{bif}——第 i 分层的真空预压（V 工况）的最终沉降值、真空负压（A 工况）
的最终沉降值和水位下降压力（B 工况）的最终沉降值（mm）；

s_{vf}、s_{af}、s_{bf}——地基整层的真空预压（V 工况）的最终沉降值、真空负压（A 工况）
的最终沉降值和水位下降压力（B 工况）的最终沉降值（mm）。

3.3.5　真空预压法的沉降计算经验系数

《地基处理手册》写道："和堆载预压不同，由于真空预压周围土产生指向预压区的侧

向变形，因此，按单向压缩分层总和法计算所得的固结变形应乘上一个小于1的经验系数方可得到实际的沉降值。经验系数的取值目前还缺少资料，有待在实际工程中积累[53]。"相比堆载预压法沉降计算经验系数的取值，在工程上已积累了相当多的经验，并反映于相关规范中。至于真空预压法规范规定和文献报道的取值的离散性却比较大，见表3-3。造成ψ_v值统计值离散较大的原因可能有以下几个方面，一是对真空预压加固地基固结变形的计算方法不一致，包括选用的附加应力分布模式及参数不同，导致计算得到的固结变形与实测总沉降的量比关系存在较大离散。二是真空预压法加固地基往往联合堆载，联合堆载与否和堆载的大小也将影响固结变形与实测总沉降的比例，造成ψ_v统计的离散性，因此在总结不同真空预压加固地基工程中ψ_v的取值时，关键是必须保证正确的真空预压加固地基的固结变形计算方法。

表 3-3　规范和文献报道的真空预压法沉降计算经验系数值

出　处	ψ_v
《建筑地基处理技术规范》（JGJ 79—2012）	1.0 ~ 1.3
《真空预压加固软土地基技术规程》（JTS 147-2—2009）	1.0 ~ 1.3
李丽慧、王清等（2000）	1.1 ~ 1.4
刘珍娜（1996）	0.8 ~ 1.0
高志义、苗中海（1992）	1.28、1.62
M. Tang 和 J. Q. Shang（2000）	1.11 ~ 1.37
杨克龙（1999）	1.32
叶国良、张敬、孙万禾等（2008）	1.09、1.15
成佃虎、陶丹露等（2018）	0.89

3.3.6　真空预压法的分层贡献率

1. A 工况的分层贡献率 λ_{vai}

真空负压作用（A 工况）第 i 分层的分层贡献率按下式计算：

$$\lambda_{vai} = \frac{s_{aif}}{s_{af}} = \frac{\psi_v s'_{aif}}{\psi_v s'_{af}} = \frac{s'_{aif}}{s'_{af}} \tag{3-28}$$

式中　s_{aif}——按式（3-12）算得的 A 工况第 i 分层地基的最终沉降值（mm）；

s_{af}——按式（3-13）算得的 A 工况整层地基的最终沉降值（mm）；

s'_{aif}——按式（3-10）算得的 A 工况第 i 分层地基的最终变形量（mm）；

s'_{af}——按式（3-11）算得的 A 工况整层地基的最终变形量（mm）；

ψ_v——A 工况沉降计算经验系数，无量纲。

2. B 工况第 i 分层的分层贡献率 λ_{bi}

水位下降作用（B 工况）的分层贡献率按下式计算：

$$\lambda_{vbi} = \frac{s_{bif}}{s_{bf}} = \frac{\psi_v s'_{bif}}{\psi_v s'_{bf}} = \frac{s'_{bif}}{s'_{bf}} \tag{3-29}$$

式中　s_{bif}——按式（3-16）算得的 B 工况第 i 分层地基的最终沉降值（mm）；

s_{bf}——按式（3-17）算得的 B 工况整层地基的最终沉降值（mm）；

s'_{bif}——按式（3-14）算得的 B 工况第 i 分层地基的最终变形量（mm）；

s'_{bf}——按式（3-15）算得的 B 工况整层地基的最终变形量（mm）；

ψ_v——A 工况沉降计算经验系数，无量纲。

3. V 工况的分层贡献率 λ_{vi}

V 工况第 i 分层的分层贡献率 λ_{vi} 采用下式计算：

$$\lambda_{vi} = \frac{s_{vif}}{s_{vf}} \tag{3-30}$$

式中　s_{vif}——按式（3-20）算得的 V 工况第 i 分层的最终沉降值（mm）；

s_{vf}——按式（3-21）算得的 V 工况整层的最终沉降值（mm）。

3.4　联合预压法地基的竖向变形量计算

3.4.1　联合预压法 A 工况的地基变形计算公式

联合预压法 A 工况第 i 分层的最终变形量可用真空预压法 A 工况的式（3-11a）计算。联合预压法 A 工况第 i 分层的最终沉降值可用真空预压法 A 工况的式（3-12）计算。

联合预压法 A 工况整层的最终变形量可用真空预压法 A 工况的式（3-11b）计算。联合预压法 A 工况整层的最终沉降值可用真空预压法 A 工况的式（3-13）计算。

3.4.2　联合预压法 B 工况的地基变形计算公式

联合预压法 B 工况第 i 分层的最终变形量可用真空预压法 B 工况的式（3-14）计算。联合预压法 B 工况第 i 分层的最终沉降值可用真空预压法 B 工况的式（3-16）计算。

联合预压法 B 工况整层的最终变形量可用真空预压法 B 工况的式（3-15）计算。联合预压法 B 工况整层的最终沉降值可用真空预压法 B 工况的式（3-17）计算。

3.4.3　联合预压法 C 工况的地基变形计算公式

联合预压法 C 工况第 i 分层的最终变形量可用堆载预压法 C 工况的式（3-1）计算。联合预压法 C 工况第 i 分层的最终沉降值可用堆载预压法 C 工况的式（3-3）计算。

联合预压法的 C 工况整层的最终变形量可用堆载预压法 C 工况的式（3-2）计算。联合预压法的 C 工况整层最终沉降值可用堆载预压法 C 工况的式（3-4）计算。

3.4.4　联合预压（U 工况）的地基变形计算公式

基于弹性物体的受力和变形的叠加原理，当成层地基受到真空预压和堆载的联合共同作用时，其最终沉降值由真空负压、水位下降压力产生的最终沉降和堆载预压的最终沉降三部分构成。三者分别单独计算后按线性原则叠加。成层地基在真空负压、水位下降压力和堆载加压分别作用下的最终沉降值之和即为联合预压的最终沉降值。

$$s_{uit} = s_{ait} + s_{bit} + s_{cit} \tag{3-31}$$

$$s_{ut} = s_{at} + s_{bt} + s_{ct} \tag{3-32}$$

$$s_{uif} = s_{aif} + s_{bif} + s_{cif} \tag{3-33}$$

$$s_{uf} = s_{af} + s_{bf} + s_{cf} \tag{3-34}$$

$$s_{at} = \sum_{i=1}^{n} s_{ait} \qquad (3-35)$$

$$s_{bt} = \sum_{i=1}^{n} s_{bit} \qquad (3-36)$$

$$s_{ct} = \sum_{i=1}^{n} s_{cit} \qquad (3-37)$$

$$s_{ut} = \sum_{i=1}^{n} s_{uit} \qquad (3-38)$$

$$s_{af} = \sum_{i=1}^{n} s_{aif} \qquad (3-39)$$

$$s_{bf} = \sum_{i=1}^{n} s_{bif} \qquad (3-40)$$

$$s_{cf} = \sum_{i=1}^{n} s_{cif} \qquad (3-41)$$

$$s_{uf} = \sum_{i=1}^{n} s_{uif} \qquad (3-42)$$

式中　s_{uit}、s_{ait}、s_{bit}、s_{cit}——第 i 分层在 t 时刻的联合预压的沉降值、真空负压的沉降值、水位下降压力的沉降值和堆载加压的沉降值（mm）；

　　　　s_{ut}、s_{at}、s_{bt}、s_{ct}——整层在 t 时刻的联合预压的沉降值、真空负压的沉降值、水位下降压力的沉降值和堆载加压的沉降值（mm）；

　　　　s_{uif}、s_{aif}、s_{bif}、s_{cif}——第 i 分层的联合预压的最终沉降值、真空负压的最终沉降值、水位下降压力的最终沉降值和堆载加压的最终沉降值（mm）；

　　　　s_{uf}、s_{af}、s_{bf}、s_{cf}——整层的联合预压的最终沉降值、真空负压的最终沉降值、水位下降压力的最终沉降值和堆载加压的最终沉降值（mm）。

3.4.5　联合预压法的分层贡献率

1. A 工况的分层贡献率 λ_{ai}

真空负压（A 工况）的分层贡献率用式（3-28）计算。

2. B 工况的分层贡献率 λ_{bi}

水位下降作用（B 工况）的分层贡献率用式（3-29）计算。

3. C 工况的分层贡献率 λ_{ci}

堆载加压（C 工况）的分层贡献率用式（3-5）计算。

4. U 工况的分层贡献率 λ_{ui}

U 工况第 i 分层的分层贡献率 λ_{ui} 采用下式计算：

$$\lambda_{ui} = \frac{s_{uif}}{s_{uf}} \qquad (3-43)$$

式中　s_{uif}——按式（3-33）算得的 U 工况第 i 分层的最终沉降值（mm）；

　　　　s_{uf}——按式（3-34）算得的 U 工况整层的最终沉降值（mm）。

第4章 固结度的定义与计算

4.1 固结度的定义

4.1.1 分层固结度初值

以堆载预压法加固单一土质的匀质地基为例，用普遍表达式（4-1）计算得到的就是该压缩层的总平均固结度，但必须满足图2-7a的条件。

$$\overline{U} = 1 - \alpha e^{-\beta t} \tag{4-1}$$

对于成层地基则不然，用式（4-1）计算第i分层的固结度时，得到的乃是第i分层固结度的初值。之所以称为初值，是因式（4-1）必须满足该分层中的应力是均匀的且与地面荷载相等，显然这是不能满足的。从图4-1中可见，附加应力图形自上而下逐渐变小，每一分层的附加应力图形均呈近似倒梯形，其平均应力均小于地面压力，离地面越远的分层，其平均应力越小。若不计此差别，则会产生较大的误差。因此，用式（4-1）计算得到的并不是真正的平均固结度，而只能算是初值。第i分层的分层固结度初值符号为U_i^0，用下式计算：

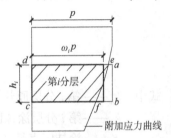

图4-1 附加应力图形局部示意图

$$U_i^0 = 1 - \alpha e^{-\beta_i t} \tag{4-2}$$

式中 α——预压地基固结计算的系数，无量纲；

β_i——成层地基第i分层固结计算的系数（1/d）；

t——固结时间（d）。

其中系数$\alpha = 8/\pi^2$是常数，各分层都一样。系数β_i有下标i，说明各分层的β_i各不相同，它不仅与土层的固结系数有关，而且与分层的渗流运动的排水距离有关，所以必须根据分层所处位置，分别用下列公式计算：

竖井层中
$$\beta_i = \frac{8c_{hi}}{F_i d_e^2} + \frac{\pi^2 \overline{c}_{vi}}{4H_i^2} \tag{4-3}$$

井下层中
$$\beta_i = \frac{\pi^2 \overline{c}_{vi}}{4H_i^2} \tag{4-4}$$

式中 c_{hi}——第i分层土的径向固结系数（m²/d）；

d_e——排水竖井单井等效圆的直径（m）；

$\overline{c}_{vi}$——第i分层土的全路径竖向固结系数（m²/d）；

H_i——第i分层的排水距离（m）；

F_i——第i分层土与井径比和井阻、涂抹影响有关的系数，无量纲。按下列两种情况，分别计算。

1）当不考虑井阻和涂抹影响时，用下式计算：

$$F = F_n \tag{4-5}$$

式中 F_n——井径比因子，无量纲。按下式计算。

$$F_n = \frac{n_w^2 \ln(n_w)}{n_w^2 - 1} - \frac{3n_w^2 - 1}{4n_w^2} \tag{4-6}$$

式中 n_w——井径比，无量纲。按式（2-23）计算。

当井径比 $n_w \geqslant 15$ 时，F_n 可简化为：

$$F_n = \ln(n_w) - 0.75 \tag{4-7}$$

因竖井层中各分层的井径比相同，所以竖井层中各分层的 F_n 值均相等。

2）当需要考虑井阻和涂抹影响时，用下式计算：

$$F_i = F_n + F_{si} + F_{ri} \tag{4-8}$$

式中 F_{si}——反映涂抹扰动的影响，按式（4-9）计算；

F_{ri}——反映井阻影响，按式（4-10）计算。

$$F_{si} = \left(\frac{k_{hi}}{k_{si}} - 1\right) \ln S_i \tag{4-9}$$

$$F_{ri} = \frac{\pi^2 H_i^2 K_{hi}}{4q_w} \tag{4-10}$$

式中 k_{hi}——第 i 分层原状土的径向渗透系数（m/d）；

k_{si}——第 i 分层涂抹区土的径向渗透系数（m/d），可取 $k_{hi} = (3 \sim 5)k_{si}$；

S_i——涂抹区直径 d_s 与竖井直径 d_w 的比值，可取 $S_i = 2.0 \sim 3.0$，对中等灵敏黏性土取低值，对高灵敏黏性土取高值；

H_i——第 i 分层中竖井从 i 分层底至压缩层顶面的距离（m），即等于第 i 分层的排水距离；

q_w——竖井纵向通水量（m³/d），为单位水力梯度下单位时间的排水量，按下式计算。

$$q_w = k_w \pi r_w^2 \tag{4-11}$$

式中 k_w——砂井的渗透系数（m/d）；

r_w——砂井横截面的半径（m）。

4.1.2 分层固结度初值的第 j 级分量 $U_{i,j}^0$

当逐渐加荷采用多级瞬时加荷的方式时，第 i 层地基的分层固结度初值由各级荷载共同作用下算得，而各级荷载的固结历时是不同的。应用式（4-2）计算分层固结度初值时，必须分级计算，第 1 级荷载的固结历时最长，第 j 级荷载的固结历时为 T_j，以后各级荷载的固结历时逐渐减短。

4.1.3 分层平均固结度

图 4-1 中，第 i 分层有三种附加应力图形的面积：先看面积最大的图形 $abcd$，其面积为 ph_i，意即第 i 分层的附加应力与地面荷载相等，且分层中的应力是常数，分层固结度初值就

是依此算得，可见算得的固结度值大于实际值；再看图形 $cdef$（图中打斜线部分）为实际的应力图形面积，呈上大下小的倒梯形，其应力平均值记为 $\omega_i p$，乘上层厚为 $\omega_i p h_i$。依此算得的分层固结度才是真实的分层平均固结度。由此可见式（4-2）计算所得的分层固结度初值需乘上相应的应力折减系数 ω_i，此乘积为分层平均固结度 U_i。

经预压 t 时刻，第 i 分层的沉降值应为 s_{it}，地面荷载 p_0 直接作用在第 i 分层顶面上，即应力未折减时，则第 i 分层的沉降值应为 $\dfrac{s_{it}}{\omega_i}$，记为 s_{it}^0。按固结度的定义，第 i 分层的固结度初值 U_i^0 可用沉降值表示为：

$$U_i^0 = \frac{s_{it}^0}{s_{if}} \tag{4-12}$$

按固结度的定义，第 i 分层的分层平均固结度 U_i 用沉降值表示则为：

$$U_i = \frac{s_{it}}{s_{if}} = \frac{\dfrac{\omega_i}{\omega_i}s_{it}}{s_{if}} = \frac{\dfrac{\omega_i s_{it}}{\omega_i}}{s_{if}}$$

$$= \frac{\omega_i s_{it}^0}{s_{if}} = \omega_i U_i^0 \tag{4-13}$$

式中 ω_i——应力折减系数，无量纲，堆载预压工程按式（2-26）计算。

4.1.4 分层固结度贡献值

分层平均固结度乘上本层的贡献率就得该分层的固结度对整层总平均固结度的贡献值，第 i 分层的分层固结度贡献值记为 $\lambda_i U_i$。

4.1.5 整层总平均固结度 $\overline{U}_z$

整层总平均固结度是各分层固结度贡献值之总和。

4.1.6 合层的平均固结度

根据合层的定义，合层是整层中部的土层，以上下面的深度为标志，例如某合层上层面的深度为 2.5m，下层面的深度为 7.2m，则此合层平均固结度标为 $U_{7.2}^{2.5}$。

4.1.7 地层的平均固结度

根据地层的定义，地层是以整层顶面为其顶面的合层，即地层上层面的深度为零，所以仅以下层面的深度为标志，例如某地层下层面的深度为 7.2m，则此地层平均固结度标为 $U_{7.2}$。若有若干个地层，也可按自上而下地以罗马数字标注，如 U_I、U_{II}、$U_{III}\cdots$。

4.2 瞬时加荷条件下堆载预压法的固结度计算

4.2.1 分层固结度初值

堆载预压法加固成层地基第 i 分层的固结度初值标为 U_{ci}^0，相当于地面荷载 p_{c0} 直接作用

在第 i 分层顶面上，应力未折减时的分层固结度，用式（4-2）计算。为标明工况，则改写为：

$$U_{ci}^0 = 1 - \alpha e^{-\beta_i t} \tag{4-14}$$

经预压 t 时刻，第 i 分层的沉降值应为 s_{cit}，地面荷载 p_{c0} 直接作用在第 i 分层顶面上，即应力未折减时，则第 i 分层的沉降值应为 $\dfrac{s_{cit}}{\omega_{ci}}$，记为 s_{ci}^0。按固结度的定义，第 i 分层的固结度初值 U_{ci}^0 用沉降值可示为：

$$U_{ci}^0 = \frac{s_{ci}^0}{s_{cif}} = \frac{\dfrac{s_{cit}}{\omega_{ci}}}{s_{cif}} \tag{4-15}$$

式中 ω_{ci}——堆载预压法的应力折减系数，无量纲，按式（2-26）计算。

4.2.2 分层平均固结度

第 i 分层的分层平均固结度 U_{ci} 用下式计算：

$$U_{ci} = \omega_{ci} U_{ci}^0 \tag{4-16}$$

按固结度定义及式（4-15），成层地基第 i 分层的平均固结度为：

$$U_{ci} = \frac{s_{cit}}{s_{cif}} = \frac{\dfrac{\omega_{ci}}{\omega_{ci}} s_{cit}}{s_{cif}} = \frac{\dfrac{\omega_{ci} s_{cit}}{\omega_{ci}}}{s_{cif}} = \omega_{ci} U_{ci}^0 \tag{4-17}$$

上式证明了第 i 分层的固结度初值 U_{ci}^0 乘以第 i 分层的应力折减系数 ω_{ci} 的积等于第 i 分层的分层平均固结度 U_{ci}。

4.2.3 分层固结度贡献值

第 i 分层的分层固结度贡献值记为 $\lambda_{ci} U_{ci}$。将式（3-5）代入 λ_{ci}，式（4-17）代入 U_{ci}，得：

$$\lambda_{ci} U_{ci} = \left(\frac{s_{cif}}{s_{cf}}\right)\left(\frac{s_{cit}}{s_{cif}}\right) = \frac{s_{cit}}{s_{cf}} \tag{4-18}$$

由式（4-18）可知第 i 分层固结度贡献值等于预压 t 时刻的第 i 分层的沉降值 s_{cit} 与整层最终沉降值 s_{cf} 的比值。

4.2.4 整层总平均固结度 $\overline{U}_{cz}$

整层总平均固结度用下式计算：

$$\overline{U}_{cz} = \sum_{i=1}^{n} \lambda_{ci} U_{ci} \tag{4-19}$$

将式（4-18）代入式（4-19），得：

$$\overline{U}_{cz} = \sum_{i=1}^{n} \frac{s_{cit}}{s_{cf}} = \frac{\displaystyle\sum_{i=1}^{n} s_{cit}}{s_{cf}} = \frac{s_{ct}}{s_{cf}} \tag{4-20}$$

由式（4-20）可证明第 $1 \sim n$ 层的分层固结度贡献值之总和等于预压 t 时刻的整层沉降

值与整层最终沉降值的比值，即整层总平均固结度。

4.3 逐渐加荷条件下堆载预压法的固结度计算

4.3.1 分层固结度初值的第 j 级分量 $U^0_{ci,j}$

第 i 分层的分层固结度初值第 j 级荷载的分量 $U^0_{ci,j}$ 用下式计算：

$$U^0_{ci,j} = 1 - \alpha e^{-\beta_i T_j} \tag{4-21}$$

式中 T_j——第 j 级荷载的固结历时（s 或 d），用式（2-28）计算。

当预压结束时，固结历时为 T_z 时，第 i 分层的分层固结度初值 U^0_{ci}：

$$U^0_{ci} = \sum_{j=1}^{k} \eta_j U^0_{ci,j} \tag{4-22}$$

式中 k——荷载分级的总级数，无量纲；

η_j——第 j 级荷载的荷载比，无量纲，用式（2-27）计算。

4.3.2 分层平均固结度

与瞬时加荷的堆载预压相同，成层地基的第 i 分层平均固结度等于第 i 分层固结度初值 U^0_{ci} 乘以应力折减系数 ω_{ci}。计算式同式（4-16）。

4.3.3 分层固结度贡献值

与瞬时加荷的堆载预压相同，成层地基的第 i 分层固结度贡献值等于第 i 分层平均固结度 U_{ci} 乘以第 i 分层的分层贡献率 λ_{ci}。

4.3.4 整层总平均固结度 $\overline{U}_{cz}$

逐渐加荷条件下的整层总平均固结度也用式（4-19）计算。

4.4 真空预压法的固结度计算

4.4.1 真空预压 ABV 算法

真空预压法的固结度计算采用 ABV 算法。真空预压的 ABV 算法承袭了分层法的核心内容，即按分层法原理划分各分层、定义分层固结度初值、分层平均固结度、分层固结度贡献值等概念。同时引入了"全路径竖向固结系数""分层贡献率""分层应力折减系数"和竖井层的"复合竖向固结系数"等参数。ABV 算法则是分层法在真空预压法加固软土地基领域的具体应用，同时还新创了真空预压法特有的技术原理和属于真空预压法专有的计算公式。其主要内容为"先分后合"将真空预压作用分为真空负压（A 工况）和水位下降（B 工况）两种作用，因这两种作用在地基中的应力分布模式和加载方式均不同，导致它们的沉降值和固结度不能采用同一套公式计算，按两种作用不同的公式分别计算后得到的沉降值和固结度，按其在两者共同作用（称为 V 工况）中的权重合成。

4.4.2 A、B 工况的分层固结度初值

1. A 工况

真空预压法的 A 工况第 i 分层的分层固结度初值可按下式计算。

$$U_{ai}^0 = 1 - \alpha e^{-\beta_i t} \tag{4-23}$$

式中　U_{ai}^0——真空预压法的 A 工况第 i 分层的分层固结度初值，无量纲；

　　　α——预压地基固结计算的系数，$\alpha = \pi^2/8$，无量纲；

　　　β_i——成层地基第 i 分层固结计算的系数（$1/d$），按式（4-3）和式（4-4）计算；

　　　t——A 工况的固结时长（d）。

2. B 工况

真空预压法的 B 工况第 i 分层的分层固结度初值可按下式计算：

$$U_{bi}^0 = 1 - \alpha e^{-\beta_i t/2} \tag{4-24}$$

式中　U_{bi}^0——真空预压法的 B 工况第 i 分层的分层固结度初值，无量纲。

B 工况的线性均匀加荷方式，用瞬时加荷方式代替时，固结时长是 A 工况的二分之一。

4.4.3 A、B 工况的分层平均固结度

1. A 工况

真空预压法的 A 工况第 i 分层的分层平均固结度用下式计算：

$$U_{ai} = \omega_{ai} U_{ai}^0 \tag{4-25}$$

式中的应力折减系数 ω_{ai} 按式（2-38）计算。

2. B 工况

真空预压法的 B 工况第 i 分层的分层平均固结度用下式计算：

$$U_{bi} = \omega_{bi} U_{bi}^0 \tag{4-26}$$

式中的应力折减系数 ω_{bi} 按式（2-39）计算。

4.4.4 A、B 工况的分层固结度贡献值

真空预压法的 A 工况第 i 分层固结度贡献值等于真空预压法的 A 工况第 i 分层平均固结度 U_{ai} 乘上真空预压法的 A 工况第 i 分层的分层贡献率 λ_{ai}。

真空预压法的 B 工况第 i 分层固结度贡献值等于真空预压法的 B 工况第 i 分层平均固结度 U_{bi} 乘上真空预压法的 B 工况第 i 分层的分层贡献率 λ_{bi}。

4.4.5 A、B 工况的整层总平均固结度

真空预压法的 A 工况整层总平均固结度 $\overline{U}_{az}$ 用下式计算。

$$\overline{U}_{az} = \sum_{i=1}^{n} \lambda_{ai} U_{ai} \tag{4-27}$$

真空预压法的 B 工况整层总平均固结度 $\overline{U}_{bz}$ 用下式计算。

$$\overline{U}_{bz} = \sum_{i=1}^{n} \lambda_{bi} U_{bi} \tag{4-28}$$

4.4.6　真空预压法的 V 工况的整层总平均固结度 $\overline{U}_{vz}$

将真空预压法的 A、B 工况的整层总平均固结度乘以真空预压法的 A、B 工况各自的整层权重后相加得到真空预压法的 V 工况的整层总平均固结度 $\overline{U}_{vz}$，用下式计算。

$$\overline{U}_{vz} = Q_{va}\overline{U}_{az} + Q_{vb}\overline{U}_{bz} \tag{4-29}$$

式中　Q_{va}、Q_{vb}——真空预压法的 A、B 工况的整层权重，无量纲，分别用式（4-30）、式（4-31）算得。

真空预压法的 A 工况的整层权重用下式计算：

$$Q_{va} = \frac{s_{af}}{s_{vf}} \tag{4-30}$$

真空预压法的 B 工况的整层权重用下式计算：

$$Q_{vb} = \frac{s_{bf}}{s_{vf}} \tag{4-31}$$

式中　s_{af}、s_{bf}——真空预压法的 A、B 工况的整层最终沉降值（m）；

s_{vf}——真空预压法的 V 工况的整层最终沉降值（m）。

不难证明：$Q_{va} + Q_{vb} = 1$

式（4-29）可用以下演算证明。

根据固结度定义，真空预压法的 V 工况的整层总平均固结度为：

$$\overline{U}_{vz} = \frac{s_{vt}}{s_{vf}} \tag{4-32}$$

将式（3-19）代入上式得：

$$\overline{U}_{vz} = \frac{s_{at} + s_{bt}}{s_{vf}}$$

再将式（3-22）、式（3-23）代入上式得：

$$\overline{U}_{vz} = \frac{\sum_{i=1}^{n} s_{ait} + \sum_{i=1}^{n} s_{bit}}{s_{vf}}$$

$$= \sum_{i=1}^{n}\left(\frac{s_{ait}}{s_{vf}}\right) + \sum_{i=1}^{n}\left(\frac{s_{bit}}{s_{vf}}\right)$$

$$= \sum_{i=1}^{n}\left(\frac{s_{af}}{s_{vf}} \times \frac{s_{ait}}{s_{af}}\right) + \sum_{i=1}^{n}\left(\frac{s_{bf}}{s_{vf}} \times \frac{s_{bit}}{s_{bf}}\right)$$

$$= \sum_{i=1}^{n}\left(Q_{va} \times \frac{s_{ait}}{s_{aif}} \times \frac{s_{aif}}{s_{af}}\right) + \sum_{i=1}^{n}\left(Q_{vb} \times \frac{s_{bit}}{s_{bif}} \times \frac{s_{bif}}{s_{bf}}\right)$$

$$= \sum_{i=1}^{n}\left(Q_{va} \times \lambda_{ai} \times U_{ai}\right) + \sum_{i=1}^{n}\left(Q_{vb} \times \lambda_{b} \times U_{bi}\right)$$

$$= Q_{va}\sum_{i=1}^{n}\left(\lambda_{ai} \times U_{ai}\right) + Q_{vb}\sum_{i=1}^{n}\left(\lambda_{bi} \times U_{bi}\right)$$

$$= Q_{va}\overline{U}_{az} + Q_{vb}\overline{U}_{bz}$$

4.4.7　真空预压法的 V 工况的分层平均固结度

将真空预压法的 A、B 工况的分层平均固结度乘上真空预压法的 A、B 工况各自的分层权重后相加得到真空预压法的 V 工况的分层平均固结度，用下式计算：

$$U_{vi} = q_{vai}U_{ai} + q_{vbi}U_{bi} \tag{4-33}$$

式中　U_{ai}——真空预压法的 A 工况第 i 分层的分层平均固结度，无量纲，用式（4-25）
　　　　　　计算；

　　　U_{bi}——真空预压法的 B 工况第 i 分层的分层平均固结度，无量纲，用式（4-26）
　　　　　　计算；

　　　q_{vai}——真空预压法的 A 工况第 i 分层的分层权重，无量纲，用式（4-34）计算；

　　　q_{vbi}——真空预压法的 B 工况第 i 分层的分层权重，无量纲，用式（4-35）计算。

$$q_{vai} = \frac{s_{aif}}{s_{vif}} \tag{4-34}$$

$$q_{vbi} = \frac{s_{bif}}{s_{vif}} \tag{4-35}$$

式中　s_{aif}——真空预压法的 A 工况第 i 分层的最终沉降值（m）；

　　　s_{bif}——真空预压法的 B 工况第 i 分层的最终沉降值（m）；

　　　s_{vif}——真空预压法的 V 工况第 i 分层的最终沉降值（m）。

不难证明：$q_{vai} + q_{vbi} = 1$

按固结度定义，成层地基真空预压法的 V 工况的第 i 分层在 t 时刻的平均固结度为：

$$U_{vi} = \frac{s_{vit}}{s_{vif}} \tag{4-36}$$

将式（3-18）代入上式可得：

$$U_{vi} = \frac{s_{vit}}{s_{vif}} = \frac{s_{ait} + s_{bit}}{s_{vif}} = \frac{s_{ait}}{s_{aif}} \times \frac{s_{aif}}{s_{vif}} + \frac{s_{bit}}{s_{bif}} \times \frac{s_{bif}}{s_{vif}}$$

$$= q_{vai}U_{ai} + q_{vbi}U_{bi}$$

以上证明了真空预压法的 V 工况的分层平均固结度由真空预压法的 A 工况和 B 工况的
分层平均固结度以式（4-33）计算合成。

4.4.8　真空预压法的 V 工况的分层固结度贡献值

真空预压法的 V 工况第 i 分层固结度贡献值等于真空预压法的 V 工况第 i 分层平均固结
度 U_{vi} 乘上真空预压法的 V 工况第 i 分层的分层贡献率 λ_{vi}。

4.4.9　真空预压法的 V 工况的整层总平均固结度 $\overline{U}_{vz}$

将真空预压法的 V 工况所有分层的分层固结度贡献值加总就算得真空预压法的 V 工况
的整层总平均固结度。

$$\overline{U}_{vz} = \sum_{i=1}^{n} \lambda_{vi}U_{vi} \tag{4-37}$$

实例可证式（4-37）的计算结果与式（4-29）的计算结果完全相等，殊途同归，可以
用来互相校核。

4.5 联合预压法的固结度计算

4.5.1 联合预压 ABCU 算法

联合预压 ABCU 算法与真空预压 ABV 算法相似，也承袭了分层法的核心内容，即按分层法原理划分各分层、定义分层固结度初值、分层平均固结度、分层固结度贡献值等。也引入了"全路径竖向固结系数""分层贡献率""分层应力折减系数"和竖井层的"复合竖向固结系数"等参数。联合预压 ABCU 算法是分层法在联合预压法加固软土地基领域的应用。其主要特点为采用"先分后合"的手法，首先将联合预压作用分为真空负压（A 工况）、水位下降（B 工况）和堆载加压（C 工况）三种作用。此三种工况的作用在地基中的应力分布模式和加载方式均不同，导致它们的沉降和固结度不能采用同一套公式计算，按三种不同的公式分别计算 A、B、C 工况的沉降和固结度，然后按它们在三者共同作用时的联合预压（称为 U 工况）中的权重合成。

与真空预压法相同，用联合预压 ABCU 算法计算整层总平均固结度也有另两条途径。一条途径是先算得 A、B、C 工况的分层平均固结度、分层固结度贡献值和整层总平均固结度，再根据 A、B、C 工况的整层权重，组合成 U 工况的整层总平均固结度。另一条途径是先算得 A、B、C 工况的分层平均固结度，根据 A、B、C 工况的分层权重，组合成 U 工况的分层平均固结度，然后算得 U 工况的分层固结度贡献值，再总和得到 U 工况的整层总平均固结度。两种途径计算结果是"异途同归"，分毫不差，可以用来互相校核。

4.5.2 联合预压法的 A、B、C 工况的分层固结度初值

联合预压法的 A 工况第 i 分层的分层固结度初值与真空预压 A 工况的分层固结度初值一样，可用式（4-23）计算。

联合预压法的 B 工况第 i 分层的分层固结度初值与真空预压 B 工况的分层固结度初值一样，可用式（4-24）计算。

联合预压法的 C 工况第 i 分层的分层固结度初值：

1）当为瞬时加荷条件者，与瞬时加荷条件下的堆载预压的分层固结度初值一样，用式（4-14）计算。

2）当为逐渐加荷条件者，与逐渐加荷条件下的堆载预压的分层固结度初值一样，用式（4-22）计算。

4.5.3 联合预压法的 A、B、C 工况的分层平均固结度

联合预压法的 A 工况第 i 分层的分层平均固结度 U_{ai}，与真空预压法的 A 工况的分层平均固结度一样，可用式（4-25）计算。

联合预压法的 B 工况第 i 分层的平均固结度 U_{bi}，与真空预压法的 B 工况的分层平均固结度一样，可用式（4-26）计算。

联合预压法的 C 工况第 i 分层的分层平均固结度 U_{ci}，无论是瞬时加荷，或是逐渐加荷，都可用式（4-16）计算。

4.5.4 联合预压法的 A、B、C 工况的分层固结度贡献值

联合预压法的 A 工况第 i 分层固结度贡献值等于联合预压法的 A 工况第 i 分层平均固结度 U_{ai} 乘以联合预压法的 A 工况第 i 分层的分层贡献率 λ_{ai}。

联合预压法的 B 工况第 i 分层固结度贡献值等于联合预压法的 B 工况第 i 分层平均固结度 U_{bi} 乘以联合预压法的 B 工况第 i 分层的分层贡献率 λ_{bi}。

联合预压法的 C 工况第 i 分层固结度贡献值等于联合预压法的 C 工况第 i 分层平均固结度 U_{pi} 乘以联合预压法的 C 工况第 i 分层的分层贡献率 λ_{ci}。

4.5.5 联合预压法的 A、B、C 工况的整层总平均固结度

联合预压法的 A 工况整层总平均固结度用式（4-27）计算。
联合预压法的 B 工况整层总平均固结度用式（4-28）计算。
联合预压法的 C 工况整层总平均固结度用式（4-19）计算。

4.5.6 联合预压法的 U 工况的整层总平均固结度

将联合预压法的 A、B、C 工况的整层总平均固结度分别乘上各自的整层权重后相加可算得 U 工况的整层总平均固结度。

$$\overline{U}_{uz} = Q_{ua}\overline{U}_{az} + Q_{ub}\overline{U}_{bz} + Q_{uc}\overline{U}_{cz} \tag{4-38}$$

式中 Q_{ua}、Q_{ub}、Q_{uc}——联合预压法的 A、B、C 工况的整层权重，无量纲，分别用式（4-39）、式（4-40）和式（4-41）算得。

联合预压法的 A 工况的整层权重用下式计算：

$$Q_{ua} = \frac{s_{af}}{s_{uf}} \tag{4-39}$$

联合预压法的 B 工况的整层权重用下式计算：

$$Q_{ub} = \frac{s_{bf}}{s_{uf}} \tag{4-40}$$

联合预压法的 C 工况的整层权重用下式计算：

$$Q_{uc} = \frac{s_{cf}}{s_{uf}} \tag{4-41}$$

式中 s_{af}、s_{bf}、s_{cf}——联合预压法的 A、B、C 工况的整层最终沉降值（m）；
s_{uf}——联合预压法的 U 工况的整层最终沉降值（m）。

不难证明：$Q_{ua} + Q_{ub} + Q_{uc} = 1$

式（4-38）可用以下演算证明。

根据固结度定义，联合预压法的 U 工况的整层总平均固结度为：

$$\overline{U}_{uz} = \frac{s_{ut}}{s_{uf}} \tag{4-42}$$

将式（3-32）代入上式得：

$$\overline{U}_{uz} = \frac{s_{at} + s_{bt} + s_{ct}}{s_{uf}}$$

再将式（3-35）、式（3-36）和式（3-37）代入上式得：

$$
\begin{aligned}
\overline{U}_{uz} &= \frac{\sum\limits_{i=1}^{n} s_{ait} + \sum\limits_{i=1}^{n} s_{bit} + \sum\limits_{i=1}^{n} s_{cit}}{s_{uf}} \\
&= \sum_{i=1}^{n} \left(\frac{s_{ait}}{s_{uf}} \right) + \sum_{i=1}^{n} \left(\frac{s_{bit}}{s_{uf}} \right) + \sum_{i=1}^{n} \left(\frac{s_{cit}}{s_{uf}} \right) \\
&= \sum_{i=1}^{n} \left(\frac{s_{af}}{s_{uf}} \times \frac{s_{ait}}{s_{af}} \right) + \sum_{i=1}^{n} \left(\frac{s_{bf}}{s_{uf}} \times \frac{s_{bit}}{s_{bf}} \right) + \sum_{i=1}^{n} \left(\frac{s_{cf}}{s_{uf}} \times \frac{s_{cit}}{s_{cf}} \right) \\
&= \sum_{i=1}^{n} \left(Q_{ua} \frac{s_{ait}}{s_{aif}} \times \frac{s_{aif}}{s_{af}} \right) + \sum_{i=1}^{n} \left(Q_{ub} \frac{s_{bit}}{s_{bif}} \times \frac{s_{bif}}{s_{bf}} \right) + \sum_{i=1}^{n} \left(Q_{up} \frac{s_{cit}}{s_{cif}} \times \frac{s_{cif}}{s_{cf}} \right) \\
&= \sum_{i=1}^{n} Q_{ua} \lambda_{ai} U_{ai} + \sum_{i=1}^{n} Q_{ub} \lambda_{bi} U_{bi} + \sum_{i=1}^{n} Q_{uc} \lambda_{ci} U_{ci} \\
&= Q_{ua} \sum_{i=1}^{n} \lambda_{ai} U_{ai} + Q_{ub} \sum_{i=1}^{n} \lambda_{bi} U_{bi} + Q_{uc} \sum_{i=1}^{n} \lambda_{ci} U_{ci} \\
&= Q_{ua} \overline{U}_{az} + Q_{ub} \overline{U}_{bz} + Q_{uc} \overline{U}_{cz}
\end{aligned}
$$

4.5.7 联合预压法的 U 工况的分层平均固结度

联合预压法的 U 工况的分层平均固结度由真空负压、水位下降和堆载加压三种荷载分别单独作用时的分层平均固结度乘上各自的分层权重相加合成。按固结度定义，联合预压加固成层地基时 U 工况第 i 分层在 t 时刻的平均固结度为：

$$ U_{ui} = \frac{s_{uit}}{s_{uif}} \tag{4-43} $$

将式（3-31）代入上式可得：

$$
\begin{aligned}
U_{ui} &= \frac{s_{uit}}{s_{uif}} = \frac{s_{ait} + s_{bit} + s_{cit}}{s_{uif}} = \frac{s_{ait}}{s_{aif}} \times \frac{s_{aif}}{s_{uif}} + \frac{s_{bit}}{s_{bif}} \times \frac{s_{bif}}{s_{uif}} + \frac{s_{cit}}{s_{cif}} \times \frac{s_{cif}}{s_{uif}} \\
&= q_{uai} U_{ai} + q_{ubi} U_{bi} + q_{uci} U_{ci}
\end{aligned} \tag{4-44}
$$

式中　U_{ai}——联合预压法的 A 工况第 i 分层的分层平均固结度，无量纲，用式（4-25）计算；

　　　U_{bi}——联合预压法的 B 工况第 i 分层的分层平均固结度，无量纲，用式（4-26）计算；

　　　U_{ci}——联合预压法的 C 工况第 i 分层的分层平均固结度，无量纲，用式（4-16）计算；

　　　q_{uai}——联合预压法的 A 工况第 i 分层的分层权重，无量纲，用式（4-45）计算；

　　　q_{ubi}——联合预压法的 B 工况第 i 分层的分层权重，无量纲，用式（4-46）计算；

　　　q_{uci}——联合预压法的 C 工况第 i 分层的分层权重，无量纲，用式（4-47）计算。

$$ q_{uai} = \frac{s_{aif}}{s_{uif}} \tag{4-45} $$

$$ q_{ubi} = \frac{s_{bif}}{s_{uif}} \tag{4-46} $$

$$q_{uci} = \frac{s_{cif}}{s_{uif}} \tag{4-47}$$

式中　s_{aif}——联合预压法的 A 工况第 i 分层的最终沉降值（m）；

　　　　s_{bif}——联合预压法的 B 工况第 i 分层的最终沉降值（m）；

　　　　s_{cif}——联合预压法的 C 工况第 i 分层的最终沉降值（m）；

　　　　s_{uif}——联合预压法的 U 工况第 i 分层的最终沉降值（m）。

不难证明：$q_{uai} + q_{ubi} + q_{uci} = 1$。

4.5.8　联合预压法的分层固结度贡献值

联合预压法的 U 工况的第 i 分层的分层固结度贡献值等于联合预压法的 U 工况的第 i 分层的分层平均固结度 U_{ui} 乘以联合预压法的 U 工况的第 i 分层的分层贡献率 λ_{ui}。

4.5.9　联合预压法的 U 工况的整层总平均固结度的另一种算法

将式（4-44）算得联合预压法的 U 工况各分层的平均固结度乘以各自的分层贡献率的总和即为联合预压法的整层总平均固结度 $\overline{U}_{uz}$，见下式：

$$\overline{U}_{uz} = \sum_{i=1}^{n} \lambda_{ui} U_{ui} \tag{4-48}$$

4.5.10　特别提醒

联合预压法计算分层权重和整层权重时一定要记住是用最终沉降值计算的，不能用最终变形量计算，因为各工况的沉降计算经验系数不一定相等。

第 5 章　堆载预压法固结度的计算步骤与算例

5.1　瞬时加荷条件下堆载预压法固结度的计算步骤

瞬时加荷条件下的堆载预压法加固成层地基时，用分层法计算其固结度的步骤如下：

步骤1：根据预压方案的设计及岩土工程资料计算竖井的各项参数。

步骤2：按附加应力小于等于自重应力0.1倍的条件，确定压缩层的深度。以竖井底为界将整个压缩层分为竖井层和井下层两个合层，再按自然层位将竖井层和井下层划分为若干个分层，自上而下连续编列序号。

步骤3：计算各分层的应力折减系数，计算各分层地基的最终变形量和累计最终变形量。确定沉降计算经验系数，计算各分层和整层的最终沉降值，计算分层贡献率。

步骤4：计算竖井层的复合竖向固结系数、各分层的排水距离和全路径竖向固结系数$\bar{c}_{vi}$及系数α、β_i值。

步骤5：假定压缩层内各分层所受的荷载是均匀的，即都等于地面的预压荷载，用普遍表达式算得各分层的固结度初值。

步骤6：将各分层固结度初值乘上各自的分层应力折减系数，获得分层平均固结度。

步骤7：将各分层平均固结度乘上各自的分层贡献率即为各分层固结度贡献值。

步骤8：将各分层固结度贡献值加总即为整层总平均固结度。

5.2　瞬时加荷条件下堆载预压法固结度的算例

5.2.1　算例1

本例取自《地基处理手册》（第2版）[53]。

一路堤软基工程采用袋装砂井处理，受压土层厚30m，路堤荷载为瞬时加载，预压荷载$p_{c0}=100\text{kPa}$，如图5-1所示。荷载平面尺寸为$B \times L = 100\text{m} \times 200\text{m}$。土的固结系数$c_\text{h}=c_\text{v}=1.8 \times 10^{-3}\text{cm}^2/\text{s}$，土的压缩模量$E_\text{s}=2.5\text{MPa}$。砂井直径$d_\text{w}=7\text{cm}$，砂井平面按等边三角形排列，砂井间距$l=$

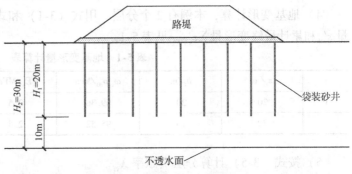

图 5-1　算例1路堤工程横断面图

1.4m，砂井深度 $H = 20$m，砂井的竖向渗透系数 $k_w = 2 \times 10^{-5}$m/s，砂井的压缩模量 $E_{sw} = 5$MPa。求 120d 时受压土层的平均固结度（不考虑井阻和涂抹的影响）。

步骤 1：根据预压方案设计及岩土工程资料计算竖井的各项参数。

砂井直径 $d_w = 7$cm

竖井等效圆直径 $d_e = 1.05 \times 1.4 = 1.47$（m）

井径比 $n_w = \dfrac{d_e}{d_w} = \dfrac{147}{7} = 21$

竖井深度 $h_w = 20$m

步骤 2：本例为单一土质的非完整井地基，30m 处为不透水面，确定压缩层的深度为 30m。以竖井底为界将整个压缩层分为两个合层。上层为竖井层，层厚 20m，下层为井下层，层厚 10m。竖井层和井下层均无其他自然层位，无需再划分，自上而下连续编列序号，竖井层为分层 1，井下层为分层 2。

步骤 3：计算分层应力折减系数，计算各分层的最终变形量和累计最终变形量，计算分层贡献率。

1）查表计算第 i 分层中心平均附加应力系数之和 $\overline{\alpha}_i$。

$$b = \frac{B}{2} = \frac{100}{2} = 50\,(\text{m}), \quad \frac{l}{b} = \frac{L}{B} = \frac{200}{100} = 2.0$$

分层 1：$z_1 = 20$m，$\dfrac{z_1}{b} = 0.4$，查附录表 A-2 得 $\overline{\alpha}_1 = 4 \times 0.2484 = 0.994$

分层 2：$z_2 = 30$m，$\dfrac{z_2}{b} = 0.6$，查附录表 A-2 得 $\overline{\alpha}_2 = 4 \times 0.2452 = 0.981$

2）用式（2-10）计算第 i 分层附加应力系数沿土层厚度的积分值 A_{ci}。

分层 1：$A_{c1} = z_1 \overline{\alpha}_1 = 20 \times 0.994 = 19.872$（m）

分层 2：$A_{c2} = z_2 \overline{\alpha}_2 - z_1 \overline{\alpha}_1 = 30 \times 0.981 - 20 \times 0.994 = 9.552$（m）

3）按式（2-26）计算应力折减系数 ω_{ci}。

分层 1：$\omega_{c1} = \dfrac{A_{c1}}{h_1} = 19.872/20 = 0.9936$

分层 2：$\omega_{c2} = \dfrac{A_{c2}}{h_2} = 9.552/10 = 0.9552$

4）地基变形计算，本例有 2 个分层，用式（3-1）和式（3-2）计算各分层的最终变形量 s'_{cif} 和累计最终变形量 $\sum s'_{cif}$，见表 5-1。

表 5-1　地基变形量计算表　　　　　　　　　　　　　　　　　　　($p_{c0} = 100$kPa)

i	z_i/m	h_i/m	$\omega_{ci}p_{c0}$/kPa	E_s/MPa	s'_{cif}/mm	$\sum s'_{cif}$/mm
1	20	20	99.36	2.5	794.9	794.9
2	30	10	95.52	2.5	382.1	1177.0

5）按式（3-5）计算分层贡献率 λ_{ci}。

分层 1：$\lambda_{c1} = \dfrac{794.9}{1177} = 0.675$

分层 2：$\lambda_{c2} = \dfrac{382.1}{1177} = 0.325$

步骤 4：确定各分层的排水距离，计算非理想井地基的各项系数，计算竖井层的复合竖向固结系数和全路径竖向固结系数 $\bar{c}_{vi}$ 及系数 α、β_i 值。

1）计算分层的排水距离 H_i。

分层 1：$H_1 = 20\mathrm{m}$

分层 2：$H_2 = 30\mathrm{m}$

2）计算非理想井地基的各项系数。

本例的井径比 $n_w = 21 > 15$，F_n 可按式（4-7）计算。

$$F_n = \ln(n_w) - 0.75 = \ln(21) - 0.75 = 2.295$$

根据题意不考虑井阻和涂抹的影响，按式（4-5）计算综合系数 $F = F_n = 2.295$。

3）计算竖井层的复合竖向固结系数。

砂井的竖向渗透系数 $k_w = 2 \times 10^{-5}\mathrm{m/s} = 1.73\mathrm{m/d}$

砂井的压缩模量 $E_{sw} = 5\mathrm{MPa}$

按式（2-15）计算砂井的竖向固结系数 $c_w = \dfrac{1.73 \times 5000}{9.8} = 882(\mathrm{m^2/d})$

分层 1、分层 2 土的竖向固结系数。

$$c_{v1} = 1.8 \times 10^{-3}\mathrm{cm^2/s} = 1.555 \times 10^{-2}\mathrm{m^2/d}$$

竖井层井间土的径向固结系数。

$$c_{v1} = 1.8 \times 10^{-3}\mathrm{cm^2/s} = 1.555 \times 10^{-2}\mathrm{m^2/d}$$

按式（2-21）计算井土面积比：$\mu = \dfrac{1}{n_w^2} = \dfrac{1}{21^2} = 0.00227$

因 $c_w \gg c_{vi}$，c_{wsi} 竖井层的复合竖向固结系数按式（2-25）计算：

$$c_{wsi} \approx \mu c_w = 0.00227 \times 882 = 2.0(\mathrm{m^2/d})$$

4）按（2-19）计算分层 1 全路径竖向固结系数 $\bar{c}_{v1}$。

分层 1：$\bar{c}_{v1} = c_{v1} = 1.555 \times 10^{-2}\mathrm{m^2/d}$

按（2-24）计算分层 2 全路径竖向固结系数 $\bar{c}_{v2}$

分层 2：$\bar{c}_{v2} = \dfrac{\dfrac{2.0}{20^2} + \dfrac{1.555 \times 10^{-2}}{10^2}}{\dfrac{1}{20^2} + \dfrac{1}{10^2}} = 0.41(\mathrm{m^2/d})$

5）计算系数 α、β_i。

系数 α 是常数，$\alpha = 8/\pi^2 = 0.811$（以下各例均略去，不再重复）

分层 1：系数 β_1 按式（4-3）计算：

$$\beta_1 = \dfrac{8 \times 1.555 \times 10^{-2}}{2.295 \times 1.47^2} + \dfrac{3.14^2 \times 1.555 \times 10^{-2}}{4 \times 20^2}$$

$$= 0.0251 + 0.0001 = 0.0252$$

分层 2：系数 β_2 按式（4-4）计算：

$$\beta_2 = \dfrac{3.14^2 \times 0.41}{4 \times 30^2} = 0.0011$$

步骤5：按式（4-14）计算各分层的固结度初值。

分层1：$U_{c1}^0 = 1 - \alpha e^{-\beta_1 t} = 1 - 0.811 \times e^{-0.0252 \times 120} = 1 - 0.039 = 0.961$

分层2：$U_{c2}^0 = 1 - \alpha e^{-\beta_2 t} = 1 - 0.811 \times e^{-0.0011 \times 120} = 1 - 0.709 = 0.291$

步骤6：按式（4-16）计算各分层的平均固结度 U_{ci}。

分层1：$U_{c1} = \omega_{c1} U_{c1}^0 = 0.9936 \times 0.961 = 0.954$

分层2：$U_{c2} = \omega_{c2} U_{c2}^0 = 0.9552 \times 0.291 = 0.278$

步骤7：计算分层固结度贡献值 $\lambda_{ci} U_{ci}$。

将各分层的分层平均固结度 U_{ci} 乘上各自的分层贡献率 λ_{ci} 就得到分层固结度贡献值。

分层1：$\lambda_{c1} U_{c1} = 0.675 \times 0.954 = 0.644$

分层2：$\lambda_{c2} U_{c2} = 0.325 \times 0.278 = 0.090$

步骤8：按式（4-19）计算整层总平均固结度 $\overline{U}_{cz}$。

$$\overline{U}_{cz} = \sum_{i=1}^{n} \lambda_{ci} U_{ci} = \lambda_{c1} U_{c1} + \lambda_{c2} U_{c2} = 0.644 + 0.090 = 0.734$$

将分层法的计算结果与谢康和改进法的计算结果都列于表5-2中，可见分层法的计算结果与谢康和改进法的计算结果相差很小。

表5-2 计算结果比较表

名　称	比较项目	分层法	谢康和改进法
整　层	总平均固结度	0.734	0.719
竖井层	固结度初值	0.961	—
	平均固结度	0.954	0.96
	层贡献率	0.675	0.67
	固结度贡献值	0.644	0.643
井下层	固结度初值	0.291	—
	平均固结度	0.278	0.22
	层贡献率	0.325	0.33
	固结度贡献值	0.090	0.073

5.2.2　算例2

本例取自闫富有的《成层未打穿砂井地基固结 Lagrange 插值解法》[12]。

取厚度为30m 的单一软土层，砂井贯入比为2/3，地基土的水平和竖向渗透系数分别为 $2.73 \times 10^{-9} \text{m/s}$ 和 $1.48 \times 10^{-9} \text{m/s}$，水平和竖向固结系数分别为 $8.63 \times 10^{-7} \text{m}^2/\text{s}$ 和 $4.71 \times 10^{-7} \text{m}^2/\text{s}$，砂井半径 $r_w = 14 \text{cm}$，井径比 $n_w = 20$，$S = 1$，砂井渗透系数 $k_w = 2.0 \times 10^{-5} \text{m/s}$，常荷载 $p = 100 \text{kPa}$，单面排水。为完成计算必须补充以下条件：砂井的压缩模量 $E_{sw} = 4 \text{MPa}$。荷载平面尺寸为 $B \times L = 80 \text{m} \times 240 \text{m}$，软土的压缩模量 $E_s = 3 \text{MPa}$。

图5-2 示出了本例单井固结模型竖向剖面图。成层地基固结度采用分层法的计算理论，将包括以下步骤。

步骤1：根据预压方案设计及岩土工程资料计算竖井的各项参数。

砂井半径 $r_w = 14 \text{cm}$

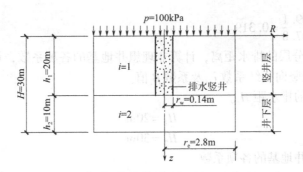

图 5-2　算例 2 单井固结模型竖向剖面图

竖井等效圆半径 $r_e = 2.8m$

井径比 $n_w = 20$

竖井深度 $h_w = 20m$

步骤 2：本例为单一土质的非完整井地基，以竖井底为界，将原单一土层的压缩层划分为 2 个分层，上为竖井层，层厚 20m，下为井下层，层厚 10m。竖井层和井下层均无其他自然层位，无需再划分，自上而下连续编列序号，竖井层为分层 1，井下层为分层 2。

步骤 3：计算分层应力折减系数，计算各分层地基的最终变形量和累计最终变形量，计算分层贡献率。

1）查表计算第 i 分层中心平均附加应力系之和 $\overline{\alpha}_i$。

$$b = \frac{B}{2} = \frac{80}{2} = 40(m)，\quad \frac{l}{b} = \frac{L}{B} = \frac{240}{80} = 3.0$$

分层 1：$z_1 = 20m$，$\dfrac{z_1}{b} = 0.5$，查附录表 A-2 得 $\overline{\alpha}_1 = 4 \times 0.247 = 0.988$

分层 2：$z_2 = 30m$，$\dfrac{z_2}{b} = 0.75$，查附录表 A-2 得 $\overline{\alpha}_2 = 4 \times 0.2419 = 0.9678$

2）用式（2-10）计算第 i 分层附加应力系数沿土层厚度的积分值 A_{ci}。

分层 1：$A_{c1} = z_1\overline{\alpha}_1 = 20 \times 0.988 = 19.76(m)$

分层 2：$A_{c2} = z_2\overline{\alpha}_2 - z_1\overline{\alpha}_1 = 30 \times 0.9678 - 20 \times 0.988 = 9.27(m)$

3）按式（2-26）计算应力折减系数 ω_{ci}。

分层 1：$\omega_{c1} = \dfrac{19.76}{20} = 0.988$

分层 2：$\omega_{c2} = \dfrac{9.27}{10} = 0.927$

4）各分层地基的最终变形量 s'_{cif} 和累计最终变形量 $\sum s'_{cif}$ 见表 5-3。

表 5-3　地基变形量计算表　　　　　　　　　　　　　　　$(p_{c0} = 100kPa)$

i	z_i/m	h_i/m	$\omega_i p_{c0}$/kPa	E_s/MPa	s'_{cif}/mm	$\sum s'_{cif}$/mm
1	20	20	98.8	3	658.7	658.7
2	30	10	92.7	3	309.1	967.8

5）按式（3-5）计算分层贡献率 λ_{ci}。

分层 1：$\lambda_{c1} = \dfrac{658.7}{967.8} = 0.681$

分层 2：$\lambda_{c2} = \dfrac{309.1}{967.8} = 0.319$

步骤 4：计算各分层的排水距离，计算非理想井地基的各项系数，计算竖井层的复合竖向固结系数和全路径竖向固结系数 $\bar{c}_{vi}$ 及系数 β_i 值。

1）计算各分层的排水距 H_i。

$$H_1 = 20\text{m}$$
$$H_2 = 30\text{m}$$

2）计算非理想井地基的各项系数。

①已知井径比 $n_w > 15$，按式（4-7）计算井径比因子 F_n。

$$F_n = \ln(20) - 0.75 = 2.25$$

②按式（4-9）计算涂抹扰动影响系数 F_s。

根据题意 $S = 1$，$F_s = 0$

③按式（4-11）计算竖井纵向通水量 q_w。

已知竖井竖向渗透系数 $k_w = 2.0 \times 10^{-5} \times 24 \times 3600 = 1.73 \times 10^{-4}(\text{m/d})$

$$q_w = 1.73 \times 3.14 \times 0.14^2 = 0.106(\text{m}^3/\text{d})$$

④按式（4-10）计算井阻影响系数 F_r。

已知地基土径向渗透系数 $k_h = 2.73 \times 10^{-9} \times 24 \times 3600 = 2.36 \times 10^{-4}(\text{m/d})$

$$F_r = \frac{3.14^2 \times 2.36 \times 10^{-4} \times 20^2}{4 \times 0.106} = 2.187$$

⑤按式（4-8）计算考虑井径比、井阻和涂抹影响的综合系数 F。

$$F = F_n + F_s + F_r = 2.25 + 0 + 2.187 = 4.44$$

3）计算竖井层的复合竖向固结系数。

①按式（2-15）计算砂井的竖向固结系数。

已知砂井的压缩模量 $E_w = 4\text{MPa}$，竖井渗透系数 $k_w = 1.73 \times 10^{-4}\text{m/d}$

$$c_w = \frac{1.73 \times 4 \times 1000}{9.8} = 705.3(\text{m}^2/\text{d})$$

②按式（2-22）计算井土系数比 ν_1。

已知井间土的竖向固结系数 $c_{v1} = 4.71 \times 10^{-7}\text{m}^2/\text{s} = 4.07 \times 10^{-2}\text{m}^2/\text{d}$

$$\nu_1 = \frac{c_w}{c_{v1}} = \frac{705.3}{4.07 \times 10^{-2}} = 17331.7$$

③按式（2-21）计算井土面积比 $\mu = \dfrac{1}{20^2} = 0.0025$。

④按式（2-20）计算竖井层的复合竖向固结系数。

$$c_{ws1} = [1 + 0.0025 \times (17331.7 - 1)] \times 4.07 \times 10^{-2} = 1.8(\text{m}^2/\text{d})$$

4）按式（2-19）计算分层 1 的全路径竖向固结系数 $\bar{c}_{v1}$。

$$\bar{c}_{v1} = c_{v1} = 4.71 \times 10^{-7} \times 24 \times 3600 = 4.07 \times 10^{-2}(\text{m}^2/\text{d})$$

5）按式（2-24）计算分层 2 的全路径竖向固结系数 $\bar{c}_{v2}$。

$$\bar{c}_{v2} = \frac{\dfrac{1.8}{20^2} + \dfrac{4.07 \times 10^{-2}}{10^2}}{\dfrac{1}{20^2} + \dfrac{1}{10^2}} = 0.39(\text{m}^2/\text{d})$$

6）计算系数 β_i。

分层1：按式（4-3）计算系数 β_1。

已知地基土径向固结系数 $c_h = 8.63 \times 10^{-7} \times 24 \times 3600 = 7.46 \times 10^{-2}$（$\text{m}^2/\text{d}$）

$$\beta_1 = \frac{8 \times 7.46 \times 10^{-2}}{4.44 \times 5.6^2} + \frac{3.14^2 \times 4.07 \times 10^{-2}}{4 \times 20^2}$$
$$= 0.00428 + 0.00025 = 0.0045$$

分层2：按式（4-4）计算系数 β_2。

$$\beta_2 = \frac{3.14^2 \times 0.39}{4 \times 30^2} = 0.00108$$

步骤5：按（4-14）计算不同固结时长的各分层的分层固结度初值 U_{cit}^0。

分层1：$U_{c1t}^0 = 1 - \alpha e^{-\beta_1 t} = 1 - 0.811 e^{-0.0045t}$

分层2：$U_{c2t}^0 = 1 - \alpha e^{-\beta_2 t} = 1 - 0.811 e^{-0.00108t}$

将不同固结时长 t 代入上两式可得不同固结时长的分层1和分层2的分层固结度初值，其结果列于表5-4中。

表5-4　不同固结时长的分层固结度初值 U_{cit}^0

固结时长 t/d	1	6	32	63	100	200	300	360	480	560	660	770	860	960
分层1	0.192	0.210	0.298	0.390	0.484	0.672	0.792	0.841	0.908	0.936	0.959	0.975	0.984	0.990
分层2	0.189	0.194	0.216	0.242	0.271	0.346	0.413	0.449	0.516	0.556	0.601	0.646	0.679	0.712

步骤6：按（4-16）计算不同固结时长的各分层的平均固结度 U_{cit}。

分层1：$U_{c1t} = \omega_{c1} U_{c1t}^0 = 0.988 \times (1 - 0.811 e^{-0.0045t})$

分层2：$U_{c2t} = \omega_{c2} U_{c2t}^0 = 0.927 \times (1 - 0.811 e^{-0.00108t})$

将不同固结时长 t 代入上两式可得不同固结时长的分层1和分层2的平均固结度，其结果列于表5-5中。

表5-5　不同的固结时长的分层平均固结度 U_{cit}

固结时长 t/d	1	6	32	63	100	200	300	360	480	560	660	770	860	960
分层1	0.190	0.208	0.295	0.386	0.479	0.664	0.782	0.831	0.897	0.925	0.948	0.964	0.972	0.978
分层2	0.176	0.180	0.200	0.224	0.252	0.321	0.383	0.417	0.479	0.516	0.558	0.599	0.629	0.660

步骤7：计算不同固结时长的分层固结度贡献值 $\lambda_{ci} U_{cit}$。计算结果列于表5-6中。

表5-6　不同的固结时长的分层固结度贡献值 $\lambda_{ci} U_{cit}$

固结时长 t/d	1	6	32	63	100	200	300	360	480	560	660	770	860	960
分层1	0.129	0.141	0.201	0.262	0.326	0.452	0.532	0.566	0.611	0.629	0.645	0.656	0.661	0.665
分层2	0.056	0.057	0.064	0.072	0.080	0.102	0.122	0.133	0.153	0.165	0.178	0.191	0.201	0.211

步骤8：按式（4-19）计算不同时长的整层总平均固结度 $\overline{U}_{czt}$。计算结果列于表5-7中。

表5-7　不同的固结时长的整层总平均固结度 $\overline{U}_{czt}$

固结时长 t/d	1	6	32	63	100	200	300	360	480	560	660	770	860	960
总平均固结度	0.185	0.199	0.265	0.334	0.406	0.555	0.655	0.699	0.763	0.794	0.823	0.847	0.862	0.878

现将分层法与国内常用简化法、Hart 法、谢康和改进法和闫富有的 Lagrange 插值法等的计算成果绘制的时程曲线示于图 5-3。

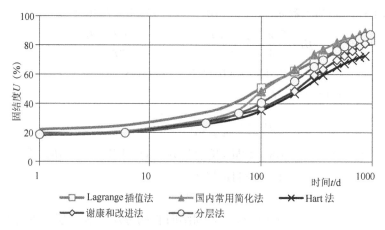

图 5-3　5 种方法固结度时程曲线图

从图中可见，在固结前期（$U \leqslant 20\%$）本法曲线与国内常用简化法、Hart 法、谢康和改进法等曲线都非常接近，到固结的中期（$U = 20\% \sim 60\%$）分层法曲线介于国内常用简化法、闫富有的 Lagrange 插值法和谢康和改进法曲线之间，当 $U = 60\% \sim 80\%$ 时分层法曲线与闫富有的 Lagrange 插值法曲线更接近，当 $U > 80\%$ 时分层法曲线介于国内常用简化法曲线和闫富有的 Lagrange 插值法曲线之间。可见分层法计算成层地基固结度的方法完全能满足设计要求。

5.3　逐渐加荷条件下堆载预压法固结度的计算步骤

逐渐加荷条件的堆载预压法加固成层地基时，用分层法计算其固结度的步骤如下：

步骤 1：根据预压方案设计及岩土工程资料计算竖井的各项参数。

步骤 2：按附加应力小于等于自重应力 0.1 倍的条件，确定压缩层的深度；以竖井底为界将整个压缩层分为竖井层和井下层两个合层，再将竖井层和井下层按自然层位划分为若干个分层，自上而下连续编列序号。

步骤 3：确定荷载分级数和各级荷载值，绘制多级荷载时程曲线图，计算各级荷载的荷载比和固结历时。

步骤 4：计算各分层的排水距 H_i、计算非理想井地基的各项系数，计算全路径竖向固结系数 $\bar{c}_{vi}$ 及系数 α、β_i 值。

步骤 5：逐一算得各级荷载独立施加时各分层地基的分层固结度初值的某级分量；将同时作用的各级荷载的分层固结度初值的各级分量乘上该级荷载的荷载比后相加得出各分层的固结度初值。

步骤 6：计算各分层的分层应力折减系数，计算各分层地基的最终变形量和累计最终变形量；确定沉降计算经验系数，计算各分层的最终沉降值和整层最终沉降值；计算各分层对总平均固结度的分层贡献率。

步骤 7：将各分层固结度初值乘上各自的分层应力折减系数，获得各分层平均固结度。

步骤8：将各分层平均固结度乘上各自的分层贡献率即为各分层固结度贡献值。

步骤9：将各分层固结度贡献值加总即为整层总平均固结度。

5.4　逐渐加荷条件下堆载预压法固结度的算例

5.4.1　算例3

本例取自《地基处理手册》（第2版）[53]。

一路堤软基工程（图5-4）采用袋装砂井处理，土层厚20m，土的固结系数 $c_h = c_v = 1.8 \times 10^{-3} \text{cm}^2/\text{s}$。砂井直径 $d_w = 7\text{cm}$，砂井间距 $l = 1.4\text{m}$，砂井深度 $H = 20\text{m}$，砂井平面为等边三角形排列。路堤预压荷载总压力 $p = 100\text{kPa}$，分两次等速加载，如图5-5所示。

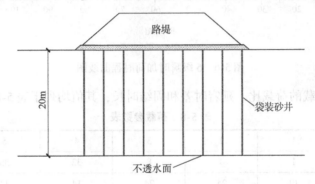

图5-4　路堤工程横断面图

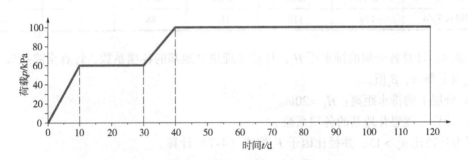

图5-5　二次线性匀速加荷时程曲线图

求 $T_z = 120\text{d}$ 时土层的平均固结度（不考虑井阻和涂抹的影响）。

步骤1：根据预压方案设计及岩土工程资料计算竖井的各项参数。

砂井直径 $d_w = 7\text{cm}$

砂井间距 $l = 1.4\text{m}$

竖井单井等效圆直径 $d_e = 1.05 \times 1.4 = 1.47(\text{m})$

井径比 $n_w = \dfrac{147}{7} = 21$

步骤2：按附加应力小于等于自重应力0.1倍的条件，确定压缩层的深度。

本例在深度20m处为不透水面，确定压缩层的深度为20m，为完整井地基，只有1个分层，单一土质。

步骤 3：确定荷载分级数和各级荷载值，绘制多级荷载时程曲线图，计算各级荷载的荷载比和固结历时。

1）用 6 级瞬时加荷代替图 5-5 中的二次线性均匀加荷，如图 5-6 所示。

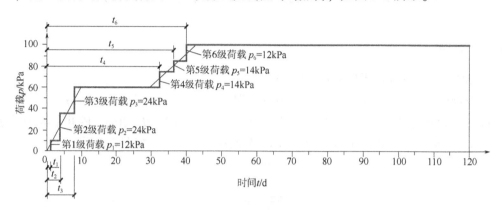

图 5-6 6 级瞬时加荷时程曲线图

2）计算各级荷载的荷载比、延宕时差和固结时长，其值均列于表 5-8。

表 5-8 荷载参数表

荷载级序 j	1	2	3	4	5	6
延宕时差 t_j/d	1	4	8	32	35	39
分级荷载 Δp_j/kPa	12	24	24	14	14	12
荷载比 η_j	0.12	0.24	0.24	0.14	0.14	0.12
固结时长 T_j/d	119	116	112	88	85	81

步骤 4：计算各分层的排水距 H_i，计算非理想井地基的各项系数，计算全路径竖向固结系数 $\bar{c}_{vi}$ 及系数 α、β_i 值。

1）分层 1 的排水距离：$H_1 = 20\text{m}$。

2）计算非理想井地基的各项系数。

因为井径比 $n_w > 15$，井径比因子 F_n 按式（4-7）计算。

$$F_n = \ln(21) - 0.75 = 2.295$$

根据题意不考虑井阻和涂抹的影响，故综合系数 $F = F_n = 2.295$。

3）计算全路径竖向固结系数 $\bar{c}_{vi}$ 及系数 β_i 值。

分层 1 的固结系数：$\bar{c}_{v1} = c_{h1} = \dfrac{1.8 \times 10^{-3} \times 24 \times 3600}{10000} = 0.0156(\text{m}^2/\text{d})$

4）计算系数 β_i。

按式（4-3）计算系数 β_i

$$\beta_1 = \frac{8 \times 0.0156}{2.295 \times 1.47^2} + \frac{3.14^2 \times 0.0156}{4 \times 20^2} = 0.0251 + 0.0001 = 0.0252$$

步骤 5：逐一算得各级荷载独立施加时各分层地基的分层固结度初值的某级分量，再算得各分层的分层固结度初值。

1）按式（4-21）算得各级荷载独立施加时各分层的分层固结度初值某级分量。

$$U_{c1,1}^0 = 1 - \alpha e^{-\beta_1 T_1} = 1 - 0.811 e^{-0.0252 \times 119} = 0.9595$$

$$U_{c1,2}^0 = 1 - \alpha e^{-\beta_1 T_2} = 1 - 0.811 e^{-0.0252 \times 116} = 0.9563$$

$$U_{c1,3}^0 = 1 - \alpha e^{-\beta_1 T_3} = 1 - 0.811 e^{-0.0252 \times 112} = 0.9517$$

$$U_{c1,4}^0 = 1 - \alpha e^{-\beta_1 T_4} = 1 - 0.811 e^{-0.0252 \times 88} = 0.9116$$

$$U_{c1,5}^0 = 1 - \alpha e^{-\beta_1 T_5} = 1 - 0.811 e^{-0.0252 \times 85} = 0.9046$$

$$U_{c1,6}^0 = 1 - \alpha e^{-\beta_1 T_6} = 1 - 0.811 e^{-0.0252 \times 81} = 0.8945$$

2）按式（4-22）将各级荷载的分层固结度初值的各级分量乘上该级荷载的荷载比相加后得出各分层的分层固结度初值。

$$U_{c1}^0 = \sum_{j=1}^{6} \eta_j U_{c1,j}^0 = 0.12 \times 0.9595 + 0.24 \times 0.9563 + 0.24 \times 0.9517 +$$
$$0.14 \times 0.9116 + 0.14 \times 0.9046 + 0.12 \times 0.8945 = 0.9347$$

步骤6：计算各分层的应力折减系数及各分层对总平均固结度的贡献率。

1）本例仅一个分层，其分层应力折减系数 $\omega_{c1} = 1.0$。

2）本例仅一个分层，其分层贡献率 $\lambda_{c1} = 1.0$。

步骤7：按式（4-16），将分层固结度初值乘上应力折减系数，获得分层平均固结度。

$$U_{c1} = \omega_{c1} U_{c1}^0 = 1.0 \times 0.9347 = 0.9347$$

步骤8：用分层贡献率乘上分层平均固结度就可算得分层固结度贡献值。

$$\lambda_{c1} U_{c1} = 1.0 \times 0.9347 = 0.9347$$

步骤9：按式（4-19）计算整层总平均固结度。

本例仅一个分层，整层总平均固结度 $\overline{U}_{cz}$ 就等于分层固结度贡献值。

$$\overline{U}_{cz} = 0.9347$$

表5-9是分层法计算结果与Terzaghi修正法、改进的高木俊介法的计算结果比较，可见分层法的计算结果与Terzaghi修正法、改进的高木俊介法的计算结果完全一致。

表5-9 三种方法计算结果比较表

方法名称	分层法	Terzaghi修正法	改进的高木俊介法
总平均固结度	0.93	0.93	0.93

5.4.2 算例4

本例取自国家行业标准《建筑地基处理技术规范》（JGJ 79—2012）[64]。

已知：地基为淤泥质黏土层，水平向渗透系数 $k_h = 1 \times 10^{-7}\,\text{cm/s}$，固结系数 $c_h = c_v = 1.8 \times 10^{-3}\,\text{cm}^2/\text{s}$，袋装砂井直径 $d_w = 7\,\text{cm}$，砂料渗透系数 $k_w = 2 \times 10^{-2}\,\text{cm/s}$，涂抹区土的渗透系数 $k_s = \dfrac{1}{5} \times k_h = 0.2 \times 10^{-7}\,\text{cm/s}$，取 $S = 2$，袋装砂井平面为等边三角形排列，间距 $l = 1.4\,\text{m}$，深度 $H = 20\,\text{m}$，砂井底部为不透水层，砂井打穿受压土层。预压荷载总压力 $p = 100\,\text{kPa}$，分两次等速加载，如图5-5所示。求加荷开始后120d受压土层的平均固结度。

步骤1：根据预压方案设计及岩土工程资料计算竖井的各项参数。

砂井直径 $d_w = 7cm$

砂井间距 $l = 1.4m$

竖井等效圆直径 $d_e = 1.05 \times 1.4 = 1.47(m)$

井径比 $n_w = 21$

竖井深度 $h_w = 20m$

步骤2：按附加应力小于等于自重应力0.1倍的条件，确定压缩层的深度。

本例在砂井底部为不透水面，确定压缩层的深度为20m，为完整井地基。只有1个分层，单一土质。

步骤3：绘制多级荷载时程曲线图，计算各级荷载的荷载比和固结历时绘制荷载时程曲线图。

1）用2级瞬时加荷代替图5-5的二次线性均匀加荷，如图5-7所示。

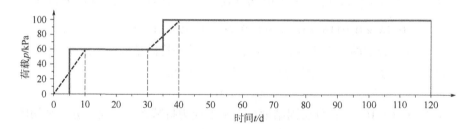

图5-7　2级瞬时加荷时程曲线图

2）确定各级荷载值、荷载比、延宕时差和固结时长，其值均列于表5-10。

表5-10　荷载参数表

荷载级序 j	1	2
延宕时差 t_j/d	5	35
分级荷载 $\Delta p_j/kPa$	60	40
荷载比 η_j	0.6	0.4
固结时长/d	115	85

步骤4：计算各分层的排水距 H_i、计算非理想井地基的各项系数，计算全路径竖向固结系数 $\bar{c}_{vi}$ 及系数 α、β_i 值。

1）计算各分层的排水距 H_i。

$$H_1 = 20m$$

2）计算非理想井地基的各项系数。

①因 $n_w = 21 > 15$，按式（4-7）计算唯一分层的井径比因子。

$$F_n = \ln(21) - 0.75 = 2.295$$

②按式（4-9）计算竖井层中各分层的涂抹影响。

已知 $S = 2$，$k_h/k_s = 5$，$F_s = (5-1) \times \ln(2) = 2.773$

③按式（4-11）计算竖井通水量 q_w。

已知砂井渗透系数 $k_w = 2 \times 10^{-2} \times 24 \times 3600/100 = 17.28(m/d)$

$$q_w = 17.28 \times 3.14 \times 0.035^2 = 0.0665 \quad (\text{m}^3/\text{d})$$

④按式（4-10）计算竖井层的井阻影响。

分层1：已知土的径向渗透系数 $k_h = 1 \times 10^{-7} \times 24 \times 3600/100 = 0.864 \times 10^{-4}$ （m/d）

$$F_r = \frac{3.14^2 \times 20^2 \times 0.864 \times 10^{-4}}{4 \times 0.0665} = 1.282$$

⑤按式（4-8）计算考虑井径比、井阻和涂抹影响的综合系数 F。

$$F = F_n + F_s + F_r = 2.295 + 2.773 + 1.282 = 6.349$$

3）计算全路径竖向固结系数 $\bar{c}_{v1}$ 值。

$$\bar{c}_{v1} = \frac{1.8 \times 10^{-3} \times 24 \times 3600}{10000} = 0.0156 \quad (\text{m}^2/\text{d})$$

4）按式（4-3）计算系数 β_1。

$$\beta_1 = \frac{8c_h}{Fd_e^2} + \frac{\pi^2 \bar{c}_v}{4H_1^2}$$
$$= \frac{8 \times 0.0156}{6.349 \times 1.47^2} + \frac{3.14^2 \times 0.0156}{4 \times 20^2} = 0.0091 + 0.0001$$
$$= 0.0092$$

步骤5：逐一算得各级荷载独立施加时各分层地基的分层固结度初值的某级分量，再算得各分层的分层固结度初值。

1）按式（4-21）算得各级荷载独立施加时各分层的分层固结度初值的某级分量。

$$U_{c1,1}^0 = 1 - \alpha e^{-\beta_1 T_1} = 1 - 0.811 e^{-0.0092 \times 115} = 0.717$$
$$U_{c1,2}^0 = 1 - \alpha e^{-\beta_1 T_2} = 1 - 0.811 e^{-0.0092 \times 85} = 0.628$$

2）按式（4-22）将各级荷载的分层固结度初值的各级分量乘上该级荷载的荷载比相加后得出各分层的分层固结度初值。

$$U_{c1}^0 = \sum_{j=1}^{2} \eta_j U_{c1,j}^0 = 0.6 \times 0.717 + 0.4 \times 0.628 = 0.4303 + 0.2511 = 0.6814$$

步骤6：计算各分层的应力折减系数及各分层对总平均固结度的贡献率。

1）本例仅一个分层，其分层应力折减系数 $\omega_{c1} = 1.0$。

2）本例仅一个分层，其分层贡献率 $\lambda_{c1} = 1.0$。

步骤7：按式（4-16）将分层固结度初值乘上应力折减系数，获得分层平均固结度。

$$U_{c1} = \omega_{c1} U_{c1}^0 = 1.0 \times 0.6814 = 0.6814$$

步骤8：用分层贡献率乘上分层平均固结度就可算得分层固结度贡献值。

$$\lambda_{c1} U_{c1} = 1.0 \times 0.6814 = 0.6814$$

步骤9：按式（4-19）计算整层总平均固结度。

本例仅一个分层。整层总平均固结度 $\bar{U}_{cz}$ 就等于分层固结度贡献值。

$$\bar{U}_{cz} = 0.6814$$

表5-11是分层法计算结果与规范法的计算结果比较，可见分层法的计算结果与规范法的计算结果完全一致。

表5-11　计算结果比较表

方法名称	分层法	规范法
总平均固结度	0.68	0.68

5.4.3 算例5

本例取自闫富有的《成层未打穿砂井地基固结 Lagrange 插值解法》中的工程算例[12]——舟山机场场道软基超载预压加固试验。

试验面积为 $78m \times 120m$，试验采用袋装砂井堆载预压处理，砂井直径为 7cm，间距 1.4m，正三角形布置，长 20m。原题中未提出砂井的参数，现按行业规范 JGJ 79—2012 中的小值，取砂井的渗透系数 $k_w = 1.0 \times 10^{-4} m/s$，砂井的压缩模量 $E_{sw} = 10MPa$。表 5-12 给出了试验场地的土层参数表。

表 5-12 土层参数表

层序号 i	土层名	层厚 h_i/m	重度 γ/(kN/m³)	孔隙比 e_0	压缩模量 E_{si}/MPa	渗透系数 k/(10^{-10} m/s) 竖向 k_{vi}	水平 k_{hi}	固结系数 c/(m²/d) 竖向 c_{vi}	水平 c_{hi}
1	粉质黏土	3	19.2	0.872	5.50	13.7	14.9	0.066	0.072
2	粉质黏土	5	18.4	1.058	2.92	13.0	14.6	0.033	0.038
3	淤泥质黏土	12	17.8	1.207	2.31	15.5	54.5	0.032	0.111
4	淤泥质黏土	10	17.5	1.285	3.10	14.9	—	0.041	—
5	黏土	25	18.0	1.163	5.86	1.84	—	0.01	—

预压荷载 p_{c0} 分 3 次施加，第 1 次为瞬时施加堆载 8kPa，第 64 天开始施加第 2 次堆载，是线性均匀加载，406d 内完成堆载 42kPa，间隔 22d 后施加第 3 次堆载，本次也是线性均匀加载，148d 内完成堆载 63kPa 并维持到第 781 天预压终结（图 5-8），累计预压荷载 $p_{c0} = 113$kPa。

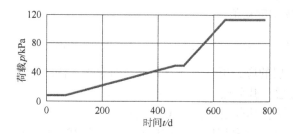

图 5-8 预压荷载时程曲线图

计算本算例成层地基固结度将包括以下步骤。

步骤 1：根据预压方案设计及岩土工程资料计算竖井的各项参数。

砂井直径 $d_w = 7$cm

竖井等效圆直径 $d_e = 1.05 \times 1.4 = 1.47$（m）

竖井深度 $h_w = 20$m

按式（2-23）计算井径比 $n_w = \dfrac{d_e}{d_w} = 21.0$

按式（2-21）计算砂井的井土面积比 $\mu = \dfrac{1}{n_w^2} = \dfrac{1}{21^2} = 0.00227$

步骤 2：按附加应力小于等于自重应力 0.1 倍的条件，确定压缩层的深度。

图 5-9 示出了本算例单井固结模型竖向剖面图。原题已确定压缩层厚度为 55.0m，竖井未打穿压缩层，属非完整井地基。以竖井底为界将整个压缩层划分为两个合层，上为竖井层，厚度为 20m，下为井下层，厚度为 35m。再按自然层位划分，竖井层内有 3 个分层，井下层内有 2 个分层，合计 5 个分层，自上而下连续编号。

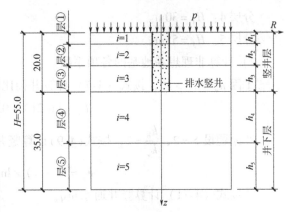

图 5-9　单井固结模型竖向剖面图

步骤 3：确定荷载分级数和各级荷载值，绘制多级荷载时程曲线图，计算各级荷载的荷载比和固结历时绘制荷载时程曲线图。

1）用 7 级瞬时加荷方式代替图 5-8 中的实际加荷方式，如图 5-10 所示。

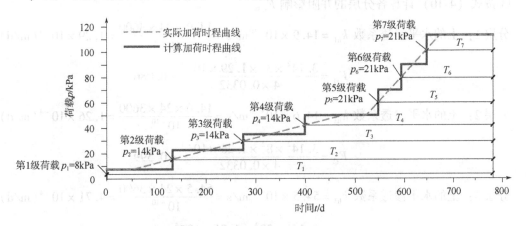

图 5-10　计算用的加荷时程曲线图

2）确定各级荷载值、荷载比、延宕时差和固结时长，见表 5-13。

表 5-13　荷载参数表

荷载级序 j	1	2	3	4	5	6	7
延宕时差 t_j/d	0	133	267	401	546	595	645
荷载值 Δp_j/kPa	8	14	14	14	21	21	21
荷载比 η_j	0.071	0.124	0.124	0.124	0.186	0.186	0.186
固结时长 T_j/d	781	648	514	380	235	186	136

步骤 4：计算各分层的排水距离 H_i、计算非理想井地基的参数，计算全路径竖向固结系数 $\bar{c}_{vi}$ 及系数 α、β_i 值。

1）各分层的排水距离。

分层 1：$H_1 = 3\text{m}$。

分层 2：$H_2 = 8\text{m}$。

分层 3：$H_3 = 20\text{m}$。

分层 4：$H_4 = 30\text{m}$。

分层 5：$H_5 = 55\text{m}$。

2）计算非理想井地基的各项系数。

①因 $n_w = 21 > 15$，按式（4-7）计算井径比因子系数 F_n，三个分层均相同。

$$F_n = \ln(21) - 0.75 = 2.295$$

②原题设 $S = 2$，$\dfrac{k_h}{k_s} = 2$，按式（4-9）计算竖井层中各分层的涂抹影响系数 F_s。

$$F_s = (2-1) \times \ln(2) = 0.693$$

③按式（4-11）计算竖井通水量 q_w。

砂井渗透系数 $k_w = 1 \times 10^{-4}\text{m/s} = \dfrac{1 \times 24 \times 3600}{10000} = 8.64\,(\text{m/d})$

$$q_w = 8.64 \times 3.14 \times 0.035^2 = 0.033\,(\text{m}^3/\text{d})$$

④按式（4-10）计算各分层的井阻影响 F_{ri}。

分层 1：土的水平渗透系数 $k_{h1} = 14.9 \times 10^{-10}\text{m/s} = \dfrac{14.9 \times 24 \times 3600}{10^{-10}} = 1.29 \times 10^{-4}\,(\text{m/d})$

$$F_{r1} = \frac{3.14^2 \times 3^2 \times 1.29 \times 10^{-4}}{4 \times 0.0332} = 0.086$$

分层 2：土的水平渗透系数 $k_{h2} = 14.6 \times 10^{-10}\text{m/s} = \dfrac{14.6 \times 24 \times 3600}{10^{-10}} = 1.26 \times 10^{-4}\,(\text{m/d})$

$$F_{r2} = \frac{3.14^2 \times 8^2 \times 1.26 \times 10^{-4}}{4 \times 0.0332} = 0.599$$

分层 3：土的水平渗透系数 $k_{h3} = 54.5 \times 10^{-10}\text{m/s} = \dfrac{54.5 \times 24 \times 3600}{10^{-10}} = 4.71 \times 10^{-4}\,(\text{m/d})$

$$F_{r3} = \frac{3.14^2 \times 20^2 \times 4.71 \times 10^{-4}}{4 \times 0.0332} = 13.97$$

⑤按式（4-8）计算综合系数 F_i。

分层 1：$F_1 = F_n + F_{s1} + F_{r1} = 2.295 + 0.693 + 0.086 = 3.07$

分层 2：$F_2 = F_n + F_{s2} + F_{r2} = 2.295 + 0.693 + 0.599 = 3.59$

分层 3：$F_3 = F_n + F_{s3} + F_{r3} = 2.295 + 0.693 + 13.97 = 16.96$

3）砂井固结系数

竖井层中各分层的复合竖向固结系数 c_{wsi} 的计算如下：

按式（2-15）计算砂井的竖向固结系数 c_w

$$c_w = \frac{8.64 \times 10000}{9.8} = 8816\,(\text{m}^2/\text{d})$$

因 $c_w = 8816\text{m}^2/\text{d} \gg c_{v1}$、$c_{v2}$、$c_{v3}$，可按式（2-25）计算竖井层复合竖向固结系数 c_{wsm}。

$$c_{ws1} = c_{ws2} = c_{ws3} \approx \mu c_w = 0.00227 \times 8816 = 20.0\,(\text{m}^2/\text{d})$$

4）按式（2-19）和式（2-18）计算竖井层中各分层的全路径竖向固结系数。

分层 1：$\bar{c}_{v1} = c_{v1} = 0.066\text{m}^2/\text{d}$

分层2：$\bar{c}_{v2} = \dfrac{\dfrac{0.066}{3^2} + \dfrac{0.033}{5^2}}{\dfrac{1}{3^2} + \dfrac{1}{5^2}} = 0.058(\mathrm{m^2/d})$

分层3：$\bar{c}_{v3} = \dfrac{\dfrac{0.066}{3^2} + \dfrac{0.033}{5^2} + \dfrac{0.032}{12^2}}{\dfrac{1}{3^2} + \dfrac{1}{5^2} + \dfrac{1}{12^2}} = 0.057(\mathrm{m^2/d})$

5）按式（2-24）计算井下层中各分层的全路径竖向固结系数。

分层4：$\bar{c}_{v4} = \dfrac{\dfrac{20}{3^2} + \dfrac{20}{5^2} + \dfrac{20}{12^2} + \dfrac{0.041}{10^2}}{\dfrac{1}{3^2} + \dfrac{1}{5^2} + \dfrac{1}{12^2} + \dfrac{1}{10^2}} = 18.8(\mathrm{m^2/d})$

分层5：$\bar{c}_{v5} = \dfrac{\dfrac{20}{3^2} + \dfrac{20}{5^2} + \dfrac{20}{12^2} + \dfrac{0.041}{10^2} + \dfrac{0.01}{25^2}}{\dfrac{1}{3^2} + \dfrac{1}{5^2} + \dfrac{1}{12^2} + \dfrac{1}{10^2} + \dfrac{1}{25^2}} = 18.6(\mathrm{m^2/d})$

6）按式（4-3）计算竖井层中各分层的系数 β_i 值。

分层1：径向固结系数 $c_{h1} = 8.362 \times 10^{-7} \times 24 \times 3600 = 7.23 \times 10^{-2}(\mathrm{m^2/d})$

$$\beta_1 = \frac{8 \times 0.0722}{3.07 \times 1.47^2} + \frac{3.14^2 \times 0.066}{4 \times 3^2}$$
$$= 0.087 + 0.018 = 0.105(\mathrm{d^{-1}})$$

分层2：径向固结系数 $c_{h2} = 4.35 \times 10^{-7} \times 24 \times 3600 = 3.76 \times 10^{-2}(\mathrm{m^2/s})$

$$\beta_2 = \frac{8 \times 0.0376}{3.59 \times 1.47^2} + \frac{3.14^2 \times 0.058}{4 \times 8^2}$$
$$= 0.039 + 0.002 = 0.041(\mathrm{d^{-1}})$$

分层3：径向固结系数 $c_{h3} = 12.85 \times 10^{-7} \times 24 \times 3600 = 11.1 \times 10^{-2}(\mathrm{m^2/s})$

$$\beta_3 = \frac{8 \times 0.111}{16.96 \times 1.47^2} + \frac{3.14^2 \times 0.057}{4 \times 20^2}$$
$$= 0.0242 + 0.0003 = 0.025(\mathrm{d^{-1}})$$

7）按式（4-4）计算井下层中各分层的系数 β_i 值。

分层4：$\beta_4 = \dfrac{3.14^2 \times 18.8}{4 \times 30^2} = 0.0515(\mathrm{d^{-1}})$

分层5：$\beta_5 = \dfrac{3.14^2 \times 18.6}{4 \times 55^2} = 0.015(\mathrm{d^{-1}})$

步骤5：计算预压结束时各分层的分层固结度初值。

1）按式（4-21）算得各级荷载独立施加时各分层的分层固结度初值的各级分量 U_{cij}^0。

分层1：$j = 1$：$U_{c1,1}^0 = 1 - \alpha e^{-\beta_1 T_1} = 1 - 0.811 \times e^{-0.105 \times 781} = 1.000$

$\qquad j = 2$：$U_{c1,2}^0 = 1 - \alpha e^{-\beta_1 T_2} = 1 - 0.811 \times e^{-0.105 \times 648} = 1.000$

$\qquad j = 3$：$U_{c1,3}^0 = 1 - \alpha e^{-\beta_1 T_3} = 1 - 0.811 \times e^{-0.105 \times 514} = 1.000$

$\qquad j = 4$：$U_{c1,4}^0 = 1 - \alpha e^{-\beta_1 T_4} = 1 - 0.811 \times e^{-0.105 \times 380} = 1.000$

$$j=5: U_{c1,5}^0 = 1 - \alpha e^{-\beta_1 T_5} = 1 - 0.811 \times e^{-0.105 \times 235} = 1.000$$

$$j=6: U_{c1,6}^0 = 1 - \alpha e^{-\beta_1 T_6} = 1 - 0.811 \times e^{-0.105 \times 186} = 1.000$$

$$j=7: U_{c1,7}^0 = 1 - \alpha e^{-\beta_1 T_7} = 1 - 0.811 \times e^{-0.105 \times 136} = 1.000$$

分层2: $j=1: U_{c2,1}^0 = 1 - \alpha e^{-\beta_2 T_1} = 1 - 0.811 \times e^{-0.041 \times 781} = 1.000$

$$j=2: U_{c2,2}^0 = 1 - \alpha e^{-\beta_2 T_2} = 1 - 0.811 \times e^{-0.041 \times 648} = 1.000$$

$$j=3: U_{c2,3}^0 = 1 - \alpha e^{-\beta_2 T_3} = 1 - 0.811 \times e^{-0.041 \times 514} = 1.000$$

$$j=4: U_{c2,4}^0 = 1 - \alpha e^{-\beta_2 T_4} = 1 - 0.811 \times e^{-0.041 \times 380} = 1.000$$

$$j=5: U_{c2,5}^0 = 1 - \alpha e^{-\beta_2 T_5} = 1 - 0.811 \times e^{-0.041 \times 235} = 1.000$$

$$j=6: U_{c2,6}^0 = 1 - \alpha e^{-\beta_2 T_6} = 1 - 0.811 \times e^{-0.041 \times 186} = 1.000$$

$$j=7: U_{c2,7}^0 = 1 - \alpha e^{-\beta_2 T_7} = 1 - 0.811 \times e^{-0.041 \times 136} = 0.997$$

分层3: $j=1: U_{c3,1}^0 = 1 - \alpha e^{-\beta_3 T_1} = 1 - 0.811 \times e^{-0.025 \times 781} = 1.000$

$$j=2: U_{c3,2}^0 = 1 - \alpha e^{-\beta_3 T_2} = 1 - 0.811 \times e^{-0.025 \times 648} = 1.000$$

$$j=3: U_{c3,3}^0 = 1 - \alpha e^{-\beta_3 T_3} = 1 - 0.811 \times e^{-0.025 \times 514} = 1.000$$

$$j=4: U_{c3,4}^0 = 1 - \alpha e^{-\beta_3 T_4} = 1 - 0.811 \times e^{-0.025 \times 380} = 1.000$$

$$j=5: U_{c3,5}^0 = 1 - \alpha e^{-\beta_3 T_5} = 1 - 0.811 \times e^{-0.025 \times 235} = 0.998$$

$$j=6: U_{c3,6}^0 = 1 - \alpha e^{-\beta_3 T_6} = 1 - 0.811 \times e^{-0.025 \times 186} = 0.992$$

$$j=7: U_{c3,7}^0 = 1 - \alpha e^{-\beta_3 T_7} = 1 - 0.811 \times e^{-0.025 \times 136} = 0.971$$

分层4: $j=1: U_{c4,1}^0 = 1 - \alpha e^{-\beta_4 T_1} = 1 - 0.811 \times e^{-0.0515 \times 781} = 1.000$

$$j=2: U_{c4,2}^0 = 1 - \alpha e^{-\beta_4 T_2} = 1 - 0.811 \times e^{-0.0515 \times 648} = 1.000$$

$$j=3: U_{c4,3}^0 = 1 - \alpha e^{-\beta_4 T_3} = 1 - 0.811 \times e^{-0.0515 \times 514} = 1.000$$

$$j=4: U_{c4,4}^0 = 1 - \alpha e^{-\beta_4 T_4} = 1 - 0.811 \times e^{-0.0515 \times 380} = 1.000$$

$$j=5: U_{c4,5}^0 = 1 - \alpha e^{-\beta_4 T_5} = 1 - 0.811 \times e^{-0.0515 \times 235} = 1.000$$

$$j=6: U_{c4,6}^0 = 1 - \alpha e^{-\beta_4 T_6} = 1 - 0.811 \times e^{-0.0515 \times 186} = 1.000$$

$$j=7: U_{c4,7}^0 = 1 - \alpha e^{-\beta_4 T_7} = 1 - 0.811 \times e^{-0.0515 \times 136} = 0.999$$

分层5: $j=1: U_{c5,1}^0 = 1 - \alpha e^{-\beta_5 T_1} = 1 - 0.811 \times e^{-0.015 \times 781} = 1.000$

$$j=2: U_{c5,2}^0 = 1 - \alpha e^{-\beta_5 T_2} = 1 - 0.811 \times e^{-0.015 \times 648} = 1.000$$

$$j=3: U_{c5,3}^0 = 1 - \alpha e^{-\beta_5 T_3} = 1 - 0.811 \times e^{-0.015 \times 514} = 1.000$$

$$j=4: U_{c5,4}^0 = 1 - \alpha e^{-\beta_5 T_4} = 1 - 0.811 \times e^{-0.015 \times 380} = 0.998$$

$$j=5: U_{c5,5}^0 = 1 - \alpha e^{-\beta_5 T_5} = 1 - 0.811 \times e^{-0.015 \times 235} = 0.977$$

$$j=6: U_{c5,6}^0 = 1 - \alpha e^{-\beta_5 T_6} = 1 - 0.811 \times e^{-0.015 \times 186} = 0.952$$

$$j=7: U_{c5,7}^0 = 1 - \alpha e^{-\beta_5 T_7} = 1 - 0.811 \times e^{-0.015 \times 136} = 0.897$$

2）按式（4-22）将各分层固结度初值的各级分量乘上该级荷载的荷载比后相加得出各分层的分层固结度初值。

分层1: $U_{c1}^0 = \sum\limits_{j=1}^{7} \eta_j U_{c1,j}^0 = 0.071 \times 1.000 + 0.124 \times 1.000 + 0.124 \times 1.000 + 0.124 \times 1.000 +$
$$0.186 \times 1.000 + 0.186 \times 1.000 + 0.186 \times 1.000 = 1.000$$

分层 2：$U_{c2}^0 = \sum_{j=1}^{7} \eta_j U_{c2,j}^0 = 0.071 \times 1.000 + 0.124 \times 1.000 + 0.124 \times 1.000 + 0.124 \times 1.000 +$
$0.186 \times 1.000 + 0.186 \times 1.000 + 0.186 \times 0.997 = 0.999$

分层 3：$U_{c3}^0 = \sum_{j=1}^{7} \eta_j U_{c3,j}^0 = 0.071 \times 1.000 + 0.124 \times 1.000 + 0.124 \times 1.000 + 0.124 \times 1.000 +$
$0.186 \times 0.998 + 0.186 \times 0.992 + 0.186 \times 0.971 = 0.993$

分层 4：$U_{c4}^0 = \sum_{j=1}^{7} \eta_j U_{c4,j}^0 = 0.071 \times 1.000 + 0.124 \times 1.000 + 0.124 \times 1.000 + 0.124 \times 1.000 +$
$0.186 \times 1.000 + 0.186 \times 1.000 + 0.186 \times 0.999 = 1.000$

分层 5：$U_{c5}^0 = \sum_{j=1}^{7} \eta_j U_{c5,j}^0 = 0.071 \times 1.000 + 0.124 \times 0.9998 + 0.124 \times 0.9976 + 0.124 \times 0.998 +$
$0.186 \times 0.997 + 0.186 \times 0.952 + 0.186 \times 0.897 = 0.967$

步骤 6：计算各分层的分层应力折减系数，计算各分层的最终变形量和累计最终变形量；确定沉降计算经验系数，计算各分层和整层的最终沉降值和累计最终沉降值；计算各分层对总平均固结度的分层贡献率。

1）查表计算第 i 分层中心平均附加应力系数之和 $\bar{\alpha}_i$。

预压荷载面积为 $B \times L = 78\text{m} \times 120\text{m}$，$\dfrac{L}{B} = 1.54$，$b = \dfrac{B}{2} = \dfrac{78}{2} = 39\text{m}$，$\dfrac{l}{b} = \dfrac{L}{B} = \dfrac{120}{78} = 1.54$

分层 1：$z_1 = 3\text{m}$，$\dfrac{z_1}{b} = 0.077$，查附录表 A-2 得 $\bar{\alpha}_1 = 4 \times 0.2499 = 0.9996$

分层 2：$z_2 = 8\text{m}$，$\dfrac{z_2}{b} = 0.205$，查附录表 A-2 得 $\bar{\alpha}_2 = 4 \times 0.2497 = 0.9989$

分层 3：$z_3 = 12\text{m}$，$\dfrac{z_1}{b} = 0.513$，查附录表 A-2 得 $\bar{\alpha}_3 = 4 \times 0.2462 = 0.9849$

分层 4：$z_4 = 10\text{m}$，$\dfrac{z_2}{b} = 0.769$，查附录表 A-2 得 $\bar{\alpha}_4 = 4 \times 0.2401 = 0.9604$

分层 5：$z_5 = 20\text{m}$，$\dfrac{z_1}{b} = 1.410$，查附录表 A-2 得 $\bar{\alpha}_5 = 4 \times 0.2152 = 0.8608$

2）用式（2-10）计算第 i 分层附加应力系数沿土层厚度的积分值 A_{ci}。
分层 1：$A_{c1} = z_1 \bar{\alpha}_1 = 3 \times 0.9996 = 2.999 (\text{m})$
分层 2：$A_{c2} = z_2 \bar{\alpha}_2 - z_1 \bar{\alpha}_1 = 8 \times 0.9989 - 3 \times 0.9996 = 4.992 (\text{m})$
分层 3：$A_{c3} = z_3 \bar{\alpha}_3 - z_2 \bar{\alpha}_2 = 20 \times 0.9849 - 8 \times 0.9989 = 11.707 (\text{m})$
分层 4：$A_{c4} = z_4 \bar{\alpha}_4 - z_3 \bar{\alpha}_3 = 30 \times 0.9604 - 20 \times 0.9849 = 9.113 (\text{m})$
分层 5：$A_{c5} = z_5 \bar{\alpha}_5 - z_4 \bar{\alpha}_4 = 55 \times 0.8608 - 30 \times 0.9604 = 18.53 (\text{m})$

3）按式（2-26）计算应力折减系数 ω_{ci}。
分层 1：$\omega_{c1} = \dfrac{A_{c1}}{h_1} = \dfrac{2.9989}{3} = 0.9996$

分层 2：$\omega_{c2} = \dfrac{A_{c2}}{h_2} = \dfrac{4.992}{5} = 0.9985$

分层 3：$\omega_{c3} = \dfrac{A_{c3}}{3} = \dfrac{11.707}{12} = 0.9756$

分层 4：$\omega_{c4} = \dfrac{A_{c4}}{h_4} = \dfrac{9.113}{10} = 0.9113$

分层 5：$\omega_{c5} = \dfrac{A_{c5}}{h_5} = \dfrac{18.53}{25} = 0.7412$

4）用式（3-1）和式（3-2）计算各分层地基的最终变形量和累计最终变形量，与此同时可算得分层应力折减系数和分层贡献率。算得的各分层最终变形量 s'_{cif} 和累计变形量 $\sum s'_{\text{cif}}$ 均列于表 5-14。

表 5-14　各分层最终变形量 s'_{cif} 和累计变形量 $\sum s'_{\text{cif}}$

i	z/m	h_i/m	$\omega_{ci}p_{c0}/\text{kPa}$	E_{si}/MPa	$s'_{\text{cif}}/\text{cm}$	$\sum s'_{\text{cif}}/\text{cm}$
1	3	3	112.96	5.5	6.16	6.16
2	8	5	112.83	2.92	19.32	25.48
3	20	12	110.24	2.31	57.27	82.75
4	30	10	102.97	3.1	33.22	115.97
5	55	25	86.76	5.86	35.73	151.7

按式（2-9）计算压缩模量当量值：

$$\overline{E}_s = \frac{\sum A_i}{\sum \dfrac{A_{ci}}{E_{si}}} = 3.53\,\text{MPa}$$

查表 3-1，用内插法计算沉降计算经验系数 ψ_s

$$\psi_s = 1.1 - 0.1 \times (3.53 - 2.5)/1.5 = 1.032$$

整层最终沉降值 $s_{cf} = \psi_s \sum s'_{\text{cif}} = 1.032 \times 151.7 = 156.5\,(\text{cm})$

5）按式（3-5）计算各分层对总平均固结度的分层贡献率。

分层 1：$\lambda_{c1} = \dfrac{6.16}{151.7} = 0.0406$

分层 2：$\lambda_{c2} = \dfrac{19.32}{151.7} = 0.1274$

分层 3：$\lambda_{c3} = \dfrac{57.27}{151.7} = 0.3775$

分层 4：$\lambda_{c4} = \dfrac{33.22}{151.7} = 0.219$

分层 5：$\lambda_{c5} = \dfrac{35.73}{151.7} = 0.2355$

步骤 7：计算预压结束时各分层的平均固结度。

按式（4-16）将各分层固结度初值乘上对应的应力折减系数，获得分层平均固结度。

分层 1：$U_{c1} = 0.9996 \times 1.000 = 0.9996$

分层 2：$U_{c2} = 0.9985 \times 0.999 = 0.998$

分层 3：$U_{c3} = 0.9756 \times 0.993 = 0.968$

分层 4：$U_{c4} = 0.9113 \times 1.000 = 0.911$

分层 5：$U_{c5} = 0.7412 \times 0.967 = 0.717$

步骤 8：计算预压结束时各分层固结度贡献值和各分层的沉降值。

1）将各分层的平均固结度乘上本分层的分层贡献率得到各分层对整层总平均固结度的

贡献值

分层 1：$\lambda_{c1}U_{c1} = 0.0406 \times 0.9996 = 0.0406$

分层 2：$\lambda_{c2}U_{c2} = 0.1274 \times 0.998 = 0.1271$

分层 3：$\lambda_{c3}U_{c3} = 0.3775 \times 0.968 = 0.3656$

分层 4：$\lambda_{c4}U_{c4} = 0.219 \times 0.911 = 0.1995$

分层 5：$\lambda_{c5}U_{c5} = 0.2355 \times 0.717 = 0.1689$

2）计算预压结束时各分层的沉降值 s_{ciT_z}

分层 1：$s_{c1T_z} = 0.0406 \times 156.5 = 6.35 \, (\text{cm})$

分层 2：$s_{c2T_z} = 0.1271 \times 156.5 = 19.89 \, (\text{cm})$

分层 3：$s_{c3T_z} = 0.3656 \times 156.5 = 57.22 \, (\text{cm})$

分层 4：$s_{c4T_z} = 0.1995 \times 156.5 = 31.22 \, (\text{cm})$

分层 5：$s_{c5T_z} = 0.1689 \times 156.5 = 26.43 \, (\text{cm})$

步骤 9：计算预压结束时整层总平均固结度。

按式（4-19）将各分层固结度贡献值加总即为整层总平均固结度。

$$\overline{U}_{cz} = \sum_{i=1}^{n} \lambda_{ci}U_{ci} = 0.0406 + 0.1271 + 0.3656 + 0.1995 + 0.1689 = 0.9017$$

步骤 10：计算预压结束时的整层沉降值 s_{cT_z}。

$$s_{cT_z} = 0.9017 \times 156.5 = 141.1 \, (\text{cm})$$

5.4.4　算例 5 的沉降时程曲线

闫富有的《成层未打穿砂井地基固结 Lagrange 插值解法》一文中附有舟山机场场道软基超载预压加固试验路基中心地表沉降的时程曲线，同时附有作者用 Lagrange 插值解法计算得到的沉降时程曲线。现用分层法计算的沉降时程曲线与之比较。

设定 7 个预压时长 $t_a \sim t_g$，分别为：$t_a = 133d$；$t_b = 267d$；$t_c = 401d$；$t_d = 516d$；$t_e = 565d$；$t_f = 615d$；$t_g = 652d$。其中 $t_a \sim t_c$ 为前后两级荷载突变的时刻，$t_d \sim t_g$ 为某级荷载中段的时刻，7 个预压时长连同预压结束 $T_z = 781d$ 共计 8 个时长，如图 5-11 所示。

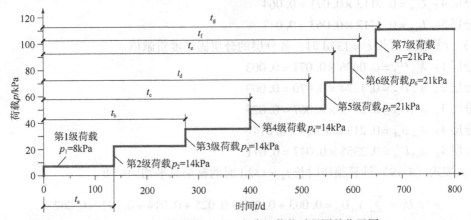

图 5-11　7 个预压时长 $t_a \sim t_g$ 在分级荷载时程图的位置图

1. 预压时长 $t_a = 133d$

此时仅有第 1 级荷载作用。其荷载值、荷载比、延宕时差和固结时长均列于表 5-15。

表 5-15 荷载参数表

荷载级序 j	1
延宕时差 t_j/d	0
荷载值 $\Delta p_j/kPa$	8
荷载比 η_j	0.071
固结时长 T_j/d	133

1）按式（4-21）计算预压时长 $t_a = 133d$ 时，各分层的分层固结度初值的各级分量。

分层 1：$U_{c1,1}^0 = 1 - \alpha e^{-\beta_1 T_1} = 1 - 0.811 \times e^{-0.105 \times 133} = 1.0000$

分层 2：$U_{c2,1}^0 = 1 - \alpha e^{-\beta_2 T_1} = 1 - 0.811 \times e^{-0.041 \times 133} = 0.9965$

分层 3：$U_{c3,1}^0 = 1 - \alpha e^{-\beta_3 T_1} = 1 - 0.811 \times e^{-0.025 \times 133} = 0.9692$

分层 4：$U_{c4,1}^0 = 1 - \alpha e^{-\beta_4 T_1} = 1 - 0.811 \times e^{-0.0515 \times 133} = 0.9991$

分层 5：$U_{c5,1}^0 = 1 - \alpha e^{-\beta_5 T_1} = 1 - 0.811 \times e^{-0.015 \times 133} = 0.8922$

2）按式（4-22）计算预压时长 $t_a = 133d$ 时，各分层的分层固结度初值。

分层 1：$U_{c1}^0 = \eta_1 U_{c1,1}^0 = 0.071 \times 1.0000 = 0.071$

分层 2：$U_{c2}^0 = \eta_1 U_{c2,1}^0 = 0.071 \times 0.9965 = 0.071$

分层 3：$U_{c3}^0 = \eta_1 U_{c3,1}^0 = 0.071 \times 0.9692 = 0.069$

分层 4：$U_{c4}^0 = \eta_1 U_{c4,1}^0 = 0.071 \times 0.9991 = 0.071$

分层 5：$U_{c5}^0 = \eta_1 U_{c5,1}^0 = 0.071 \times 0.8922 = 0.063$

3）按式（4-16）计算预压时长 $t_a = 133d$ 时，各分层的分层平均固结度。

分层 1：$U_{c1} = 0.9996 \times 0.071 = 0.071$

分层 2：$U_{c2} = 0.9985 \times 0.071 = 0.070$

分层 3：$U_{c3} = 0.9756 \times 0.069 = 0.067$

分层 4：$U_{c4} = 0.9113 \times 0.071 = 0.064$

分层 5：$U_{c5} = 0.7412 \times 0.063 = 0.047$

4）计算预压时长 $t_a = 133d$ 时，各分层的分层固结度贡献值。

分层 1：$\lambda_{c1} U_{c1} = 0.0406 \times 0.071 = 0.003$

分层 2：$\lambda_{c2} U_{c2} = 0.1274 \times 0.070 = 0.009$

分层 3：$\lambda_{c3} U_{c3} = 0.3775 \times 0.067 = 0.025$

分层 4：$\lambda_{c4} U_{c4} = 0.219 \times 0.064 = 0.014$

分层 5：$\lambda_{c5} U_{c5} = 0.2355 \times 0.047 = 0.011$

5）按式（4-19）计算预压时长 $t_a = 133d$ 时的整层总平均固结度。

$$\overline{U}_{cz} = \sum_{i=1}^{5} \lambda_{ci} U_{ci} = 0.003 + 0.009 + 0.025 + 0.014 + 0.011 = 0.062$$

6）计算预压时长 $t_a = 133d$ 时的整层沉降值 s_{ct_a}。

$$s_{ct_a} = \overline{U}_{cz} s_{cf} = 0.062 \times 156.5 = 9.7cm$$

2. 预压时长 $t_b = 267d$

此时有第 1 级荷载和第 2 级荷载作用。2 级荷载值、荷载比、延宕时差和固结时长均列于表 5-16。

表 5-16　荷载参数表

荷载级序 j	1	2
延宕时差 t_j/d	0	133
荷载值 $\Delta p_j/kPa$	8	14
荷载比 η_j	0.071	0.124
固结时长 T_j/d	267	134

1) 按式（4-21）计算预压时长 $t_b = 267d$ 时，各分层的分层固结度初值各级分量。

分层 1：$j = 1$：$U_{c1,1}^0 = 1 - \alpha e^{-\beta_1 T_1} = 1 - 0.811 \times e^{-0.105 \times 267} = 1.0000$

$j = 2$：$U_{c1,2}^0 = 1 - \alpha e^{-\beta_1 T_2} = 1 - 0.811 \times e^{-0.105 \times 134} = 1.0000$

分层 2：$j = 1$：$U_{c2,1}^0 = 1 - \alpha e^{-\beta_2 T_1} = 1 - 0.811 \times e^{-0.041 \times 267} = 1.0000$

$j = 2$：$U_{c2,2}^0 = 1 - \alpha e^{-\beta_2 T_2} = 1 - 0.811 \times e^{-0.041 \times 134} = 0.9967$

分层 3：$j = 1$：$U_{c3,1}^0 = 1 - \alpha e^{-\beta_3 T_1} = 1 - 0.811 \times e^{-0.025 \times 267} = 0.9989$

$j = 2$：$U_{c3,2}^0 = 1 - \alpha e^{-\beta_3 T_2} = 1 - 0.811 \times e^{-0.025 \times 134} = 0.9699$

分层 4：$j = 1$：$U_{c4,1}^0 = 1 - \alpha e^{-\beta_4 T_1} = 1 - 0.811 \times e^{-0.0515 \times 267} = 1.0000$

$j = 2$：$U_{c4,2}^0 = 1 - \alpha e^{-\beta_4 T_2} = 1 - 0.811 \times e^{-0.0515 \times 134} = 0.9992$

分层 5：$j = 1$：$U_{c5,1}^0 = 1 - \alpha e^{-\beta_5 T_1} = 1 - 0.811 \times e^{-0.015 \times 267} = 0.9859$

$j = 2$：$U_{c5,2}^0 = 1 - \alpha e^{-\beta_5 T_2} = 1 - 0.811 \times e^{-0.015 \times 134} = 0.8938$

2) 按式（4-22）计算预压时长 $t_b = 267d$ 时，各分层的分层固结度初值。

分层 1：$U_{c1}^0 = \sum\limits_{j=1}^{2} \eta_j U_{c1,j}^0 = 0.071 \times 1.000 + 0.124 \times 1.000 = 0.195$

分层 2：$U_{c2}^0 = \sum\limits_{j=1}^{2} \eta_j U_{c2,j}^0 = 0.071 \times 1.000 + 0.124 \times 0.9967 = 0.194$

分层 3：$U_{c3}^0 = \sum\limits_{j=1}^{2} \eta_j U_{c3,j}^0 = 0.071 \times 0.9989 + 0.124 \times 0.9699 = 0.191$

分层 4：$U_{c4}^0 = \sum\limits_{j=1}^{2} \eta_j U_{c4,j}^0 = 0.071 \times 1.000 + 0.124 \times 0.9992 = 0.195$

分层 5：$U_{c5}^0 = \sum\limits_{j=1}^{2} \eta_j U_{c5,j}^0 = 0.071 \times 0.9859 + 0.124 \times 0.8938 = 0.181$

3) 按式（4-16）计算预压时长 $t_b = 267d$ 时，各分层的分层平均固结度。

分层 1：$U_{c1} = 0.9996 \times 0.195 = 0.195$

分层 2：$U_{c2} = 0.9985 \times 0.194 = 0.194$

分层 3：$U_{c3} = 0.9756 \times 0.191 = 0.186$

分层 4：$U_{c4} = 0.9113 \times 0.195 = 0.177$

分层 5：$U_{c5} = 0.7412 \times 0.181 = 0.134$

4) 计算预压时长 $t_b = 267d$ 时，各分层的分层固结度贡献值。

分层1：$\lambda_{c1}U_{c1} = 0.0406 \times 0.195 = 0.0079$

分层2：$\lambda_{c2}U_{c2} = 0.1274 \times 0.194 = 0.025$

分层3：$\lambda_{c3}U_{c3} = 0.3775 \times 0.186 = 0.07$

分层4：$\lambda_{c4}U_{c4} = 0.219 \times 0.177 = 0.039$

分层5：$\lambda_{c5}U_{c5} = 0.2355 \times 0.134 = 0.032$

5）按式（4-19）计算预压时长 $t_b = 267\mathrm{d}$ 时的整层总平均固结度。

$$\overline{U}_{cz} = \sum_{i=1}^{5} \lambda_{ci}U_{ci} = 0.0079 + 0.025 + 0.07 + 0.039 + 0.032 = 0.173$$

6）计算预压时长 $t_b = 267\mathrm{d}$ 时的整层沉降值 s_{ct_b}。

$$s_{ct_b} = \overline{U}_{cz}s_{cf} = 0.173 \times 156.5 = 27.1(\mathrm{cm})$$

3. 预压时长 $t_c = 401\mathrm{d}$

此时有3级荷载作用。3级荷载值、荷载比、延宕时差和固结时长均列于表5-17。

表5-17　荷载参数表

荷载级序 j	1	2	3
延宕时差 t_j/d	0	133	267
荷载值 $\Delta p_j/\mathrm{kPa}$	8	14	14
荷载比 η_j	0.071	0.124	0.124
固结时长 T_j/d	401	268	134

1）按式（4-21）计算预压时长 $t_c = 401\mathrm{d}$ 时，各分层的分层固结度初值各级分量。

分层1：$j = 1$：$U_{c1,1}^0 = 1 - \alpha e^{-\beta_1 T_1} = 1 - 0.811 \times e^{-0.105 \times 401} = 1.000$

　　　　$j = 2$：$U_{c1,2}^0 = 1 - \alpha e^{-\beta_1 T_2} = 1 - 0.811 \times e^{-0.105 \times 268} = 1.000$

　　　　$j = 3$：$U_{c1,3}^0 = 1 - \alpha e^{-\beta_1 T_3} = 1 - 0.811 \times e^{-0.105 \times 134} = 1.000$

分层2：$j = 1$：$U_{c2,1}^0 = 1 - \alpha e^{-\beta_2 T_1} = 1 - 0.811 \times e^{-0.041 \times 401} = 1.000$

　　　　$j = 2$：$U_{c2,2}^0 = 1 - \alpha e^{-\beta_2 T_2} = 1 - 0.811 \times e^{-0.041 \times 268} = 1.000$

　　　　$j = 3$：$U_{c2,3}^0 = 1 - \alpha e^{-\beta_2 T_3} = 1 - 0.811 \times e^{-0.041 \times 134} = 0.9967$

分层3：$j = 1$：$U_{c3,1}^0 = 1 - \alpha e^{-\beta_3 T_1} = 1 - 0.811 \times e^{-0.025 \times 401} = 1.000$

　　　　$j = 2$：$U_{c3,2}^0 = 1 - \alpha e^{-\beta_3 T_2} = 1 - 0.811 \times e^{-0.025 \times 268} = 0.9989$

　　　　$j = 3$：$U_{c3,3}^0 = 1 - \alpha e^{-\beta_3 T_3} = 1 - 0.811 \times e^{-0.025 \times 134} = 0.9699$

分层4：$j = 1$：$U_{c4,1}^0 = 1 - \alpha e^{-\beta_4 T_1} = 1 - 0.811 \times e^{-0.0515 \times 401} = 1.000$

　　　　$j = 2$：$U_{c4,2}^0 = 1 - \alpha e^{-\beta_4 T_2} = 1 - 0.811 \times e^{-0.0515 \times 268} = 1.000$

　　　　$j = 3$：$U_{c4,3}^0 = 1 - \alpha e^{-\beta_4 T_3} = 1 - 0.811 \times e^{-0.0515 \times 134} = 0.9992$

分层5：$j = 1$：$U_{c5,1}^0 = 1 - \alpha e^{-\beta_5 T_1} = 1 - 0.811 \times e^{-0.015 \times 401} = 0.9982$

　　　　$j = 2$：$U_{c5,2}^0 = 1 - \alpha e^{-\beta_5 T_2} = 1 - 0.811 \times e^{-0.015 \times 268} = 0.9861$

　　　　$j = 3$：$U_{c5,3}^0 = 1 - \alpha e^{-\beta_5 T_3} = 1 - 0.811 \times e^{-0.015 \times 134} = 0.8938$

2）按式（4-22）计算预压时长 $t_c = 401\mathrm{d}$ 时，各分层的分层固结度初值。

分层1：$U_{c1}^0 = \sum_{j=1}^{3} \eta_j U_{c1,j}^0 = 0.071 \times 1.000 + 0.124 \times 1.000 + 0.124 \times 1.000 = 0.319$

分层 2：$U_{c2}^0 = \sum_{j=1}^{3} \eta_j U_{c2,j}^0 = 0.071 \times 1.000 + 0.124 \times 1.000 + 0.124 \times 0.9967 = 0.318$

分层 3：$U_{c3}^0 = \sum_{j=1}^{3} \eta_j U_{c3,j}^0 = 0.071 \times 1.000 + 0.124 \times 0.9989 + 0.124 \times 0.9699 = 0.315$

分层 4：$U_{c4}^0 = \sum_{j=1}^{3} \eta_j U_{c4,j}^0 = 0.071 \times 1.000 + 0.124 \times 1.000 + 0.124 \times 0.9992 = 0.318$

分层 5：$U_{c5}^0 = \sum_{j=1}^{3} \eta_j U_{c5,j}^0 = 0.071 \times 0.9982 + 0.124 \times 0.9861 + 0.124 \times 0.8938 = 0.304$

3）按式（4-16）计算预压时长 $t_c = 401d$ 时，各分层的分层平均固结度。

分层 1：$U_{c1} = 0.9996 \times 0.319 = 0.318$

分层 2：$U_{c2} = 0.9985 \times 0.318 = 0.318$

分层 3：$U_{c3} = 0.9756 \times 0.315 = 0.307$

分层 4：$U_{c4} = 0.9113 \times 0.318 = 0.29$

分层 5：$U_{c5} = 0.7412 \times 0.304 = 0.225$

4）计算预压时长 $t_c = 401d$ 时，各分层的分层固结度贡献值。

分层 1：$\lambda_{c1} U_{c1} = 0.0406 \times 0.318 = 0.013$

分层 2：$\lambda_{c2} U_{c2} = 0.1274 \times 0.318 = 0.04$

分层 3：$\lambda_{c3} U_{c3} = 0.3775 \times 0.307 = 0.116$

分层 4：$\lambda_{c4} U_{c4} = 0.219 \times 0.29 = 0.064$

分层 5：$\lambda_{c5} U_{c5} = 0.2355 \times 0.225 = 0.053$

5）按式（4-19）计算预压时长 $t_c = 401d$ 时的整层总平均固结度。

$$\overline{U}_{cz} = \sum_{i=1}^{5} \lambda_{ci} U_{ci} = 0.013 + 0.04 + 0.116 + 0.064 + 0.053 = 0.286$$

6）计算预压时长 $t_c = 401d$ 时的整层沉降值 s_{ct_c}。

$$s_{ct_c} = \overline{U}_{cz} s_{cf} = 0.286 \times 156.5 = 44.7 (\text{cm})$$

4. 预压时长 $t_d = 516d$

此时有 4 级荷载作用。4 级荷载值、荷载比、延宕时差和固结时长均列于表 5-18。

表 5-18 荷载参数表

荷载级序 j	1	2	3	4
延宕时差 t_j/d	0	133	267	401
荷载值 $\Delta p_j/kPa$	8	14	14	14
荷载比 η_j	0.071	0.124	0.124	0.124
固结时长 T_j/d	516	383	249	115

1）按式（4-21）计算预压时长 $t_d = 516d$ 时，各分层的分层固结度初值各级分量。

分层 1：$j=1$：$U_{c1,1}^0 = 1 - \alpha e^{-\beta_1 T_1} = 1 - 0.811 \times e^{-0.105 \times 516} = 1.0000$

$j=2$：$U_{c1,2}^0 = 1 - \alpha e^{-\beta_1 T_2} = 1 - 0.811 \times e^{-0.105 \times 383} = 1.0000$

$j=3$：$U_{c1,3}^0 = 1 - \alpha e^{-\beta_1 T_3} = 1 - 0.811 \times e^{-0.105 \times 249} = 1.0000$

$j=4$：$U_{c1,4}^0 = 1 - \alpha e^{-\beta_1 T_4} = 1 - 0.811 \times e^{-0.105 \times 115} = 1.0000$

分层 2：$j=1$：$U_{c2,1}^0 = 1 - \alpha e^{-\beta_2 T_1} = 1 - 0.811 \times e^{-0.041 \times 516} = 1.0000$

$j=2$：$U_{c2,2}^0 = 1 - \alpha e^{-\beta_2 T_2} = 1 - 0.811 \times e^{-0.041 \times 383} = 1.0000$

$j=3$：$U_{c2,3}^0 = 1 - \alpha e^{-\beta_2 T_3} = 1 - 0.811 \times e^{-0.041 \times 249} = 1.0000$

$j=4$：$U_{c2,4}^0 = 1 - \alpha e^{-\beta_2 T_4} = 1 - 0.811 \times e^{-0.041 \times 115} = 0.9927$

分层 3：$j=1$：$U_{c3,1}^0 = 1 - \alpha e^{-\beta_3 T_1} = 1 - 0.811 \times e^{-0.025 \times 516} = 1.0000$

$j=2$：$U_{c3,2}^0 = 1 - \alpha e^{-\beta_3 T_2} = 1 - 0.811 \times e^{-0.025 \times 383} = 0.9999$

$j=3$：$U_{c3,3}^0 = 1 - \alpha e^{-\beta_3 T_3} = 1 - 0.811 \times e^{-0.025 \times 249} = 0.9982$

$j=4$：$U_{c3,4}^0 = 1 - \alpha e^{-\beta_3 T_4} = 1 - 0.811 \times e^{-0.025 \times 115} = 0.952$

分层 4：$j=1$：$U_{c4,1}^0 = 1 - \alpha e^{-\beta_4 T_1} = 1 - 0.811 \times e^{-0.0515 \times 516} = 1.0000$

$j=2$：$U_{c4,2}^0 = 1 - \alpha e^{-\beta_4 T_2} = 1 - 0.811 \times e^{-0.0515 \times 383} = 1.0000$

$j=3$：$U_{c4,3}^0 = 1 - \alpha e^{-\beta_4 T_3} = 1 - 0.811 \times e^{-0.0515 \times 249} = 1.0000$

$j=4$：$U_{c4,4}^0 = 1 - \alpha e^{-\beta_4 T_4} = 1 - 0.811 \times e^{-0.0515 \times 115} = 0.9978$

分层 5：$j=1$：$U_{c5,1}^0 = 1 - \alpha e^{-\beta_5 T_1} = 1 - 0.811 \times e^{-0.015 \times 516} = 0.9997$

$j=2$：$U_{c5,2}^0 = 1 - \alpha e^{-\beta_5 T_2} = 1 - 0.811 \times e^{-0.015 \times 383} = 0.9976$

$j=3$：$U_{c5,3}^0 = 1 - \alpha e^{-\beta_5 T_3} = 1 - 0.811 \times e^{-0.015 \times 249} = 0.9815$

$j=4$：$U_{c5,4}^0 = 1 - \alpha e^{-\beta_5 T_4} = 1 - 0.811 \times e^{-0.015 \times 115} = 0.8584$

2）按式（4-22）计算预压时长 $t_d = 516d$ 时，各分层的分层固结度初值。

分层 1：$U_{c1}^0 = \sum_{j=1}^{4} \eta_j U_{c1,j}^0$

$= 0.071 \times 1.000 + 0.124 \times 1.000 + 0.124 \times 1.000 + 0.124 \times 1.000 = 0.442$

分层 2：$U_{c2}^0 = \sum_{j=1}^{4} \eta_j U_{c2,j}^0$

$= 0.071 \times 1.000 + 0.124 \times 1.000 + 0.124 \times 1.000 + 0.124 \times 0.9927 = 0.442$

分层 3：$U_{c3}^0 = \sum_{j=1}^{4} \eta_j U_{c3,j}^0$

$= 0.071 \times 1.000 + 0.124 \times 0.9999 + 0.124 \times 0.9982 + 0.124 \times 0.952 = 0.436$

分层 4：$U_{c4}^0 = \sum_{j=1}^{4} \eta_j U_{c4,j}^0$

$= 0.071 \times 1.000 + 0.124 \times 1.000 + 0.124 \times 1.000 + 0.124 \times 0.9978 = 0.442$

分层 5：$U_{c5}^0 = \sum_{j=1}^{4} \eta_j U_{c5,j}^0$

$= 0.071 \times 0.9997 + 0.124 \times 0.9976 + 0.124 \times 0.9815 + 0.124 \times 0.8584 = 0.422$

3）按式（4-16）计算预压时长 $t_d = 516d$ 时，各分层的分层平均固结度。

分层 1：$U_{c1} = 0.9996 \times 0.442 = 0.442$

分层 2：$U_{c2} = 0.9985 \times 0.442 = 0.441$

分层 3：$U_{c3} = 0.9756 \times 0.436 = 0.426$

分层 4：$U_{c4} = 0.9113 \times 0.442 = 0.403$

分层 5：$U_{c5} = 0.7412 \times 0.422 = 0.313$

4）计算预压时长 $t_d = 516d$ 时，各分层的分层固结度贡献值。

分层1：$\lambda_{c1} U_{c1} = 0.0406 \times 0.442 = 0.018$

分层2：$\lambda_{c2} U_{c2} = 0.1274 \times 0.441 = 0.056$

分层3：$\lambda_{c3} U_{c3} = 0.3775 \times 0.426 = 0.161$

分层4：$\lambda_{c4} U_{c4} = 0.219 \times 0.403 = 0.088$

分层5：$\lambda_{c5} U_{c5} = 0.2355 \times 0.313 = 0.074$

5）按式（4-19）计算预压时长 $t_d = 516d$ 时的整层总平均固结度。

$$\overline{U}_{cz} = \sum_{i=1}^{5} \lambda_{ci} U_{ci} = 0.018 + 0.056 + 0.161 + 0.088 + 0.074 = 0.397$$

6）计算预压时长 $t_d = 516d$ 时的整层沉降值 s_{ct_d}。

$$s_{ct_d} = \overline{U}_{cz} s_{cf} = 0.397 \times 156.5 = 62.1 (\text{cm})$$

5. 预压时长 $t_e = 565d$

此时有5级荷载作用。5级荷载值、荷载比、延宕时差和固结时长均列于表5-19。

表5-19　荷载参数表

荷载级序 j	1	2	3	4	5
延宕时差 t_j/d	0	133	267	401	546
荷载值 Δp_j/kPa	8	14	14	14	21
荷载比 η_j	0.071	0.124	0.124	0.124	0.186
固结时长 T_j/d	565	432	298	164	19

1）按式（4-21）计算预压时长 $t_e = 565d$ 时，各分层的分层固结度初值各级分量。

分层1：$j=1$：$U_{c1,1}^0 = 1 - \alpha e^{-\beta_1 T_1} = 1 - 0.811 \times e^{-0.105 \times 565} = 1.0000$

$\qquad j=2$：$U_{c1,2}^0 = 1 - \alpha e^{-\beta_1 T_2} = 1 - 0.811 \times e^{-0.105 \times 432} = 1.0000$

$\qquad j=3$：$U_{c1,3}^0 = 1 - \alpha e^{-\beta_1 T_3} = 1 - 0.811 \times e^{-0.105 \times 298} = 1.0000$

$\qquad j=4$：$U_{c1,4}^0 = 1 - \alpha e^{-\beta_1 T_4} = 1 - 0.811 \times e^{-0.105 \times 164} = 1.0000$

$\qquad j=5$：$U_{c1,5}^0 = 1 - \alpha e^{-\beta_1 T_5} = 1 - 0.811 \times e^{-0.105 \times 19} = 0.8901$

分层2：$j=1$：$U_{c2,1}^0 = 1 - \alpha e^{-\beta_2 T_1} = 1 - 0.811 \times e^{-0.041 \times 565} = 1.0000$

$\qquad j=2$：$U_{c2,2}^0 = 1 - \alpha e^{-\beta_2 T_2} = 1 - 0.811 \times e^{-0.041 \times 432} = 1.0000$

$\qquad j=3$：$U_{c2,3}^0 = 1 - \alpha e^{-\beta_2 T_3} = 1 - 0.811 \times e^{-0.041 \times 298} = 1.0000$

$\qquad j=4$：$U_{c2,4}^0 = 1 - \alpha e^{-\beta_2 T_4} = 1 - 0.811 \times e^{-0.041 \times 164} = 0.999$

$\qquad j=5$：$U_{c2,5}^0 = 1 - \alpha e^{-\beta_2 T_5} = 1 - 0.811 \times e^{-0.041 \times 19} = 0.6278$

分层3：$j=1$：$U_{c3,1}^0 = 1 - \alpha e^{-\beta_3 T_1} = 1 - 0.811 \times e^{-0.025 \times 565} = 1.0000$

$\qquad j=2$：$U_{c3,2}^0 = 1 - \alpha e^{-\beta_3 T_2} = 1 - 0.811 \times e^{-0.025 \times 432} = 1.0000$

$\qquad j=3$：$U_{c3,3}^0 = 1 - \alpha e^{-\beta_3 T_3} = 1 - 0.811 \times e^{-0.025 \times 298} = 0.9995$

$\qquad j=4$：$U_{c3,4}^0 = 1 - \alpha e^{-\beta_3 T_4} = 1 - 0.811 \times e^{-0.025 \times 164} = 0.9856$

$\qquad j=5$：$U_{c3,5}^0 = 1 - \alpha e^{-\beta_3 T_5} = 1 - 0.811 \times e^{-0.025 \times 19} = 0.4914$

分层4：$j=1$：$U_{c4,1}^0 = 1 - \alpha e^{-\beta_4 T_1} = 1 - 0.811 \times e^{-0.0515 \times 565} = 1.0000$

$\qquad j=2$：$U_{c4,2}^0 = 1 - \alpha e^{-\beta_4 T_2} = 1 - 0.811 \times e^{-0.0515 \times 432} = 1.0000$

$$j=3: U^0_{c4,3} = 1 - \alpha e^{-\beta_4 T_3} = 1 - 0.811 \times e^{-0.0515 \times 298} = 1.0000$$

$$j=4: U^0_{c4,4} = 1 - \alpha e^{-\beta_4 T_4} = 1 - 0.811 \times e^{-0.0515 \times 164} = 0.9998$$

$$j=5: U^0_{c4,5} = 1 - \alpha e^{-\beta_4 T_5} = 1 - 0.811 \times e^{-0.0515 \times 19} = 0.695$$

分层5：$j=1: U^0_{c5,1} = 1 - \alpha e^{-\beta_5 T_1} = 1 - 0.811 \times e^{-0.015 \times 565} = 0.9998$

$$j=2: U^0_{c5,2} = 1 - \alpha e^{-\beta_5 T_2} = 1 - 0.811 \times e^{-0.015 \times 432} = 0.9988$$

$$j=3: U^0_{c5,3} = 1 - \alpha e^{-\beta_5 T_3} = 1 - 0.811 \times e^{-0.015 \times 298} = 0.9912$$

$$j=4: U^0_{c5,4} = 1 - \alpha e^{-\beta_5 T_4} = 1 - 0.811 \times e^{-0.015 \times 164} = 0.9327$$

$$j=5: U^0_{c5,5} = 1 - \alpha e^{-\beta_5 T_5} = 1 - 0.811 \times e^{-0.015 \times 19} = 0.3919$$

2）按式（4-22）计算预压时长 $t_e = 565d$ 时，各分层的分层固结度初值。

分层1：$U^0_{c1} = \sum_{j=1}^{5} \eta_j U^0_{c1,j} = 0.071 \times 1.000 + 0.124 \times 1.000 + 0.124 \times 1.000 + 0.124 \times 1.000 + 0.186 \times 0.8901 = 0.608$

分层2：$U^0_{c2} = \sum_{j=1}^{5} \eta_j U^0_{c2,j} = 0.071 \times 1.000 + 0.124 \times 1.000 + 0.124 \times 1.000 + 0.124 \times 0.999 + 0.186 \times 0.6278 = 0.559$

分层3：$U^0_{c3} = \sum_{j=1}^{5} \eta_j U^0_{c3,j} = 0.071 \times 1.000 + 0.124 \times 1.000 + 0.124 \times 0.9995 + 0.124 \times 0.9856 + 0.186 \times 0.4914 = 0.532$

分层4：$U^0_{c4} = \sum_{j=1}^{5} \eta_j U^0_{c4,j} = 0.071 \times 1.0000 + 0.124 \times 1.0000 + 0.124 \times 1.0000 + 0.124 \times 0.9998 + 0.186 \times 0.695 = 0.572$

分层5：$U^0_{c5} = \sum_{j=1}^{5} \eta_j U^0_{c5,j} = 0.071 \times 0.9998 + 0.124 \times 0.9988 + 0.124 \times 0.9912 + 0.124 \times 0.9327 + 0.186 \times 0.3919 = 0.506$

3）按式（4-16）计算预压时长 $t_e = 565d$ 时，各分层的分层平均固结度。

分层1：$U_{c1} = 0.9996 \times 0.608 = 0.608$

分层2：$U_{c2} = 0.9985 \times 0.559 = 0.558$

分层3：$U_{c3} = 0.9756 \times 0.532 = 0.519$

分层4：$U_{c4} = 0.9113 \times 0.572 = 0.521$

分层5：$U_{c5} = 0.7412 \times 0.506 = 0.375$

4）计算预压时长 $t_e = 565d$ 时，各分层的分层固结度贡献值。

分层1：$\lambda_{c1} U_{c1} = 0.0406 \times 0.608 = 0.0247$

分层2：$\lambda_{c2} U_{c2} = 0.1274 \times 0.558 = 0.071$

分层3：$\lambda_{c3} U_{c3} = 0.3775 \times 0.519 = 0.196$

分层4：$\lambda_{c4} U_{c4} = 0.219 \times 0.521 = 0.114$

分层5：$\lambda_{c5} U_{c5} = 0.2355 \times 0.375 = 0.088$

5）按式（4-19）计算预压时长 $t_e = 565d$ 时的整层总平均固结度。

$$\overline{U}_{cz} = \sum_{i=1}^{5} \lambda_{ci} U_{ci} = 0.0247 + 0.071 + 0.196 + 0.114 + 0.088 = 0.494$$

6）计算时长 $t_e = 565d$ 的整层沉降值 s_{ct_e}。

$$s_{ct_e} = \overline{U}_{cz} s_{cf} = 0.494 \times 156.5 = 77.3 (\text{cm})$$

6. 预压时长 $t_f = 615\text{d}$

此时有 6 级荷载作用。6 级荷载值、荷载比、延宕时差和固结时长均列于表 5-20。

表 5-20　荷载参数表

荷载级序 j	1	2	3	4	5	6
延宕时差 t_j/d	0	133	267	401	546	595
荷载值 $\Delta p_j/\text{kPa}$	8	14	14	14	21	21
荷载比 η_j	0.071	0.124	0.124	0.124	0.186	0.186
固结时长 T_j/d	615	482	348	214	69	20

1）按式（4-21）计算预压时长 $t_f = 615\text{d}$ 时，各分层的分层固结度初值各级分量。

分层 1：$j = 1$：$U_{c1,1}^0 = 1 - \alpha e^{-\beta_1 T_1} = 1 - 0.811 \times e^{-0.105 \times 615} = 1.0000$

$\qquad\quad j = 2$：$U_{c1,2}^0 = 1 - \alpha e^{-\beta_1 T_2} = 1 - 0.811 \times e^{-0.105 \times 482} = 1.0000$

$\qquad\quad j = 3$：$U_{c1,3}^0 = 1 - \alpha e^{-\beta_1 T_3} = 1 - 0.811 \times e^{-0.105 \times 348} = 1.0000$

$\qquad\quad j = 4$：$U_{c1,4}^0 = 1 - \alpha e^{-\beta_1 T_4} = 1 - 0.811 \times e^{-0.105 \times 214} = 1.0000$

$\qquad\quad j = 5$：$U_{c1,5}^0 = 1 - \alpha e^{-\beta_1 T_5} = 1 - 0.811 \times e^{-0.105 \times 69} = 0.9994$

$\qquad\quad j = 6$：$U_{c1,6}^0 = 1 - \alpha e^{-\beta_1 T_6} = 1 - 0.811 \times e^{-0.105 \times 20} = 0.901$

分层 2：$j = 1$：$U_{c2,1}^0 = 1 - \alpha e^{-\beta_2 T_1} = 1 - 0.811 \times e^{-0.041 \times 615} = 1.0000$

$\qquad\quad j = 2$：$U_{c2,2}^0 = 1 - \alpha e^{-\beta_2 T_2} = 1 - 0.811 \times e^{-0.041 \times 482} = 1.0000$

$\qquad\quad j = 3$：$U_{c2,3}^0 = 1 - \alpha e^{-\beta_2 T_3} = 1 - 0.811 \times e^{-0.041 \times 348} = 1.0000$

$\qquad\quad j = 4$：$U_{c2,4}^0 = 1 - \alpha e^{-\beta_2 T_4} = 1 - 0.811 \times e^{-0.041 \times 214} = 0.9999$

$\qquad\quad j = 5$：$U_{c2,5}^0 = 1 - \alpha e^{-\beta_2 T_5} = 1 - 0.811 \times e^{-0.041 \times 69} = 0.9521$

$\qquad\quad j = 6$：$U_{c2,6}^0 = 1 - \alpha e^{-\beta_2 T_6} = 1 - 0.811 \times e^{-0.041 \times 20} = 0.6428$

分层 3：$j = 1$：$U_{c3,1}^0 = 1 - \alpha e^{-\beta_3 T_1} = 1 - 0.811 \times e^{-0.025 \times 615} = 1.0000$

$\qquad\quad j = 2$：$U_{c3,2}^0 = 1 - \alpha e^{-\beta_3 T_2} = 1 - 0.811 \times e^{-0.025 \times 482} = 1.0000$

$\qquad\quad j = 3$：$U_{c3,3}^0 = 1 - \alpha e^{-\beta_3 T_3} = 1 - 0.811 \times e^{-0.025 \times 348} = 0.9998$

$\qquad\quad j = 4$：$U_{c3,4}^0 = 1 - \alpha e^{-\beta_3 T_4} = 1 - 0.811 \times e^{-0.025 \times 214} = 0.9958$

$\qquad\quad j = 5$：$U_{c3,5}^0 = 1 - \alpha e^{-\beta_3 T_5} = 1 - 0.811 \times e^{-0.025 \times 69} = 0.8513$

$\qquad\quad j = 6$：$U_{c3,6}^0 = 1 - \alpha e^{-\beta_3 T_6} = 1 - 0.811 \times e^{-0.025 \times 20} = 0.5038$

分层 4：$j = 1$：$U_{c4,1}^0 = 1 - \alpha e^{-\beta_4 T_1} = 1 - 0.811 \times e^{-0.0515 \times 615} = 1.0000$

$\qquad\quad j = 2$：$U_{c4,2}^0 = 1 - \alpha e^{-\beta_4 T_2} = 1 - 0.811 \times e^{-0.0515 \times 482} = 1.0000$

$\qquad\quad j = 3$：$U_{c4,3}^0 = 1 - \alpha e^{-\beta_4 T_3} = 1 - 0.811 \times e^{-0.0515 \times 348} = 1.0000$

$\qquad\quad j = 4$：$U_{c4,4}^0 = 1 - \alpha e^{-\beta_4 T_4} = 1 - 0.811 \times e^{-0.0515 \times 214} = 1.0000$

$\qquad\quad j = 5$：$U_{c4,5}^0 = 1 - \alpha e^{-\beta_4 T_5} = 1 - 0.811 \times e^{-0.0515 \times 69} = 0.9768$

$\qquad\quad j = 6$：$U_{c4,6}^0 = 1 - \alpha e^{-\beta_4 T_6} = 1 - 0.811 \times e^{-0.0515 \times 20} = 0.7103$

分层 5：$j = 1$：$U_{c5,1}^0 = 1 - \alpha e^{-\beta_5 T_1} = 1 - 0.811 \times e^{-0.015 \times 615} = 0.9999$

$$j = 2 : U_{c5,2}^0 = 1 - \alpha e^{-\beta_5 T_2} = 1 - 0.811 \times e^{-0.015 \times 482} = 0.9995$$

$$j = 3 : U_{c5,3}^0 = 1 - \alpha e^{-\beta_5 T_3} = 1 - 0.811 \times e^{-0.015 \times 348} = 0.9959$$

$$j = 4 : U_{c5,4}^0 = 1 - \alpha e^{-\beta_5 T_4} = 1 - 0.811 \times e^{-0.015 \times 214} = 0.9685$$

$$j = 5 : U_{c5,5}^0 = 1 - \alpha e^{-\beta_5 T_5} = 1 - 0.811 \times e^{-0.015 \times 69} = 0.7153$$

$$j = 6 : U_{c5,6}^0 = 1 - \alpha e^{-\beta_5 T_6} = 1 - 0.811 \times e^{-0.015 \times 20} = 0.401$$

2）按式（4-22）计算预压时长 $t_f = 615d$ 时，各分层的分层固结度初值。

分层 1：$U_{c1}^0 = \sum_{j=1}^{6} \eta_j U_{c1,j}^0 = 0.071 \times 1.000 + 0.124 \times 1.000 + 0.124 \times 1.000 + 0.124 \times 1.000 + 0.186 \times 0.9994 + 0.186 \times 0.901 = 0.796$

分层 2：$U_{c2}^0 = \sum_{j=1}^{6} \eta_j U_{c2,j}^0 = 0.071 \times 1.0000 + 0.124 \times 1.0000 + 0.124 \times 1.0000 + 0.124 \times 0.9999 + 0.186 \times 0.9521 + 0.186 \times 0.6428 = 0.739$

分层 3：$U_{c3}^0 = \sum_{j=1}^{6} \eta_j U_{c3,j}^0 = 0.071 \times 1.000 + 0.124 \times 1.000 + 0.124 \times 0.9998 + 0.124 \times 0.9958 + 0.186 \times 0.8513 + 0.186 \times 0.5038 = 0.694$

分层 4：$U_{c4}^0 = \sum_{j=1}^{6} \eta_j U_{c4,j}^0 = 0.071 \times 1.000 + 0.124 \times 1.000 + 0.124 \times 1.000 + 0.124 \times 1.000 + 0.186 \times 0.9768 + 0.186 \times 0.7103 = 0.756$

分层 5：$U_{c5}^0 = \sum_{j=1}^{6} \eta_j U_{c5,j}^0 = 0.071 \times 0.9999 + 0.124 \times 0.9995 + 0.124 \times 0.9959 + 0.124 \times 0.9685 + 0.186 \times 0.7153 + 0.186 \times 0.4010 = 0.645$

3）按式（4-16）计算预压时长 $t_f = 615d$ 时，各分层的分层平均固结度。

分层 1：$U_{c1} = 0.9996 \times 0.796 = 0.795$

分层 2：$U_{c2} = 0.9985 \times 0.739 = 0.738$

分层 3：$U_{c3} = 0.9756 \times 0.694 = 0.677$

分层 4：$U_{c4} = 0.9113 \times 0.756 = 0.689$

分层 5：$U_{c5} = 0.7412 \times 0.645 = 0.478$

4）计算预压时长 $t_f = 615d$ 时，各分层的分层固结度贡献值。

分层 1：$\lambda_{c1} U_{c1} = 0.0406 \times 0.795 = 0.032$

分层 2：$\lambda_{c2} U_{c2} = 0.1274 \times 0.738 = 0.094$

分层 3：$\lambda_{c3} U_{c3} = 0.3775 \times 0.677 = 0.256$

分层 4：$\lambda_{c4} U_{c4} = 0.219 \times 0.689 = 0.151$

分层 5：$\lambda_{c5} U_{c5} = 0.2355 \times 0.478 = 0.113$

5）按式（4-19）计算预压时长 $t_f = 615d$ 时的整层总平均固结度。

$$\overline{U}_{cz} = \sum_{i=1}^{5} \lambda_{ci} U_{ci} = 0.032 + 0.094 + 0.256 + 0.151 + 0.113 = 0.645$$

6）计算预压时长 $t_f = 615d$ 时的整层沉降值 s_{ct_f}。

沉降值　　　　　　　$s_{ct_f} = \overline{U}_{cz} s_{cf} = 0.645 \times 156.5 = 100.9 (\text{cm})$

7. 预压时长 $t_g = 652d$

此时有 7 级荷载作用。7 级荷载值、荷载比、延宕时差和固结时长均列于表 5-21。

表 5-21　荷载参数表

荷载级序 j	1	2	3	4	5	6	7
延宕时差 t_j/d	0	133	267	401	546	595	645
荷载值 $\Delta p_j/\mathrm{kPa}$	8	14	14	14	21	21	21
荷载比 η_j	0.071	0.124	0.124	0.124	0.186	0.186	0.186
固结时长 T_j/d	652	519	385	251	106	57	7

1）按式（4-21）计算预压时长 $t_g = 652\mathrm{d}$ 时，各分层的分层固结度初值各级分量。

分层 1：$j=1$：$U_{c1,1}^0 = 1 - \alpha e^{-\beta_1 T_1} = 1 - 0.811 \times e^{-0.105 \times 652} = 1.0000$

$j=2$：$U_{c1,2}^0 = 1 - \alpha e^{-\beta_1 T_2} = 1 - 0.811 \times e^{-0.105 \times 519} = 1.0000$

$j=3$：$U_{c1,3}^0 = 1 - \alpha e^{-\beta_1 T_3} = 1 - 0.811 \times e^{-0.105 \times 385} = 1.0000$

$j=4$：$U_{c1,4}^0 = 1 - \alpha e^{-\beta_1 T_4} = 1 - 0.811 \times e^{-0.105 \times 251} = 1.0000$

$j=5$：$U_{c1,5}^0 = 1 - \alpha e^{-\beta_1 T_5} = 1 - 0.811 \times e^{-0.105 \times 106} = 1.0000$

$j=6$：$U_{c1,6}^0 = 1 - \alpha e^{-\beta_1 T_6} = 1 - 0.811 \times e^{-0.105 \times 57} = 0.998$

$j=7$：$U_{c1,7}^0 = 1 - \alpha e^{-\beta_1 T_7} = 1 - 0.811 \times e^{-0.105 \times 7} = 0.6115$

分层 2：$j=1$：$U_{c2,1}^0 = 1 - \alpha e^{-\beta_2 T_1} = 1 - 0.811 \times e^{-0.041 \times 652} = 1.0000$

$j=2$：$U_{c2,2}^0 = 1 - \alpha e^{-\beta_2 T_2} = 1 - 0.811 \times e^{-0.041 \times 519} = 1.0000$

$j=3$：$U_{c2,3}^0 = 1 - \alpha e^{-\beta_2 T_3} = 1 - 0.811 \times e^{-0.041 \times 385} = 1.0000$

$j=4$：$U_{c2,4}^0 = 1 - \alpha e^{-\beta_2 T_4} = 1 - 0.811 \times e^{-0.041 \times 251} = 1.0000$

$j=5$：$U_{c2,5}^0 = 1 - \alpha e^{-\beta_2 T_5} = 1 - 0.811 \times e^{-0.041 \times 106} = 0.9895$

$j=6$：$U_{c2,6}^0 = 1 - \alpha e^{-\beta_2 T_6} = 1 - 0.811 \times e^{-0.041 \times 57} = 0.9217$

$j=7$：$U_{c2,7}^0 = 1 - \alpha e^{-\beta_2 T_7} = 1 - 0.811 \times e^{-0.041 \times 7} = 0.3911$

分层 3：$j=1$：$U_{c3,1}^0 = 1 - \alpha e^{-\beta_3 T_1} = 1 - 0.811 \times e^{-0.025 \times 652} = 1.0000$

$j=2$：$U_{c3,2}^0 = 1 - \alpha e^{-\beta_3 T_2} = 1 - 0.811 \times e^{-0.025 \times 519} = 1.0000$

$j=3$：$U_{c3,3}^0 = 1 - \alpha e^{-\beta_3 T_3} = 1 - 0.811 \times e^{-0.025 \times 385} = 0.9999$

$j=4$：$U_{c3,4}^0 = 1 - \alpha e^{-\beta_3 T_4} = 1 - 0.811 \times e^{-0.025 \times 251} = 0.9983$

$j=5$：$U_{c3,5}^0 = 1 - \alpha e^{-\beta_3 T_5} = 1 - 0.811 \times e^{-0.025 \times 106} = 0.9401$

$j=6$：$U_{c3,6}^0 = 1 - \alpha e^{-\beta_3 T_6} = 1 - 0.811 \times e^{-0.025 \times 57} = 0.8002$

$j=7$：$U_{c3,7}^0 = 1 - \alpha e^{-\beta_3 T_7} = 1 - 0.811 \times e^{-0.025 \times 7} = 0.3169$

分层 4：$j=1$：$U_{c4,1}^0 = 1 - \alpha e^{-\beta_4 T_1} = 1 - 0.811 \times e^{-0.0515 \times 652} = 1.0000$

$j=2$：$U_{c4,2}^0 = 1 - \alpha e^{-\beta_4 T_2} = 1 - 0.811 \times e^{-0.0515 \times 519} = 1.0000$

$j=3$：$U_{c4,3}^0 = 1 - \alpha e^{-\beta_4 T_3} = 1 - 0.811 \times e^{-0.0515 \times 385} = 1.0000$

$j=4$：$U_{c4,4}^0 = 1 - \alpha e^{-\beta_4 T_4} = 1 - 0.811 \times e^{-0.0515 \times 251} = 1.0000$

$j=5$：$U_{c4,5}^0 = 1 - \alpha e^{-\beta_4 T_5} = 1 - 0.811 \times e^{-0.0515 \times 106} = 0.9965$

$j=6$：$U_{c4,6}^0 = 1 - \alpha e^{-\beta_4 T_6} = 1 - 0.811 \times e^{-0.0152 \times 57} = 0.9569$

$j=7$：$U_{c4,7}^0 = 1 - \alpha e^{-\beta_4 T_7} = 1 - 0.811 \times e^{-0.0515 \times 7} = 0.4342$

分层 5：$j=1$：$U_{c5,1}^0 = 1 - \alpha e^{-\beta_5 T_1} = 1 - 0.811 \times e^{-0.015 \times 652} = 1.0000$

$$j=2: \quad U_{c5,2}^0 = 1 - \alpha e^{-\beta_5 T_2} = 1 - 0.811 \times e^{-0.015 \times 519} = 0.9997$$

$$j=3: \quad U_{c5,3}^0 = 1 - \alpha e^{-\beta_5 T_3} = 1 - 0.811 \times e^{-0.015 \times 385} = 0.9976$$

$$j=4: \quad U_{c5,4}^0 = 1 - \alpha e^{-\beta_5 T_4} = 1 - 0.811 \times e^{-0.015 \times 251} = 0.982$$

$$j=5: \quad U_{c5,5}^0 = 1 - \alpha e^{-\beta_5 T_5} = 1 - 0.811 \times e^{-0.015 \times 106} = 0.8376$$

$$j=6: \quad U_{c5,6}^0 = 1 - \alpha e^{-\beta_5 T_6} = 1 - 0.811 \times e^{-0.015 \times 57} = 0.6584$$

$$j=7: \quad U_{c5,7}^0 = 1 - \alpha e^{-\beta_5 T_7} = 1 - 0.811 \times e^{-0.015 \times 7} = 0.2704$$

2）按式（4-22）计算预压时长 $t_g = 652d$ 时，各分层的分层固结度初值。

分层1：$U_{c1}^0 = \sum_{j=1}^{7} \eta_j U_{c1,j}^0 = 0.071 \times 1.0000 + 0.124 \times 1.0000 + 0.124 \times 1.0000 + 0.124 \times 1.0000 + 0.186 \times 1.0000 + 0.186 \times 0.998 + 0.186 \times 0.6115 = 0.927$

分层2：$U_{c2}^0 = \sum_{j=1}^{7} \eta_j U_{c2,j}^0 = 0.071 \times 1.0000 + 0.124 \times 1.0000 + 0.124 \times 1.0000 + 0.124 \times 1.0000 + 0.186 \times 0.9895 + 0.186 \times 0.9217 + 0.186 \times 0.3911 = 0.87$

分层3：$U_{c3}^0 = \sum_{j=1}^{7} \eta_j U_{c3,j}^0 = 0.071 \times 1.0000 + 0.124 \times 1.0000 + 0.124 \times 0.9999 + 0.124 \times 0.9983 + 0.186 \times 0.9401 + 0.186 \times 0.8002 + 0.186 \times 0.3169 = 0.825$

分层4：$U_{c4}^0 = \sum_{j=1}^{7} \eta_j U_{c4,j}^0 = 0.071 \times 1.0000 + 0.124 \times 1.0000 + 0.124 \times 1.0000 + 0.124 \times 1.0000 + 0.186 \times 0.9965 + 0.186 \times 0.9569 + 0.186 \times 0.4342 = 0.886$

分层5：$U_{c5}^0 = \sum_{j=1}^{7} \eta_j U_{c5,j}^0 = 0.071 \times 1.0000 + 0.124 \times 0.9997 + 0.124 \times 0.9976 + 0.124 \times 0.982 + 0.186 \times 0.8376 + 0.186 \times 0.6584 + 0.186 \times 0.2704 = 0.768$

3）按式（4-16）计算预压时长 $t_g = 652d$ 时，各分层的分层平均固结度。

分层1：$U_{c1} = 0.9996 \times 0.927 = 0.927$

分层2：$U_{c2} = 0.9985 \times 0.870 = 0.869$

分层3：$U_{c3} = 0.9756 \times 0.825 = 0.804$

分层4：$U_{c4} = 0.9113 \times 0.886 = 0.808$

分层5：$U_{c5} = 0.7412 \times 0.768 = 0.569$

4）计算预压时长 $t_g = 652d$ 时，各分层的分层固结度贡献值。

分层1：$\lambda_{c1} U_{c1} = 0.0406 \times 0.927 = 0.0377$

分层2：$\lambda_{c2} U_{c2} = 0.1274 \times 0.869 = 0.111$

分层3：$\lambda_{c3} U_{c3} = 0.3775 \times 0.804 = 0.304$

分层4：$\lambda_{c4} U_{c4} = 0.219 \times 0.808 = 0.177$

分层5：$\lambda_{c5} U_{c5} = 0.2355 \times 0.569 = 0.134$

5）按式（4-19）计算预压时长 $t_g = 652d$ 时的整层总平均固结度。

$$\overline{U}_{cz} = \sum_{i=1}^{5} \lambda_{ci} U_{ci} = 0.0377 + 0.111 + 0.304 + 0.177 + 0.134 = 0.763$$

6）计算预压时长 $t_g = 652d$ 时的整层沉降值 s_{ct_g}。

$$s_{ct_g} = \overline{U}_{cz} s_{cf} = 0.763 \times 156.5 = 119.4(cm)$$

8. 五种方法的沉降时程曲线比较

将分层法计算的不同固结时长的整层沉降值列于表5-22。

表5-22　逐渐加荷条件下整层沉降值

t/d	133	267	401	516	565	615	652	781
整层沉降 s_{ct}/cm	9.7	27.1	44.7	62.1	77.3	100.9	119.4	141.1

将现场实测数据绘制的沉降时程曲线和分层法、高木俊介修正法、谢康和修正法、闫富有的 Lagrange 插值法的计算成果绘制的沉降时程曲线示于图5-12。需要说明的是，高木俊介修正法和谢康和修正法对排水距离的取值和全路径竖向固结系数的等效方法均同分层法。从图中可见四种计算方法的沉降曲线在 $t = 600d$ 之前都比较接近。与实测值曲线比较，在 $t = 500d$ 之前，四种计算方法的沉降均大于实测值，观察实测值曲线可见，$t = 400d$ 之前的曲线斜率较之后的曲线斜率小，而第2

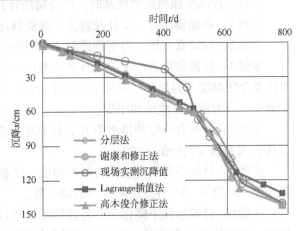

图5-12　五种方法的沉降时程曲线图

次堆载的施加是在 $t = 500d$ 之后，所以曲线不可能在 $t = 400d$ 时发生曲线斜率的变化。分析其原因可能是永久性垫层施工期简化的加载时程曲线与实际情况有较大的出入。当堆载结束，维持荷载阶段（$t \geq 640d$），谢康和法和分层法的曲线与实测曲线几乎重合。说明 $t = 500d$ 之后的加载时程曲线与实际情况比较相符。当 $t = 781d$ 时，四种计算的沉降值与实测值及其误差见表5-23。从表中可见，高木俊介修正法、谢康和修正法只要采用分层法的排水距离等取值方法，其计算结果和分层法的沉降值与实测值都比较接近，误差绝对值均不足2%。闫富有法的误差稍大些，误差为 -6.1%，可见分层法的结果具有足够的精度。

表5-23　$t = 781d$ 时各种方法计算的沉降值与实测值比较

计算方法	实测值	分层法	谢康和修正法	高木俊介修正法	闫富有法
沉降值 s/cm	140.0	141.1	141.5	141.6	131.5
误差 E（%）	—	0.8	1.1	1.2	−6.1

第6章 真空预压法的固结度计算步骤与算例

6.1 真空预压法固结度的计算步骤

在真空预压法加固成层地基时，用分层法计算其固结度的步骤如下：

步骤1：根据预压方案设计及岩土工程资料计算竖井的各项参数。

步骤2：设定真空压力向下传递时各分层的衰减值，预估地下水位下降的幅度。

步骤3：按附加应力小于等于自重应力0.1倍的条件，确定压缩层的深度；以竖井底为界将整个压缩层分为竖井层和井下层两个合层，再将竖井层和井下层按自然层位划分为若干个分层，自上而下连续编列序号。

步骤4：计算各分层的排水距 H_i，计算非理想井地基的各项系数，计算全路径竖向固结系数 $\bar{c}_{vi}$ 及系数 α、β_i 值。

步骤5：计算各分层真空压力的平均值，绘制衰减后真空压力及其平均值与深度的关系曲线图，计算A工况各分层的应力折减系数。

步骤6：计算水位下降作用的各分层压力及其平均值，绘制水位下降作用的压力及其平均值与深度的关系曲线图，计算B工况各分层的应力折减系数。

步骤7：用真空预压法专用的分层总和法公式分别计算A、B工况各分层地基的最终变形量和累计最终变形量。确定沉降计算经验系数，算得A、B、V工况整层和各分层的最终沉降值。计算A、B、V工况各分层对总平均固结度的分层贡献率。分别计算A、B工况的分层权重和整层权重。

步骤8：逐一算得A、B工况各分层地基的分层固结度初值。

步骤9：分别将A、B工况各分层固结度初值乘上各自的分层应力折减系数，获得A、B工况各分层的分层平均固结度。

步骤10：分别将A、B工况各分层平均固结度乘上各自的分层贡献率即为各分层的分层固结度贡献值。

步骤11：分别将A、B工况各分层固结度贡献值加总即为A、B工况整层总平均固结度。

步骤12：将A、B工况整层总平均固结度分别乘上相对应的整层权重后相加就得到V工况的整层总平均固结度。

步骤13：将A、B工况各分层平均固结度乘上各自的分层权重相加后得到V工况的分层平均固结度。

步骤14：将V工况各分层平均固结度乘上对应的V工况分层贡献率即为V工况各分层的分层固结度贡献值。将V工况各分层的分层固结度贡献值加总就得到V工况的整层总平均固结度。

6.2　真空预压法固结度的算例

6.2.1　工程概况

工程名称为连云港南区220kV变电站真空预压加固工程。拟建的变电站位于黄海之滨，站址地貌单元为海积平原，属典型的滨海软土区。

变电站预压平面及其尺寸如图6-1所示，面积为20160m²。站址地面高程为2.09～3.38m。地层主要由第四系全新统海积成因的黏土、淤泥、粉质黏土、粉质黏土夹粉土和粉砂等组成。变电站加固场地的各土层主要物理力学参数见表6-1。

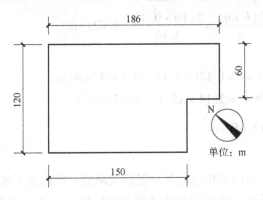

图6-1　变电站预压平面尺寸示意图

表6-1　土层主要物理力学参数

层序号	名　称	重度 γ /(kN/m³)	孔隙比 e	压缩系数 a/MPa⁻¹	压缩模量 E_s/MPa	渗透系数 /(10⁻⁷cm/s) k_v竖向	渗透系数 k_h水平	固结系数 /(m²/d) c_v竖向	固结系数 c_h水平
①	黏土	17.6	1.142	0.79	1.7	0.585	1.27	0.014	0.030
②	淤泥	16.0	1.719	1.84	1.0	1.35	2.30	0.018	0.030
③	粉质黏土夹粉土	19.3	0.770	0.32	6.4	44.2	124	2.38	6.672
④	粉质黏土	19.5	0.650	0.24	6.4	0.965	2.15	0.056	0.125
⑤	粉土夹粉质黏土	19.2	0.692	0.13	11.0	1280	—	146.9	—
⑥	粉质黏土	18.4	0.941	0.39	6.0	1.94	—	0.085	—
⑦	粉质黏土夹粉土	19.5	0.686	0.21	13.5	4.52	—	0.320	—
⑧	粉砂	19.5	0.645	0.11	22.0	4000	—	446.2	—
⑨	黏土	18.4	0.965	0.40	5.2	1.20	—	0.043	—

排水竖井采用FDPS-B型塑料排水带，按正方形布置，间距0.8m，深度20m。塑料排水带的渗透系数 $k_w = 5 \times 10^{-4}$cm/s，塑料排水带的综合弹性模量 $E_{bw} = 36$MPa。竖井未打穿压缩层，属非完整井地基。

6.2.2　本案例的计算步骤

分层法计算真空预压法加固成层地基整层总平均固结度将包括以下步骤：

步骤1：根据真空预压方案设计及岩土工程资料计算竖井的各项参数。

排水带宽度 $b = 10\text{cm}$

排水带厚度 $t_w = 0.4\text{cm}$

排水带纵向通水量 $q_w = 25\text{cm}^3/\text{s} = 2.16\text{m}^3/\text{d}$

（以上均为生产排水带的厂家产品样本提供）

根据塑料排水带的尺寸和平面布置的间距和形状计算所得以下参数：

排水带横截面面积 $A_w = 10 \times 0.4 = 4(\text{cm}^2)$

当量换算直径 $d_w = \dfrac{2(b+\delta)}{\pi} = \dfrac{2(10+0.4)}{3.14} = 6.62(\text{cm})$

竖井间距 $l = 0.8\text{m}$

竖井单井等效圆直径 $d_e = 1.13l = 1.13 \times 0.8 = 0.904(\text{m})$

竖井单井等效圆面积 $A_e = 3.14 \times 45.2^2 = 6415(\text{cm}^2)$

井径比 $n_w = \dfrac{90.4}{6.62} = 13.65$

竖井深度 $h_w = 20\text{m}$

步骤2：设定真空压力向下传递时各分层的衰减值，预估地下水位下降的幅度。

1）开机抽真空的当天，真空压力就达到80kPa以上，并一直维持到停泵。故设 $p_{a0} = 80\text{kPa}$。根据各分层的渗透性能，确定其真空压力的衰减值 δ_i，见表6-2。

表6-2　真空度衰减值 δ_i 表

合层名	土层号	分层号	层厚 h_i/m	真空度衰减值 $\delta_i/(\text{kPa/m})$
竖井层	①	1	3	2.3
	②	2	13.5	3.2
	③	3	3.5	3.2
井下层	④	4	1.4	3.2
	⑤	5	4.4	3.23
	⑥	6	7.7	0
	⑦	7	2.1	0
	⑧	8	1.5	0
	⑨	9	4	0

2）原地下水位在原地面下0.5m处，即 $h_b = 0.5\text{m}$。设地下水位下降 $h_d = 3.6\text{m}$，即 $p_{b0} = \gamma_w h_d = 36\text{kPa}$。下降后的水位在原地面以下4.1m处，即 $h_a = 4.1\text{m}$。

步骤3：按附加应力小于等于自重应力0.1倍的条件，确定压缩层的深度；以竖井底为界将整个压缩层分为竖井层和井下层两个合层，再将竖井层和井下层按自然层位划为若干个分层，自上而下连续编列序号。

1）附加应力。真空压力传递至层⑤已衰减殆尽，以下仅剩地下水位下降产生的附加应力，所以从层⑤底面以下都是常数，附加应力等于36kPa。

2）自重应力 p_γ。抽真空前地下水位在地面下0.5m，抽真空后，地下水位下降3.6m。即地下水位降至地面以下4.1m，其下的自重均按浮重度计算。

当压缩层深度为41.1m时，其天然重度的自重应力为 $p_\gamma = 733.6$kPa。

地下水位下降到4.1m产生的浮力为 $p_w = (41.1 - 4.1) \times 10 = 370$（kPa）

3）验算压缩层深度41.1m是否满足规定。

$0.1(p_\gamma - p_w) = 0.1 \times (733.6 - 370)$kPa $= 36.4$kPa > 36kPa，符合规定。

4）以竖井底为界将整个压缩层分为竖井层和井下层两层。

竖井层20m

井下层21.1m

5）按自然层位划分各分层。竖井层和井下层再按自然层位划分，竖井范围内有层①～层③共3个分层。井下层有层④～层⑨6个分层。自上而下连续编列序号，共计9个分层，如图6-2所示。

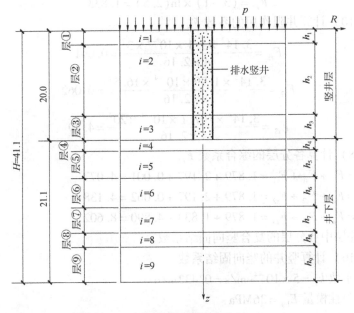

图6-2 单井固结模型竖向剖面图

步骤4：计算各分层的排水距 H_i，计算非理想井地基的各项参数，计算全路径竖向固结系数 $\bar{c}_{vi}$ 及系数 α、β_i 值。

1）按表6-2的各分层厚度，算得各分层的排水距 H_i 如下：

分层1：$h_1 = 3$m。

分层2：$h_2 = 16.5$m。

分层3：$h_3 = 20.0$m。

分层4：$h_4 = 21.4$m。

分层5：$h_5 = 25.8$m。

分层6：$h_6 = 33.5$m。

分层7：$h_7 = 35.6$m。

分层 8：$h_8 = 37.1\text{m}$。

分层 9：$h_9 = 41.1\text{m}$。

2）计算非理想井地基的各项系数。

①按式（4-6）计算井径比因子系数 F_n。竖井层中 3 个分层的井径比因子系数均相等。

$$F_n = \frac{n_w^2 \ln(n_w)}{(n_w^2 - 1) - \dfrac{3n_w^2 - 1}{4n_w^2}}$$

$$= \frac{13.65^2 \times \ln(13.65)}{(13.65^2 - 1) - \dfrac{3 \times 13.65^2 - 1}{4 \times 13.65^2}} = 1.879$$

②按式（4-9）计算涂抹作用影响的系数 F_{si}。

设 $i = 1 \sim 3$，$k_{hi}/k_{si} = 3$，$S_1 = S_2 = 3$，$S_3 = 2.5$

$$F_{s1} = F_{s2} = (3 - 1) \times \ln(3) = 2.197$$

$$F_{s3} = (3 - 1) \times \ln(2.5) = 1.833$$

③按式（4-10）计算井阻作用的系数 F_{ri}。

$$F_{r1} = \frac{3.14^2 \times 1.1 \times 10^{-4} \times 3^2}{4 \times 2.16} = 0.001$$

$$F_{r2} = \frac{3.14^2 \times 1.99 \times 10^{-4} \times 16.5^2}{4 \times 2.16} = 0.062$$

$$F_{r3} = \frac{3.14^2 \times 107.1 \times 10^{-4} \times 20^2}{4 \times 2.16} = 4.89$$

④按式（4-8）计算各分层的综合系数 F_i。

分层 1：$F_1 = F_n + F_{s1} + F_{r1} = 1.879 + 2.197 + 0.001 = 4.077$

分层 2：$F_2 = F_n + F_{s2} + F_{r2} = 1.879 + 2.197 + 0.062 = 4.138$

分层 3：$F_3 = F_n + F_{s3} + F_{r3} = 1.879 + 1.833 + 4.890 = 8.602$

3）计算竖井层中各分层的复合竖向固结系数。

①用式（2-16）计算竖井的竖向固结系数。

排水板渗透系数 $k_w = 5 \times 10^{-4}\text{cm/s} = 0.432\text{m/d}$

排水板折算弹性模量 $E_{bw} = 36\text{MPa}$

$$c_w = \frac{0.432 \times 36 \times 1000}{9.8} = 1587\,(\text{m}^2/\text{d})$$

②按式（2-21）计算竖井与竖井单井等效圆的井土面积比。

$$\mu = \frac{A_w}{A_e} = \frac{4}{6415} = 0.000624$$

③按式（2-22）计算竖井层中各分层的井土系数比 ν_m。

分层 1：$\nu_1 = \dfrac{c_w}{c_{v1}} = \dfrac{1587}{0.0136} = 116354$

分层 2：$\nu_2 = \dfrac{c_w}{c_{v2}} = \dfrac{1587}{0.0175} = 90720$

分层 3：$\nu_3 = \dfrac{c_w}{c_{v3}} = \dfrac{1587}{2.378} = 667$

④按式（2-20）计算竖井层中各分层的复合竖向固结系数 c_{wsm}。

分层1：$c_{ws1} = [1 + \mu(\nu_1 - 1)] \times c_{v1}$
$= [1 + 0.624 \times 10^{-3} \times (116354 - 1)] \times 0.014 = 1.003 (\text{m}^2/\text{d})$

分层2：$c_{ws2} = [1 + \mu(\nu_2 - 1)] \times c_{v2}$
$= [1 + 0.624 \times 10^{-3} \times (90720 - 1)] \times 0.018 = 1.007 (\text{m}^2/\text{d})$

分层3：$c_{ws3} = [1 + \mu(\nu_3 - 1)] \times c_{v3}$
$= [1 + 0.624 \times 10^{-3} \times (667 - 1)] \times 2.38 = 3.37 (\text{m}^2/\text{d})$

4）按式（2-19）、式（2-18）计算竖井层中各分层的全路径竖向固结系数。

分层1：$\bar{c}_{v1} = c_{v1} = 0.014 \text{m}^2/\text{d}$

分层2：$\bar{c}_{v2} = \dfrac{\dfrac{0.014}{3^2} + \dfrac{0.018}{13.5^2}}{\dfrac{1}{3^2} + \dfrac{1}{13.5^2}} = 0.014 (\text{m}^2/\text{d})$

分层3：$\bar{c}_{v3} = \dfrac{\dfrac{0.014}{3^2} + \dfrac{0.018}{13.5^2} + \dfrac{2.38}{3.5^2}}{\dfrac{1}{3^2} + \dfrac{1}{13.5^2} + \dfrac{1}{3.5^2}} = 0.989 (\text{m}^2/\text{d})$

5）按式（2-24）计算井下层中各分层的全路径竖向固结系数。

分层4：$\bar{c}_{v4} = \dfrac{\dfrac{1.003}{3^2} + \dfrac{1.007}{13.5^2} + \dfrac{3.366}{3.5^2} + \dfrac{0.056}{1.4^2}}{\dfrac{1}{3^2} + \dfrac{1}{13.5^2} + \dfrac{1}{3.5^2} + \dfrac{1}{1.4^2}} = 0.59 (\text{m}^2/\text{d})$

分层5：$\bar{c}_{v5} = \dfrac{\dfrac{1.003}{3^2} + \dfrac{1.007}{13.5^2} + \dfrac{3.366}{3.5^2} + \dfrac{0.056}{1.4^2} + \dfrac{146.9}{4.4^2}}{\dfrac{1}{3^2} + \dfrac{1}{13.5^2} + \dfrac{1}{3.5^2} + \dfrac{1}{1.4^2} + \dfrac{1}{4.4^2}} = 10.5 (\text{m}^2/\text{d})$

分层6：$\bar{c}_{v6} = \dfrac{\dfrac{1.003}{3^2} + \dfrac{1.007}{13.5^2} + \dfrac{3.366}{3.5^2} + \dfrac{0.056}{1.4^2} + \dfrac{146.9}{4.4^2} + \dfrac{0.085}{7.7^2}}{\dfrac{1}{3^2} + \dfrac{1}{13.5^2} + \dfrac{1}{3.5^2} + \dfrac{1}{1.4^2} + \dfrac{1}{4.4^2} + \dfrac{1}{7.7^2}} = 10.3 (\text{m}^2/\text{d})$

分层7：$\bar{c}_{v7} = \dfrac{\dfrac{1.003}{3^2} + \dfrac{1.007}{13.5^2} + \dfrac{3.366}{3.5^2} + \dfrac{0.056}{1.4^2} + \dfrac{146.9}{4.4^2} + \dfrac{0.085}{7.7^2} + \dfrac{0.032}{2.1^2}}{\dfrac{1}{3^2} + \dfrac{1}{13.5^2} + \dfrac{1}{3.5^2} + \dfrac{1}{1.4^2} + \dfrac{1}{4.4^2} + \dfrac{1}{7.7^2} + \dfrac{1}{2.1^2}} = 8.1 (\text{m}^2/\text{d})$

分层8：$\bar{c}_{v8} = \dfrac{\dfrac{1.003}{3^2} + \dfrac{1.007}{13.5^2} + \dfrac{3.366}{3.5^2} + \dfrac{0.056}{1.4^2} + \dfrac{146.9}{4.4^2} + \dfrac{0.085}{7.7^2} + \dfrac{0.032}{2.1^2} + \dfrac{446.2}{1.5^2}}{\dfrac{1}{3^2} + \dfrac{1}{13.5^2} + \dfrac{1}{3.5^2} + \dfrac{1}{1.4^2} + \dfrac{1}{4.4^2} + \dfrac{1}{7.7^2} + \dfrac{1}{2.1^2} + \dfrac{1}{1.5^2}} = 142.5 (\text{m}^2/\text{d})$

分层9：$\bar{c}_{v9} = \dfrac{\dfrac{1.003}{3^2} + \dfrac{1.007}{13.5^2} + \dfrac{3.366}{3.5^2} + \dfrac{0.056}{1.4^2} + \dfrac{146.9}{4.4^2} + \dfrac{0.085}{7.7^2} + \dfrac{0.032}{2.1^2} + \dfrac{446.2}{1.5^2} + \dfrac{0.043}{4^2}}{\dfrac{1}{3^2} + \dfrac{1}{13.5^2} + \dfrac{1}{3.5^2} + \dfrac{1}{1.4^2} + \dfrac{1}{4.4^2} + \dfrac{1}{7.7^2} + \dfrac{1}{2.1^2} + \dfrac{1}{1.5^2} + \dfrac{1}{4^2}}$

$= 136.6 (\text{m}^2/\text{d})$

6) 按式（4-3）计算竖井层中各分层的系数 β_i 值。

分层 1：$\beta_1 = \dfrac{8 \times 0.03}{4.08 \times 0.904^2} + \dfrac{3.14^2 \times 0.014}{4 \times 3^2} = 0.071 + 0.004 = 0.075\,(\mathrm{d}^{-1})$

分层 2：$\beta_2 = \dfrac{8 \times 0.03}{4.14 \times 0.904^2} + \dfrac{3.14^2 \times 0.0138}{4 \times 16.5^2} = 0.071 + 0.0001 = 0.071\,(\mathrm{d}^{-1})$

分层 3：$\beta_3 = \dfrac{8 \times 6.672}{8.6 \times 0.904^2} + \dfrac{3.14^2 \times 0.988}{4 \times 20^2} = 7.594 + 0.006 = 7.6\,(\mathrm{d}^{-1})$

7) 按式（4-4）计算井下层中各分层的系数 β_i 值。

分层 4：$\beta_4 = \dfrac{\pi^2 \bar{c}_{v4}}{4H_4^2} = \dfrac{3.14^2 \times 0.59}{4 \times 21.4^2} = 0.003\,(\mathrm{d}^{-1})$

分层 5：$\beta_5 = \dfrac{3.14^2 \times 10.5}{4 \times 25.8^2} = 0.039\,(\mathrm{d}^{-1})$

分层 6：$\beta_6 = \dfrac{3.14^2 \times 10.3}{4 \times 33.5^2} = 0.023\,(\mathrm{d}^{-1})$

分层 7：$\beta_7 = \dfrac{3.14^2 \times 8.1}{4 \times 35.6^2} = 0.016\,(\mathrm{d}^{-1})$

分层 8：$\beta_8 = \dfrac{3.14^2 \times 142.5}{4 \times 37.1^2} = 0.255\,(\mathrm{d}^{-1})$

分层 9：$\beta_9 = \dfrac{3.14^2 \times 136.6}{4 \times 41.1^2} = 0.199\,(\mathrm{d}^{-1})$

步骤 5：计算各分层真空压力的平均值，绘制衰减后真空压力及其平均值与深度的关系曲线图，计算 A 工况各分层的应力折减系数。

1) 用式（2-29）计算各分层底的真空压力值 $p_{a,z}$。衰减后的真空压力曲线如图 6-3 所示。

分层 1：$p_{a,3.0} = p_{a0} - h_1\delta_1 = 80 - 3 \times 2.3 = 73.1\,(\mathrm{kPa})$

分层 2：$p_{a,16.5} = p_{a,3.0} - h_2\delta_2 = 73.1 - 13.5 \times 3.2 = 29.9\,(\mathrm{kPa})$

分层 3：$p_{a,20} = p_{a,16.5} - h_3\delta_3 = 29.9 - 3.5 \times 3.2 = 18.7\,(\mathrm{kPa})$

分层 4：$p_{a,21.4} = p_{a,20} - h_4\delta_4 = 18.7 - 1.4 \times 3.2 = 14.2\,(\mathrm{kPa})$

分层 5：$p_{a,25.8} = p_{a,21.4} - h_5\delta_5 = 14.2 - 4.4 \times 3.3 = 0.01\,(\mathrm{kPa})$

分层 6 ~ 分层 9：$p_{a,33.5} = p_{a35.6} = p_{a,37.1} = p_{a,41.1} = 0\,(\mathrm{kPa})$

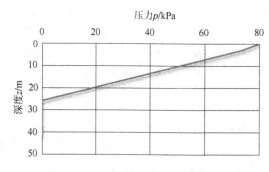

图 6-3　衰减后的真空压力曲线

2）按式（2-30）计算各分层的平均真空压力值。衰减后的分层平均真空压力曲线如图 6-4 所示。

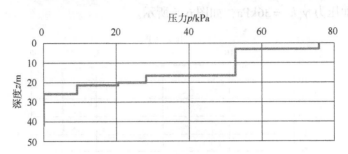

图 6-4 衰减后的分层平均真空压力曲线

膜下真空负压 $p_{a0}=80\text{kPa}$。

分层 1：$p_{a1}=p_{a0}-\dfrac{h_1\delta_1}{2}=80-\dfrac{3\times2.3}{2}=76.6(\text{kPa})$

分层 2：$p_{a2}=p_{a1}-\dfrac{h_1\delta_1}{2}-\dfrac{h_2\delta_2}{2}=76.6-\dfrac{3\times2.3}{2}-\dfrac{13.5\times3.2}{2}=51.5(\text{kPa})$

分层 3：$p_{a3}=p_{a2}-\dfrac{h_2\delta_2}{2}-\dfrac{h_3\delta_3}{2}=51.5-\dfrac{13.5\times3.2}{2}-\dfrac{3.5\times3.2}{2}=24.3(\text{kPa})$

分层 4：$p_{a4}=p_{a3}-\dfrac{h_3\delta_3}{2}-\dfrac{h_4\delta_4}{2}=24.3-\dfrac{3.5\times3.2}{2}-\dfrac{1.4\times3.2}{2}=16.5(\text{kPa})$

分层 5：$p_{a5}=p_{a4}-\dfrac{h_4\delta_4}{2}-\dfrac{h_5\delta_5}{2}=16.5-\dfrac{1.4\times3.2}{2}-\dfrac{4.4\times3.2}{2}=7.2(\text{kPa})$

分层 6：$p_{a6}=p_{a5}-\dfrac{h_5\delta_5}{2}=7.2-\dfrac{4.4\times3.23}{2}=0.07\approx0(\text{kPa})$

分层 7～分层 9：$p_{a7}=p_{a8}=p_{a9}=0\text{kPa}$

3）按式（2-38）计算真空负压作用的各分层的压力折减系数 ω_{ai}。

分层 1：$\omega_{a1}=\dfrac{76.6}{80}=0.957$

分层 2：$\omega_{a2}=\dfrac{51.5}{80}=0.644$

分层 3：$\omega_{a3}=\dfrac{24.3}{80}=0.304$

分层 4：$\omega_{a4}=\dfrac{16.5}{80}=0.206$

分层 5：$\omega_{a5}=\dfrac{7.2}{80}=0.09$

分层 6：$\omega_{a6}=\dfrac{0.07}{80}=0.001$

分层 7～分层 9：$\omega_{a7}=\omega_{a8}=\omega_{a9}=0$

步骤 6：计算水位下降作用的各分层压力及其平均值，绘制水位下降作用的压力及其平均值与深度的关系曲线图，计算 B 工况各分层的应力折减系数。

1）原地下水位在地面下 0.5m 处，即 $h_b = 0.5m$。预估地下水位下降 $h_d = 3.6m$，下降后的水位在地面以下 4.1m 处，即 $h_a = 4.1m$。地面下 0.5m 至 4.1m 范围内的附加压力是个变量，$z \geqslant 4.1m$ 附加压力 $\gamma_w h_d = 36kPa$，如图 6-5 所示。

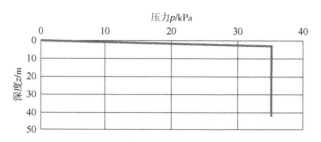

图 6-5　地下水位下降产生的压力曲线

2）水位下降产生的压力 $p_{b0} = 36kPa$。各分层底处，水位下降作用的压力值用式（2-31）计算。

分层 1：$z \leqslant h_b = 0.5m$　　　　　$p_{b,05} = 0$

$\quad z = h_1 = 3m < h_a$　　　　　$p_{b,3.0} = \gamma_w (h_1 - h_a) = 10 \times (3 - 0.5) = 25(kPa)$

分层 2：$z = h_a = 4.1m$　　　　　$p_{b,4.1} = \gamma_w h_d = 10 \times 3.6 = 36(kPa)$

$\quad z = h_2 = 16.5m > h_a$　　　　$p_{b,16.5} = \gamma_w h_d = 10 \times 3.6 = 36(kPa)$

分层 3 ~ 分层 9：$i = 3 \sim 9$　　　$p_{b,z} = \gamma_w h_d = 10 \times 3.6 = 36(kPa)$

3）按式（2-37）计算各分层中点的平均水压力。

分层 1：应力图形为三角形，应力图形面积按式（2-32）计算。

$$p_{b1} = \frac{10 \times (3 - 0.5)^2}{2 \times 3} = 10.42(kPa)$$

分层 2：应力图形为五边形，应力图形面积按式（2-35）计算。

$$p_{b2} = 10 \times 3.6 - \frac{10 \times (4.1 - 3)^2}{2 \times 13.5} = 35.6(kPa)$$

分层 3 ~ 分层 9：应力图形均为矩形，应力图形面积按式（2-36）计算。

$$p_{b3} \sim p_{b9} = 10 \times 3.6 = 36(kPa)$$

4）地下水位下降作用的各分层平均压力曲线如图 6-6 所示。

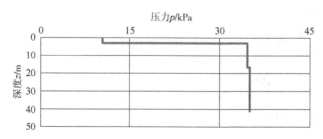

图 6-6　地下水位下降作用的各分层平均压力曲线

5）按式（2-39）计算水位下降各分层的压力折减系数。

分层 1：$\omega_{b1} = \dfrac{10.42}{36} = 0.289$

分层2：$\omega_{b2}=\dfrac{35.6}{36}=0.988$

分层3：$\omega_{b3}=\dfrac{36}{36}=1.000$

分层4～分层9：$\omega_{b4}=\omega_{b5}=\omega_{b6}=\omega_{b7}=\omega_{b8}=\omega_{b9}=1.000$

步骤7：用真空预压法专用的分层总和法公式分别计算 A、B 工况整层和各分层的最终变形量和累计最终变形量。确定沉降计算经验系数，算得 A、B、V 工况整层和各分层的最终沉降值。计算 A、B、V 工况各分层对总平均固结度的分层贡献率。分别计算 A、B 工况的分层权重和整层权重。

1）按式（3-10）、式（3-11）计算 A 工况各分层最终变形量和累计最终变形量，见表6-3。

表6-3　A 工况地基变形量计算表

i	h_i/m	$\omega_{ai}p_{a0}/\mathrm{kPa}$	E_{si}/MPa	s'_{aif}/mm	$\sum s'_{aif}/\mathrm{mm}$
1	3	76.6	1.7	135.1	135.1
2	13.5	51.5	1.00	695.3	830.3
3	3.5	24.3	6.40	13.3	843.6
4	1.4	16.5	6.40	3.6	847.2
5	4.4	7.2	11	2.9	850.1
6	7.7	0.07	6	0.1	850.2
7	2.1	0	13.5	0	850.2
8	1.5	0	22.0	0	850.2
9	4.0	0	5.2	0	850.2

根据地区经验取沉降计算经验系数 $\psi_v=1.0$，因此 $s_{af}=\psi_v\sum s'_{aif}=1.0\times850.1=850.1(\mathrm{mm})$。

2）按式（3-28）计算 A 工况各分层对总平均固结度的贡献率。

分层1：$\lambda_{a1}=\dfrac{135.1}{850.2}=0.159$

分层2：$\lambda_{a2}=\dfrac{695.3}{850.2}=0.818$

分层3：$\lambda_{a3}=\dfrac{13.3}{850.2}=0.016$

分层4：$\lambda_{a4}=\dfrac{3.6}{850.2}=0.004$

分层5：$\lambda_{a5}=\dfrac{2.9}{850.2}=0.003$

分层6：$\lambda_{a6}=\dfrac{0.1}{850.2}=0.000$

分层7～分层9：$\lambda_{a7}=\lambda_{a8}=\lambda_{a9}=0$

3）按式（3-14）、式（3-15）计算 B 工况各分层最终变形量和累计最终变形量，见表6-4。

表 6-4 B 工况地基变形量计算表

i	h_i/m	$\omega_{bi}p_{b0}/kPa$	E_{si}/MPa	s'_{bif}/mm	$\sum s'_{bif}/mm$
1	3	10.4	1.7	18.4	18.4
2	13.5	35.6	1.0	480.8	498.3
3	3.5	36.0	6.4	19.7	518.0
4	1.4	36.0	6.4	7.9	525.9
5	4.4	36.0	11.0	14.4	540.3
6	7.7	36.0	6.0	46.2	586.5
7	2.1	36.0	13.5	5.6	592.1
8	1.5	36.0	22.0	2.5	594.5
9	4.0	36.0	5.2	27.7	622.2

B 工况的沉降计算经验系数取与 A 工况相同的值，$\psi_v = 1.0$，压缩层最终沉降值 $s_{bc} = \psi_v \sum s'_{bif} = 1.0 \times 622.2 = 622.2 (mm)$。

4）按式（3-29）计算 B 工况各分层对总平均固结度的贡献率。

分层 1：$\lambda_{b1} = \dfrac{18.4}{622.2} = 0.030$

分层 2：$\lambda_{b2} = \dfrac{480.0}{622.2} = 0.771$

分层 3：$\lambda_{b3} = \dfrac{19.7}{622.2} = 0.032$

分层 4：$\lambda_{b4} = \dfrac{7.9}{622.2} = 0.013$

分层 5：$\lambda_{b5} = \dfrac{14.4}{622.2} = 0.023$

分层 6：$\lambda_{b6} = \dfrac{46.2}{622.2} = 0.074$

分层 7：$\lambda_{b7} = \dfrac{5.6}{622.2} = 0.009$

分层 8：$\lambda_{b8} = \dfrac{2.5}{622.2} = 0.004$

分层 9：$\lambda_{b9} = \dfrac{27.7}{622.2} = 0.045$

5）按式（3-20）、式（3-27）计算 V 工况各分层的最终沉降值和累计最终沉降值，见表 6-5。

表 6-5 V 工况地基沉降值计算表

i	h_i/m	s_{vif}/mm	$\sum s_{vif}/mm$
1	3	153.5	153.5
2	13.5	1175.2	1328.7
3	3.5	33.0	1361.6

i	h_i/m	s_{vif}/mm	$\sum s_{\text{vif}}/\text{mm}$
4	1.4	11.5	1373.1
5	4.4	17.3	1390.4
6	7.7	46.3	1436.7
7	2.1	5.6	1442.3
8	1.5	2.5	1444.7
9	4.0	27.7	1472.4

V 工况整层最终沉降值 $s_{\text{vf}} = 1472.3\text{mm}$。

6）按式（3-30）计算 V 工况各分层对总平均固结度的贡献率。

分层 1：$\lambda_{\text{v1}} = \dfrac{153.5}{1472.4} = 0.104$

分层 2：$\lambda_{\text{v2}} = \dfrac{1175.2}{1472.4} = 0.798$

分层 3：$\lambda_{\text{v3}} = \dfrac{33.0}{1472.4} = 0.022$

分层 4：$\lambda_{\text{v4}} = \dfrac{11.5}{1472.4} = 0.008$

分层 5：$\lambda_{\text{v5}} = \dfrac{17.3}{1472.4} = 0.012$

分层 6：$\lambda_{\text{v6}} = \dfrac{46.3}{1472.4} = 0.031$

分层 7：$\lambda_{\text{v7}} = \dfrac{5.6}{1472.4} = 0.004$

分层 8：$\lambda_{\text{v8}} = \dfrac{2.5}{1472.4} = 0.002$

分层 9：$\lambda_{\text{v9}} = \dfrac{27.7}{1472.4} = 0.019$

7）用式（4-34）计算 A 工况各分层的分层权重。

分层 1：$q_{\text{va1}} = \dfrac{135.1}{153.5} = 0.88$

分层 2：$q_{\text{va2}} = \dfrac{695.3}{1175.2} = 0.592$

分层 3：$q_{\text{va3}} = \dfrac{13.3}{33.0} = 0.403$

分层 4：$q_{\text{va4}} = \dfrac{3.6}{11.5} = 0.314$

分层 5：$q_{\text{va5}} = \dfrac{2.9}{17.3} = 0.166$

分层 6：$q_{\text{va6}} = \dfrac{0.1}{46.3} = 0.002$

分层 7 ~ 分层 9：$q_{va7} = q_{va8} = q_{va9} = 0$

8）用式（4-35）计算 B 工况各分层的分层权重。

分层 1：$q_{vb1} = \dfrac{18.4}{153.5} = 0.120$

分层 2：$q_{vb2} = \dfrac{480}{1175.2} = 0.408$

分层 3：$q_{vb3} = \dfrac{19.7}{33.0} = 0.597$

分层 4：$q_{vb4} = \dfrac{7.9}{11.5} = 0.686$

分层 5：$q_{vb5} = \dfrac{14.4}{17.3} = 0.834$

分层 6：$q_{vb6} = \dfrac{46.2}{46.3} = 0.998$

分层 7：$q_{vb7} = \dfrac{5.6}{5.6} = 1.000$

分层 8：$q_{vb8} = \dfrac{2.5}{2.5} = 1.000$

分层 9：$q_{vb9} = \dfrac{27.7}{27.7} = 1.000$

9）分别用式（4-30）、式（4-31）计算 A、B 工况的整层权重。

$$Q_{va} = \frac{s_{af}}{s_{vf}} = \frac{850.2}{1472.4} = 0.577$$

$$Q_{vb} = \frac{s_{bf}}{s_{vf}} = \frac{622.2}{1472.4} = 0.423$$

步骤 8：计算 A、B 工况各分层的固结度初值。

1）用式（4-23）逐一算得 A 工况各分层的分层固结度初值。

分层 1：$U_{a1}^{0} = 1 - \alpha e^{-\beta_1 t} = 1 - 0.811e^{-0.075 \times 128} = 0.9999$

分层 2：$U_{a2}^{0} = 1 - \alpha e^{-\beta_2 t} = 1 - 0.811e^{-0.071 \times 128} = 0.9999$

分层 3：$U_{a3}^{0} = 1 - \alpha e^{-\beta_3 t} = 1 - 0.811e^{-7.6 \times 128} = 1.0000$

分层 4：$U_{a4}^{0} = 1 - \alpha e^{-\beta_4 t} = 1 - 0.811e^{-0.003 \times 128} = 0.4611$

分层 5：$U_{a5}^{0} = 1 - \alpha e^{-\beta_5 t} = 1 - 0.811e^{-0.039 \times 128} = 0.9945$

分层 6：$U_{a6}^{0} = 1 - \alpha e^{-\beta_6 t} = 1 - 0.811e^{-0.023 \times 128} = 0.9553$

分层 7：$U_{a7}^{0} = 1 - \alpha e^{-\beta_7 t} = 1 - 0.811e^{-0.016 \times 128} = 0.8907$

分层 8：$U_{a8}^{0} = 1 - \alpha e^{-\beta_8 t} = 1 - 0.811e^{-0.255 \times 128} = 1.0000$

分层 9：$U_{a9}^{0} = 1 - \alpha e^{-\beta_9 t} = 1 - 0.811e^{-0.199 \times 128} = 1.0000$

2）用式（4-24）逐一算得 B 工况各分层的分层固结度初值。

分层 1：$U_{b1}^{0} = 1 - \alpha e^{-\beta_1 t/2} = 1 - 0.811e^{-0.075 \times 64} = 0.9932$

分层 2：$U_{b2}^{0} = 1 - \alpha e^{-\beta_2 t/2} = 1 - 0.811e^{-0.071 \times 64} = 0.9912$

分层 3：$U_{b3}^{0} = 1 - \alpha e^{-\beta_3 t/2} = 1 - 0.811e^{-7.6 \times 64} = 1.0000$

分层 4：$U_{b4}^0 = 1 - \alpha e^{-\beta_4 t/2} = 1 - 0.811 e^{-0.003 \times 64} = 0.3387$

分层 5：$U_{b5}^0 = 1 - \alpha e^{-\beta_5 t/2} = 1 - 0.811 e^{-0.039 \times 64} = 0.9332$

分层 6：$U_{b6}^0 = 1 - \alpha e^{-\beta_6 t/2} = 1 - 0.811 e^{-0.023 \times 64} = 0.8095$

分层 7：$U_{b7}^0 = 1 - \alpha e^{-\beta_7 t/2} = 1 - 0.811 e^{-0.016 \times 64} = 0.7022$

分层 8：$U_{b8}^0 = 1 - \alpha e^{-\beta_8 t/2} = 1 - 0.811 e^{-0.255 \times 64} = 1.0000$

分层 9：$U_{b9}^0 = 1 - \alpha e^{-\beta_9 t/2} = 1 - 0.811 e^{-0.199 \times 64} = 1.0000$

步骤 9：将各分层固结度初值乘上各自的应力折减系数，获得各分层平均固结度。

1）按式（4-25）计算 A 工况各分层的分层平均固结度。

分层 1：$U_{a1} = 0.957 \times 0.9999 = 0.957$

分层 2：$U_{a2} = 0.644 \times 0.9999 = 0.644$

分层 3：$U_{a3} = 0.304 \times 1.0000 = 0.304$

分层 4：$U_{a4} = 0.206 \times 0.4611 = 0.095$

分层 5：$U_{a5} = 0.09 \times 0.9945 = 0.089$

分层 6：$U_{a6} = 0.001 \times 0.9553 = 0.001$

分层 7：$U_{a7} = 0.000 \times 0.8907 = 0.000$

分层 8：$U_{a8} = 0.000 \times 1.0000 = 0.000$

分层 9：$U_{a9} = 0.000 \times 1.0000 = 0.000$

2）按式（4-26）计算 B 工况各分层的分层平均固结度。

分层 1：$U_{b1} = 0.289 \times 0.9932 = 0.287$

分层 2：$U_{b2} = 0.988 \times 0.9912 = 0.979$

分层 3：$U_{b3} = 1.000 \times 1.0000 = 1.000$

分层 4：$U_{b4} = 1.000 \times 0.3387 = 0.339$

分层 5：$U_{b5} = 1.000 \times 0.9332 = 0.933$

分层 6：$U_{b6} = 1.000 \times 0.8095 = 0.810$

分层 7：$U_{b7} = 1.000 \times 0.7022 = 0.702$

分层 8：$U_{b8} = 1.000 \times 1.0000 = 1.000$

分层 9：$U_{b9} = 1.000 \times 1.0000 = 1.000$

步骤 10：计算 A、B 工况各分层固结度贡献值。

1）将 A 工况各分层平均固结度乘上对应的贡献率得到 A 工况各分层固结度贡献值。

分层 1：$\lambda_{a1} U_{a1} = 0.159 \times 0.957 = 0.152$

分层 2：$\lambda_{a2} U_{a2} = 0.818 \times 0.644 = 0.527$

分层 3：$\lambda_{a3} U_{a3} = 0.016 \times 0.304 = 0.005$

分层 4：$\lambda_{a4} U_{a4} = 0.004 \times 0.095 = 0.000$

分层 5：$\lambda_{a5} U_{a5} = 0.003 \times 0.088 = 0.000$

分层 6：$\lambda_{a6} U_{a6} = 0.001 \times 0.001 = 0.000$

分层 7 ~ 分层 9：$\lambda_{a7} U_{a7} = \lambda_{a8} U_{a8} = \lambda_{a9} U_{a9} = 0.000$

2）将 B 工况各分层平均固结度乘上对应的贡献率得到 B 工况各分层固结度贡献值。

分层 1：$\lambda_{b1} U_{b1} = 0.030 \times 0.287 = 0.009$

分层 2：$\lambda_{b2} U_{b2} = 0.771 \times 0.979 = 0.755$

分层 3：$\lambda_{b3} U_{b3} = 0.032 \times 1.000 = 0.032$

分层 4：$\lambda_{b4} U_{b4} = 0.013 \times 0.339 = 0.004$

分层 5：$\lambda_{b5} U_{b5} = 0.023 \times 0.933 = 0.022$

分层 6：$\lambda_{b6} U_{b6} = 0.074 \times 0.810 = 0.060$

分层 7：$\lambda_{b7} U_{b7} = 0.009 \times 0.702 = 0.006$

分层 8：$\lambda_{b8} U_{b8} = 0.004 \times 1.000 = 0.004$

分层 9：$\lambda_{b9} U_{b9} = 0.045 \times 1.000 = 0.045$

步骤 11：将 A、B 工况各分层固结度贡献值加总即得到 A、B 工况整层总平均固结度。

1）A 工况整层总平均固结度用式（4-27）计算：

$$\overline{U}_{az} = \sum_{i=1}^{9} \lambda_{ai} U_{ai} = 0.684$$

2）B 工况整层总平均固结度用式（4-28）计算：

$$\overline{U}_{bz} = \sum_{i=1}^{9} \lambda_{bi} U_{bi} = 0.936$$

步骤 12：用式（4-29）计算得到 V 工况的整层总平均固结度。

$$\overline{U}_{vz} = Q_{va} \overline{U}_{az} + Q_{vb} \overline{U}_{bz} = 0.577 \times 0.684 + 0.423 \times 0.936 = 0.790$$

步骤 13：用式（4-33）计算 V 工况各分层的分层平均固结度。

分层 1：$U_{v1} = q_{va1} U_{a1} + q_{vb1} U_{b1} = 0.88 \times 0.957 + 0.120 \times 0.287 = 0.877$

分层 2：$U_{v2} = q_{va2} U_{a2} + q_{vb2} U_{b2} = 0.592 \times 0.644 + 0.408 \times 0.979 = 0.781$

分层 3：$U_{v3} = q_{va3} U_{a3} + q_{vb3} U_{b3} = 0.403 \times 0.304 + 0.597 \times 1.000 = 0.719$

分层 4：$U_{v4} = q_{va4} U_{a4} + q_{vb4} U_{b4} = 0.314 \times 0.095 + 0.686 \times 0.339 = 0.262$

分层 5：$U_{v5} = q_{va5} U_{a5} + q_{vb5} U_{b5} = 0.166 \times 0.089 + 0.834 \times 0.933 = 0.793$

分层 6：$U_{v6} = q_{va6} U_{a6} + q_{vb6} U_{b6} = 0.002 \times 0.001 + 0.998 \times 0.810 = 0.808$

分层 7：$U_{v7} = q_{va7} U_{a7} + q_{vb7} U_{b7} = 0 \times 0 + 1.000 \times 0.702 = 0.702$

分层 8：$U_{v8} = q_{va8} U_{a8} + q_{vb8} U_{b8} = 0 \times 0 + 1.000 \times 1.000 = 1.000$

分层 9：$U_{v9} = q_{va9} U_{a9} + q_{vb9} U_{b9} = 0 \times 0 + 1.000 \times 1.000 = 1.000$

步骤 14：计算 V 工况的整层总平均固结度。

1）计算 V 工况各分层的固结度贡献值。

分层 1：$\lambda_{v1} U_{v1} = 0.104 \times 0.877 = 0.091$

分层 2：$\lambda_{v2} U_{v2} = 0.798 \times 0.781 = 0.623$

分层 3：$\lambda_{v3} U_{v3} = 0.022 \times 0.719 = 0.016$

分层 4：$\lambda_{v4} U_{v4} = 0.008 \times 0.262 = 0.002$

分层 5：$\lambda_{v5} U_{v5} = 0.012 \times 0.793 = 0.009$

分层 6：$\lambda_{v6} U_{v6} = 0.031 \times 0.808 = 0.025$

分层 7：$\lambda_{v7} U_{v7} = 0.004 \times 0.702 = 0.003$

分层 8：$\lambda_{v8} U_{v8} = 0.002 \times 1.000 = 0.002$

分层 9：$\lambda_{v9} U_{v9} = 0.019 \times 1.000 = 0.019$

2）用式（4-37）计算 V 工况的整层总平均固结度。

$$\overline{U}_{vz} = \sum_{i=1}^{n} \lambda_{vi} U_{vi} = 0.790$$

步骤 14 的计算结果与步骤 12 中所得到的结果完全一样。

6.2.3　本案例竖井层和井下层的固结度

1. 竖井层的最终沉降值和施工期沉降值

将 6.2.2 的步骤 14 的 1）中分层 1～分层 3 的 3 项分层贡献值相加，就是上部 20m 地层（竖井层）对于整层的总平均固结度的贡献值 $\lambda_w U_w$。

$$\lambda_w U_w = \sum_{i=1}^{3} \lambda_{vi} U_{vi} = 0.73$$

施工期竖井层的沉降值

$$s_{w,T_z} = \lambda_w U_w s_{vf} = 0.73 \times 147.2 = 107.5\,(\text{cm})$$

2. 井下层的固结度贡献值和施工期沉降

将 6.2.2 中步骤 14 的 1）中分层 4～分层 9 的 6 项分层贡献值相加，就是下部 21.1m 的合层（井下层）对于整层的总平均固结度的贡献值 $\lambda_l U_l$。

$$\lambda_l U_l = \sum_{i=4}^{9} \lambda_{vi} U_{vi} = 0.06$$

施工期井下层的沉降值

$$s_{d,T_z} = \lambda_l U_l s_{vf} = 0.06 \times 147.2 = 8.8\,(\text{cm})$$

3. 施工期整层沉降值

$$s_{vT_z} = \overline{U}_{vz} s_{vf} = 0.79 \times 147.2 = 116.3\,(\text{cm})$$

6.3　不同深度地层平均固结度的算例

连云港南区 220kV 变电站工程在真空预压期间于竖井层内埋设了 7 个分层沉降环，埋设的深度为 1.8m、4.2m、7.2m、10.2m、13.2m、16.2m 和 19.6m。

以每个环埋设的深度为一个地层，自上而下共有 7 个地层，用罗马数字标记。因为 7 个地层都在竖井层内，故都属于完整井地基。

将地层视为一个整层，用整层总平均固结度的计算方法和 6.1 节中的 14 个步骤计算地层的平均固结度。

6.3.1　地层 I

地层 I 属单一土质的完整井地基，地层总厚 $h_I = 1.8m$，其计算步骤如下。

步骤 1：根据真空预压方案设计及岩土工程资料计算竖井的各项系数。

除竖井深度 $h_w = 1.8m$ 外，其余均同 6.2.2 中步骤 1 的竖井层参数。

步骤 2：设定真空压力向下传递时的衰减值，预估地下水位下降的幅度。

1）已知膜下真空负压 $p_{a0} = 80\text{kPa}$。表 6-2 已定真空压力的衰减值 $\delta_1 = 2.3\text{kPa/m}$，$\delta_2 = \delta_3 = \delta_4 = 3.2\text{kPa/m}$。

2）已知地下水位下降的幅度为 3.6m，$p_{b0} = \gamma_w h_d = 36\text{kPa}$。

步骤 3：本例是整层的局部，无此步骤。

预压地基固结分层法计算与应用

步骤4：计算各分层的排水距离，计算非理想井地基的各项系数、计算各分层的固结系数和系数 α、β_1 值。

1）地层Ⅰ的排水距离即为层厚 $h_1 = 1.8\text{m}$。

2）计算非理想井地基的各项系数。

①按式（4-6）计算地层Ⅰ的井径比因子系数，同6.2.2中的井径比因子 F_n。

分层1：$F_n = 1.879$

②已知 $\dfrac{k_{h1}}{k_{s1}} = 3$，$S_1 = 3$，按式（4-9）计算地层Ⅰ的涂抹作用影响系数 F_{si}。

分层1：$F_{s1} = (3-1) \times \ln(3) = 2.197$

③按式（4-10）计算地层Ⅰ的井阻作用影响系数 F_{ri}。

分层1：$F_{r1} = \dfrac{3.14^2 \times 1.1 \times 10^{-4} \times 1.8^2}{4 \times 2.16} = 0.0004$

④按式（4-8）计算分层1的综合系数 F_i。

分层1：$F_1 = F_n + F_{s1} + F_{r1} = 1.879 + 2.197 + 0.0004 = 4.077$

3）按式（2-19）计算地层Ⅰ分层1的全路径竖向固结系数。

$$\bar{c}_{v1} = c_{v1} = 0.014\text{m}^2/\text{d}$$

4）地层Ⅰ的径向固结系数 $c_{h1} = 0.03\text{m}^2/\text{d}$

5）按式（4-3）计算分层1的系数 α、β_1 值。

$$\beta_1 = \frac{8 \times 0.03}{4.077 \times 0.904^2} + \frac{3.14^2 \times 0.014}{4 \times 1.8^2} = 0.071 + 0.0107 = 0.0817(\text{d}^{-1})$$

步骤5：计算各分层真空压力的平均值，绘制衰减后真空压力及其平均值与深度的关系曲线图，计算A工况各分层的应力折减系数。

1）用式（2-29）计算地层Ⅰ的分层1底的真空压力。

分层1：$p_{a,1.8} = p_{a0} - h_1\delta_1 = 80 - 1.8 \times 2.3 = 75.9(\text{kPa})$

2）按式（2-30）计算地层Ⅰ的分层1的平均真空压力值。

分层1：$p_{a1} = p_{a0} - \dfrac{h_1\delta_1}{2} = 80 - \dfrac{1.8 \times 2.3}{2} = 77.9(\text{kPa})$

3）绘制衰减后真空压力与深度的关系曲线图。

绘制的地层Ⅰ衰减后的真空压力曲线及分层平均压力曲线图示于图6-7。

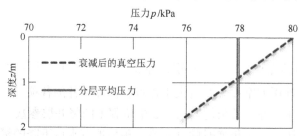

图6-7 地层Ⅰ衰减后的真空压力及分层平均压力曲线图

4）按式（2-38）计算地层ⅠA工况分层1的应力折减系数 ω_{a1}。

分层1：$\omega_{a1} = \dfrac{p_{a1}}{p_{a0}} = \dfrac{77.9}{80} = 0.9741$

100

步骤 6：计算水位下降作用的各分层压力及其平均值，绘制水位下降作用的压力及其平均值与深度的关系曲线图，计算各分层的应力折减系数。

1）用式（2-31）计算地层 I 的各分层底的水位下降作用压力。

分层 1：$z \leqslant h_b = 0.5\text{m}$ 　　　　$p_{b,0.5} = 0\text{kPa}$

　　　　$z = h_1 = 1.8\text{m} < h_a$ 　　$p_{b,1.8} = 10 \times (1.8 - 0.5) = 13(\text{kPa})$

2）按式（2-37）和式（2-32）计算地层 I B 工况分层 1 的平均压力。

$$p_{b1} = \frac{10 \times (1.8 - 0.5)^2}{2 \times 1.8} = 4.7(\text{kPa})$$

3）地层 I 水位下降作用的压力及分层平均压力曲线图如图 6-8 所示。

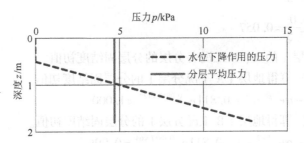

图 6-8　地层 I 水位下降作用的压力及分层平均压力曲线图

4）按式（2-39）计算地层 I B 工况各分层的应力折减系数。

分层 1：$\omega_{b1} = \dfrac{4.7}{36} = 0.1304$

步骤 7：分别计算 A、B 工况各分层地基的最终变形量和累计最终变形量。确定沉降计算经验系数，算得 A、B、V 工况各分层的最终沉降值和累计最终变形量。计算 A、B、V 工况各分层对总平均固结度的分层贡献率。计算 A、B 工况的分层权重和整层权重。

1）地层 I A 工况地基变形计算列于表 6-6。

表 6-6　地层 I A 工况地基变形计算表　　　　　　　　　　　$(\psi_v = 1.00)$

i	z_i/m	h_i/m	$\omega_{ai}p_{a0}/\text{kPa}$	E_{si}/MPa	$\Delta s'_{aif}/\text{mm}$	$\sum \Delta s'_{aif}/\text{mm}$	λ_{ai}
1	1.8	1.8	77.9	1.7	82.5	82.5	1.000

因 $\psi_v = 1.00$，所以 $\Delta s_{aif} = \Delta s'_{aif}$，$\sum \Delta s_{aif} = \sum \Delta s'_{aif}$，以下均同。

2）地层 I B 工况地基变形计算列于表 6-7。

表 6-7　地层 I B 工况地基变形计算表　　　　　　　　　　　$(\psi_v = 1.00)$

i	z_i/m	h_i/m	$\omega_{bi}p_{b0}/\text{kPa}$	E_{si}/MPa	$\Delta s'_{bif}/\text{mm}$	$\sum \Delta s'_{bif}/\text{mm}$	λ_{bi}
1	1.8	1.8	4.7	1.7	5.0	5.0	1.000

因 $\psi_v = 1.00$，所以 $\Delta s_{bif} = \Delta s'_{bif}$，$\sum \Delta s_{bif} = \sum \Delta s'_{bif}$，以下均同。

3）地层 I V 工况地基沉降计算列于表 6-8。

表 6-8　地层 I V 工况地基沉降计算表

i	z_i/m	h_i/m	$\Delta s_{vif}/\text{mm}$	$\sum \Delta s_{vif}/\text{mm}$	λ_{vi}
1	1.8	1.8	87.5	87.5	1.000

4）用式（4-34）计算地层ⅠA工况的分层权重。

分层1：$q_{va1} = \dfrac{82.5}{87.5} = 0.943$

5）用式（4-35）计算地层ⅠB工况的分层权重。

分层1：$q_{vb1} = \dfrac{5.0}{87.5} = 0.057$

6）用式（4-30）、式（4-31）分别计算地层ⅠA、B工况的整层权重。

A工况：$Q_{va} = \dfrac{82.5}{87.5} = 0.943$

B工况：$Q_{vb} = \dfrac{5.0}{87.5} = 0.057$

步骤8：计算地层Ⅰ的A、B工况各分层的分层固结度初值。

1）用式（4-23）算得地层ⅠA工况分层1的分层固结度初值。

分层1：$U_{a1}^0 = 1 - \alpha e^{-\beta t} = 1 - 0.811 e^{-0.0817 \times 128} = 1.000$

2）用式（4-24）算得地层ⅠB工况分层1的分层固结度初值。

分层1：$U_{b1}^0 = 1 - \alpha e^{-\beta t/2} = 1 - 0.811 e^{-0.0817 \times 64} = 0.996$

步骤9：用式（4-25）、式（4-26）将地层Ⅰ的A、B工况分层1的固结度初值乘上对应的分层应力折减系数，获得地层Ⅰ的A、B工况分层1的平均固结度。

A工况：$U_{a1} = 0.9741 \times 1.000 = 0.9741$

B工况：$U_{b1} = 0.1304 \times 0.996 = 0.1298$

步骤10：计算地层ⅠA、B工况分层1的固结度贡献值。

A工况：$\lambda_{a1} U_{a1} = 1.000 \times 0.9741 = 0.974$

B工况：$\lambda_{b1} U_{b1} = 1.000 \times 0.1298 = 0.130$

步骤11：用式（4-27）、式（4-28）分别计算地层ⅠA、B工况整层的总平均固结度。

A工况：$\overline{U}_{az} = \sum\limits_{i=1}^{1} \lambda_{ai} U_{ai} = 0.974$

B工况：$\overline{U}_{bz} = \sum\limits_{i=1}^{1} \lambda_{bi} U_{bi} = 0.130$

步骤12：按式（4-29）计算地层ⅠV工况的整层总平均固结度。

$$\overline{U}_{vz} = Q_{va}\overline{U}_{az} + Q_{vb}\overline{U}_{bz} = 0.943 \times 0.974 + 0.057 \times 0.130 = 0.926$$

步骤13：按式（4-33）计算地层ⅠV工况各分层的分层平均固结度。

分层1：$U_{v1} = q_{va1} U_{a1} + q_{vb1} U_{b1} = 0.943 \times 0.974 + 0.057 \times 0.13 = 0.926$

步骤14：计算地层ⅠV工况的整层总平均固结度。

因为只有一个分层，分层的固结度贡献值就等于整层总平均固结度。

$$\overline{U}_{vz} = \lambda_{v1} U_{v1} = 1.00 \times 0.926 = 0.926$$

其结果与步骤11的计算结果完全一致。

6.3.2 地层Ⅱ

地层Ⅱ是有2个分层的双层土完整井地基，地层总厚 $h_{Ⅱ} = 4.2\text{m}$，其计算步骤如下。

步骤 1：根据真空预压方案设计及岩土工程资料计算竖井的各项参数。

除竖井深度 $h_w = 4.2\text{m}$ 外，其余均同 6.2.2 中步骤 1 的竖井层参数。

步骤 2：同地层 I。

步骤 3：同地层 I。

步骤 4：计算各分层的排水距离，计算非理想井地基的各项系数，计算各分层的固结系数和系数 α、β_i 值。

1）地层 II 各分层的排水距离。

分层 1：$h_1 = 3.0\text{m}$。

分层 2：$h_2 = 4.2\text{m}$。

2）计算非理想井地基的各项系数。

①按式（4-6）计算地层 II 的井径比因子系数 F_n。

分层 1、2：$F_n = 1.879$

②已知 $\dfrac{k_{hi}}{k_{si}} = 3$，$S_1 = S_2 = 3$，按式（4-9）计算地层 II 的涂抹作用影响系数 F_{si}。

分层 1、2：$F_{s1} = F_{s2} = (3-1) \times \ln(3) = 2.197$

③按式（4-10）计算地层 II 的井阻作用影响系数 F_{ri}。

分层 1：$F_{r1} = \dfrac{3.14^2 \times 1.1 \times 10^{-4} \times 3^2}{4 \times 2.16} = 0.0011$

分层 2：$F_{r2} = \dfrac{3.14^2 \times 1.99 \times 10^{-4} \times 4.2^2}{4 \times 2.16} = 0.004$

④按式（4-8）计算地层 II 的各分层的综合系数 F_i。

分层 1：$F_1 = F_n + F_{s1} + F_{r1} = 1.879 + 2.197 + 0.0011 = 4.077$

分层 2：$F_2 = F_n + F_{s2} + F_{r2} = 1.879 + 2.197 + 0.004 = 4.080$

3）用式（2-19）和式（2-18）分别计算地层 II 各分层的全路径竖向固结系数。

分层 1：$\bar{c}_{v1} = c_{v1} = 0.014\text{m}^2/\text{d}$

分层 2：$\bar{c}_{v2} = \dfrac{\dfrac{0.014}{3^2} + \dfrac{0.018}{1.2^2}}{\dfrac{1}{3^2} + \dfrac{1}{1.2^2}} = 0.017(\text{m}^2/\text{d})$

4）地层 II 各分层的径向固结系数。

分层 1、2：$c_{h1} = c_{h2} = 0.03\text{m}^2/\text{d}$

5）按式（4-3）计算地层 II 各分层的系数 β_i 值。

分层 1：$\beta_1 = \dfrac{8 \times 0.03}{4.077 \times 0.904^2} + \dfrac{3.14^2 \times 0.014}{4 \times 3^2} = 0.0715 + 0.0038 = 0.075(\text{d}^{-1})$

分层 2：$\beta_2 = \dfrac{8 \times 0.03}{4.08 \times 0.904^2} + \dfrac{3.14^2 \times 0.017}{4 \times 4.2^2} = 0.0715 + 0.002 = 0.074(\text{d}^{-1})$

步骤 5：计算各分层真空压力的平均值，绘制衰减后真空压力及其平均值与深度的关系曲线图，计算 A 工况各分层的应力折减系数。

1）用式（2-29）计算地层 II 各分层底的真空压力。

分层 1：$p_{a,3.0} = p_{a0} - h_1 \delta_1 = 80 - 3 \times 2.3 = 73.1(\text{kPa})$

分层2：$p_{a,4.2} = p_{a,3.0} - h_2\delta_2 = 73.1 - 1.2 \times 3.2 = 69.3(\text{kPa})$

2）按式（2-30）计算地层Ⅱ各分层的平均真空压力值。

分层1：$p_{a1} = p_{a0} - \dfrac{h_1\delta_1}{2} = 80 - \dfrac{3 \times 2.3}{2} = 76.6(\text{kPa})$

分层2：$p_{a2} = p_{a1} - \dfrac{h_1\delta_1}{2} - \dfrac{h_2\delta_2}{2} = 76.6 - \dfrac{3 \times 2.3}{2} - \dfrac{1.2 \times 3.2}{2} = 71.2(\text{kPa})$

3）绘制的地层Ⅱ衰减后的真空压力及分层平均压力曲线图如图6-9所示。

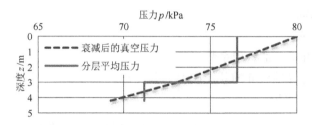

图6-9　地层Ⅱ衰减后的真空压力及分层平均压力曲线图

4）按式（2-38）计算地层ⅡA工况各分层的应力折减系数。

分层1：$\omega_{a1} = \dfrac{76.6}{80} = 0.957$

分层2：$\omega_{a2} = \dfrac{71.2}{80} = 0.890$

步骤6：计算水位下降作用的各分层压力及其平均值，绘制水位下降作用的压力及其平均值与深度的关系曲线图，计算B工况各分层的应力折减系数。

1）用式（2-31）计算地层ⅡB工况各分层底的水位下降作用压力。

分层1：$z \leqslant h_b = 0.5\text{m}$　　　$p_{b,0.5} = 0\text{kPa}$

$z = h_1 = 3.0\text{m} < h_a$　　　$p_{b,3.0} = 10 \times (3.0 - 0.5) = 25(\text{kPa})$

分层2：$z = h_2 = 4.2\text{m} > h_a$　　　$p_{b,4.2} = 10 \times 3.6 = 36(\text{kPa})$

2）按式（2-37）计算地层ⅡB工况各分层平均压力。

分层1：应力图形为三角形，用式（2-32）计算应力图形面积。

$$p_{b1} = \frac{10 \times (3 - 0.5)^2}{2 \times 3} = 10.4(\text{kPa})$$

分层2：应力图形为五边形，用式（2-35）计算应力图形面积。

$$p_{b2} = 10 \times 3.6 - \frac{10 \times (4.1 - 3)^2}{2 \times 1.2} = 31.0(\text{kPa})$$

3）绘制的地层Ⅱ水位下降作用的压力及分层平均压力曲线图示于图6-10。

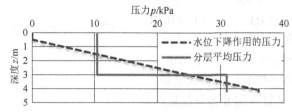

图6-10　地层Ⅱ水位下降作用的压力及分层平均压力曲线图

4）按式（2-39）计算地层ⅡB工况各分层的应力折减系数。

分层 1：$\omega_{b1} = \dfrac{10.4}{36} = 0.289$

分层 2：$\omega_{b2} = \dfrac{31.0}{36} = 0.860$

步骤 7：分别计算 A、B 工况整层和各分层地基的最终变形量和累计最终变形量。确定沉降计算经验系数，算得 A、B、V 工况整层和各分层的最终沉降值。计算 A、B、V 工况各分层对总平均固结度的分层贡献率。计算 A、B 工况的分层权重和整层权重。

1）地层ⅡA工况地基变形计算列于表6-9。

表 6-9　地层ⅡA工况地基变形计算表　　　　　　　　　　（$\psi_v = 1.00$）

i	z_i/m	h_i/m	$\omega_{ai}p_{a0}$/kPa	E_{si}/MPa	$\Delta s'_{aif}$/mm	$\sum \Delta s'_{aif}$/mm	λ_{ai}
1	3	3	76.6	1.7	135.1	135.1	0.613
2	4.2	1.2	71.2	1.0	85.4	220.5	0.387

2）地层ⅡB工况地基变形计算列于表6-10。

表 6-10　地层ⅡB工况地基变形计算表　　　　　　　　　（$\psi_v = 1.00$）

i	z_i/m	h_i/m	$\omega_{bi}p_{b0}$/kPa	E_{si}/MPa	$\Delta s'_{bif}$/mm	$\sum \Delta s'_{bif}$/mm	λ_{bi}
1	3	3	10.4	1.7	18.4	18.4	0.331
2	4.2	1.2	31.0	1.0	37.1	55.5	0.669

3）地层ⅡV工况地基沉降计算列于表6-11。

表 6-11　地层ⅡV工况地基沉降计算表

i	z_i/m	h_i/m	Δs_{vif}/mm	$\sum \Delta s_{vif}$/mm	λ_{vi}
1	3	3	153.5	153.5	0.556
2	4.2	1.2	122.6	276.1	0.444

4）用式（4-34）计算地层ⅡA工况各分层的分层权重。

分层 1：$q_{va1} = \dfrac{135.1}{153.5} = 0.880$

分层 2：$q_{va2} = \dfrac{85.4}{122.6} = 0.697$

5）用式（4-35）计算地层ⅡB工况各分层的分层权重。

分层 1：$q_{vb1} = \dfrac{18.4}{153.5} = 0.120$

分层 2：$q_{vb2} = \dfrac{37.2}{122.6} = 0.303$

6）用式（4-30）、式（4-31）分别计算地层ⅡA、B工况的整层权重。

A 工况：$Q_{va} = \dfrac{220.5}{276.0} = 0.799$

B 工况：$Q_{vb} = \dfrac{55.5}{276.0} = 0.201$

步骤 8：计算 A、B 工况各分层的分层固结度初值。

1）用式（4-23）算得地层Ⅱ A 工况各分层的分层固结度初值。

分层 1：$U_{a1}^0 = 1 - \alpha e^{-\beta_1 t} = 1 - 0.811 e^{-0.075 \times 128} = 1.000$

分层 2：$U_{a2}^0 = 1 - \alpha e^{-\beta_2 t} = 1 - 0.811 e^{-0.074 \times 128} = 1.000$

2）用式（4-24）算得地层Ⅱ B 工况各分层的分层固结度初值。

分层 1：$U_{b1}^0 = 1 - \alpha e^{-\beta_1 t/2} = 1 - 0.811 e^{-0.075 \times 64} = 0.9933$

分层 2：$U_{b2}^0 = 1 - \alpha e^{-\beta_2 t/2} = 1 - 0.811 e^{-0.074 \times 64} = 0.9929$

步骤 9：将 A、B 工况各分层的固结度初值乘上对应的分层应力折减系数，获得 A、B 工况各分层的分层平均固结度。

1）用式（4-25）计算地层Ⅱ A 工况各分层的分层平均固结度。

$$U_{a1} = 0.957 \times 1.000 = 0.957$$

$$U_{a2} = 0.890 \times 1.000 = 0.890$$

2）用式（4-26）计算地层Ⅱ B 工况各分层的分层平均固结度。

$$U_{b1} = 0.289 \times 0.9932 = 0.287$$

$$U_{b2} = 0.860 \times 0.9928 = 0.854$$

步骤 10：计算地层Ⅱ A、B 工况各分层的固结度贡献值。

1）A 工况：$\lambda_{a1} U_{a1} = 0.613 \times 0.957 = 0.586$

$\quad\quad\quad\quad \lambda_{a2} U_{a2} = 0.387 \times 0.890 = 0.345$

2）B 工况：$\lambda_{b1} U_{b1} = 0.331 \times 0.287 = 0.095$

$\quad\quad\quad\quad \lambda_{b2} U_{b2} = 0.669 \times 0.854 = 0.571$

步骤 11：用式（4-27）、式（4-28）分别计算地层Ⅱ A 工况与 B 工况的整层总平均固结度。

A 工况：$\overline{U}_{az} = \sum_{i=1}^{2} \lambda_{ai} U_{ai} = 0.931$

B 工况：$\overline{U}_{bz} = \sum_{i=1}^{2} \lambda_{bi} U_{bi} = 0.666$

步骤 12：按式（4-29）计算地层Ⅱ V 工况的整层总平均固结度。

$$\overline{U}_{vz} = Q_{va} \overline{U}_{az} + Q_{vb} \overline{U}_{bz} = 0.799 \times 0.931 + 0.201 \times 0.666 = 0.878$$

步骤 13：按式（4-33）计算地层Ⅱ V 工况各分层的分层平均固结度。

分层 1：$U_{v1} = 0.880 \times 0.957 + 0.120 \times 0.287 = 0.842 + 0.035 = 0.877$

分层 2：$U_{v2} = 0.697 \times 0.890 + 0.303 \times 0.854 = 0.620 + 0.259 = 0.879$

步骤 14：用式（4-37）计算地层Ⅱ V 工况的整层总平均固结度。

$$\overline{U}_{vz} = \sum_{i=1}^{n} \lambda_{vi} U_{vi} = 0.556 \times 0.877 + 0.444 \times 0.879 = 0.390 = 0.488 + 0.390 = 0.878$$

其结果与步骤 11 的计算结果完全一致。

6.3.3　地层Ⅲ

地层Ⅲ与地层Ⅱ相同，是有 2 个分层的双层土完整井地基，地层总厚 $h_Ⅲ = 7.2\mathrm{m}$，其计算步骤如下。

步骤1：根据真空预压方案设计及岩土工程资料计算竖井的各项参数。

除竖井深度 $h_w = 7.2$ m 外，其余均同6.2.2中步骤1的竖井层参数。

步骤2：同地层Ⅰ。

步骤3：同地层Ⅰ。

步骤4：计算各分层的排水距离，计算非理想井地基的各项系数，计算各分层的固结系数和系数 α、β_i 值。

1）地层Ⅲ各分层的排水距离。

分层1：$h_1 = 3.0$ m。

分层2：$h_2 = 7.2$ m。

2）计算非理想井地基的各项系数。

①按式（4-6）计算地层Ⅲ的井径比因子系数 F_n。

分层1、2：$F_n = 1.879$

②已知 $\dfrac{k_{hi}}{k_{si}} = 3$，$S_1 = S_2 = 3$，按式（4-9）计算地层Ⅲ的涂抹作用影响系数 F_{si}。

分层1、2：$F_{s1} = F_{s2} = (3-1) \times \ln(3) = 2.197$

③按式（4-10）计算地层Ⅲ的井阻作用影响系数 F_{ri}。

分层1：$F_{r1} = \dfrac{3.14^2 \times 1.097 \times 10^{-4} \times 3^2}{4 \times 2.16} = 0.0011$

分层2：$F_{r2} = \dfrac{3.14^2 \times 1.987 \times 10^{-4} \times 7.2^2}{4 \times 2.16} = 0.012$

④按式（4-8）计算地层Ⅲ各分层的综合系数 F_i。

分层1：$F_1 = F_n + F_{s1} + F_{r1} = 1.879 + 2.197 + 0.0011 = 4.077$

分层2：$F_2 = F_n + F_{s2} + F_{r2} = 1.879 + 2.197 + 0.012 = 4.088$

3）用式（2-19）和式（2-18）分别计算地层Ⅲ各分层的全路径竖向固结系数。

分层1：$\bar{c}_{v1} = c_v = 0.014$ m²/d

分层2：$\bar{c}_{v2} = \dfrac{\dfrac{0.014}{3^2} + \dfrac{0.018}{4.2^2}}{\dfrac{1}{3^2} + \dfrac{1}{4.2^2}} = 0.015 \, (\text{m}^2/\text{d})$

4）地层Ⅲ各分层的径向固结系数。

分层1、2：$c_{h1} = c_{h2} = 0.03$ m²/d

5）按式（4-3）计算地层Ⅲ各分层的系数 β_i 值。

分层1：$\beta_1 = \dfrac{8 \times 0.03}{4.077 \times 0.904^2} + \dfrac{3.14^2 \times 0.014}{4 \times 3^2} = 0.071 + 0.0038 = 0.075 \, (\text{d}^{-1})$

分层2：$\beta_2 = \dfrac{8 \times 0.03}{4.088 \times 0.904^2} + \dfrac{3.14^2 \times 0.015}{4 \times 7.2^2} = 0.071 + 0.001 = 0.072 \, (\text{d}^{-1})$

步骤5：计算各分层真空压力的平均值，绘制衰减后真空压力及其平均值与深度的关系曲线图，计算 A 工况各分层的应力折减系数。

1）用式（2-29）计算地层Ⅲ各分层底的真空压力。

分层1：$p_{a,3.0} = p_{a0} - h_1\delta_1 = 80 - 3 \times 2.3 = 73.1(\text{kPa})$

分层2：$p_{a,7.2} = p_{a,3.0} - h_2\delta_2 = 73.1 - 4.2 \times 3.2 = 59.7(\text{kPa})$

2）按式（2-30）计算地层Ⅲ各分层的平均真空压力值。

分层1：$p_{a1} = p_{a0} - \dfrac{h_1\delta_1}{2} = 80 - \dfrac{3 \times 2.3}{2} = 76.6(\text{kPa})$

分层2：$p_{a2} = p_{a1} - \dfrac{h_1\delta_1}{2} - \dfrac{h_2\delta_2}{2} = 76.6 - \dfrac{3 \times 2.3}{2} - \dfrac{4.2 \times 3.2}{2} = 66.4(\text{kPa})$

3）绘制的地层Ⅲ衰减后的真空压力及分层平均压力曲线图如图6-11所示。

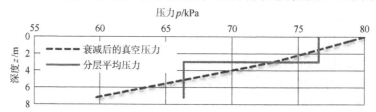

图6-11 地层Ⅲ衰减后的真空压力及分层平均压力曲线图

4）按式（2-38）计算地层Ⅲ A工况各分层的应力折减系数。

分层1：$\omega_{a1} = \dfrac{76.6}{80} = 0.957$

分层2：$\omega_{a2} = \dfrac{66.4}{80} = 0.830$

步骤6：计算水位下降作用的各分层压力及其平均值，绘制水位下降作用的压力及其平均值与深度的关系曲线图，计算B工况各分层的应力折减系数。

1）用式（2-31）计算地层Ⅲ各分层底的水位下降作用压力。

分层1：$z \leqslant h_b = 0.5\text{m}$ $p_{b,0.5} = 0\text{kPa}$

        $z = h_1 = 3.0\text{m} < h_a$ $p_{b,3.0} = 10 \times (3.0 - 0.5) = 25(\text{kPa})$

分层2：$z = h_2 = 7.2\text{m} > h_a$ $p_{b,7.2} = 10 \times 3.6 = 36(\text{kPa})$

2）按式（2-37）计算地层Ⅲ B工况各分层的平均压力。

分层1：应力图形为三角形，用式（2-32）计算应力图形面积。

$$p_{b1} = \frac{10 \times (3 - 0.5)^2}{2 \times 3} = 10.4(\text{kPa})$$

分层2：应力图形为五边形，用式（2-35）计算应力图形面积。

$$p_{b2} = 10 \times 3.6 - \frac{10 \times (4.1 - 3)^2}{2 \times 4.2} = 34.6(\text{kPa})$$

3）绘制的地层Ⅲ水位下降作用的压力及分层平均压力曲线图示于图6-12。

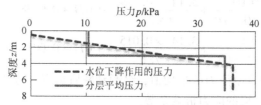

图6-12 地层Ⅲ水位下降作用的压力及分层平均压力曲线图

4）按式（2-39）计算地层ⅢB工况各分层的应力折减系数。

分层1：$\omega_{b1} = \dfrac{10.4}{36} = 0.289$

分层2：$\omega_{b2} = \dfrac{34.6}{36} = 0.960$

步骤7：分别计算A、B工况整层和各分层地基的最终变形量和累计最终变形量。确定沉降计算经验系数，算得A、B、V工况整层和各分层的最终沉降值。计算A、B、V工况各分层对总平均固结度的分层贡献率。计算A、B工况的分层权重和整层权重。

1）地层ⅢA工况地基变形计算列于表6-12。

表6-12 地层ⅢA工况地基变形计算表 （$\psi_v = 1.00$）

i	z_i/m	h_i/m	$\omega_{ai}p_{a0}$/kPa	E_{si}/MPa	$\Delta s'_{aif}$/mm	$\sum \Delta s'_{aif}$/mm	λ_{ai}
1	3	3	76.6	1.7	135.1	135.1	0.326
2	7.2	4.2	66.4	1.0	278.8	413.9	0.674

2）地层ⅢB工况地基变形计算列于表6-13。

表6-13 地层ⅢB工况地基变形计算表 （$\psi_v = 1.00$）

i	z_i/m	h_i/m	$\omega_{bi}p_{b0}$/kPa	E_{si}/MPa	$\Delta s'_{bif}$/mm	$\sum \Delta s'_{bif}$/mm	λ_{bi}
1	3	3	10.4	1.7	18.4	18.4	0.112
2	7.2	4.2	34.6	1.0	145.2	163.6	0.888

3）地层ⅢV工况地基沉降计算列于表6-14。

表6-14 地层ⅢV工况地基沉降计算表

i	z_i/m	h_i/m	Δs_{vif}/mm	$\sum \Delta s_{vif}$/mm	λ_{vi}
1	3	3	153.5	153.5	0.266
2	7.2	4.2	424.0	577.5	0.734

4）用式（4-34）计算地层ⅢA工况各分层的分层权重。

分层1：$q_{va1} = \dfrac{135.1}{153.5} = 0.880$

分层2：$q_{va2} = \dfrac{278.8}{424.0} = 0.658$

5）用式（4-35）计算地层ⅢB工况各分层的分层权重。

分层1：$q_{vb1} = \dfrac{18.4}{153.5} = 0.120$

分层2：$q_{vb2} = \dfrac{145.2}{424.0} = 0.342$

6）用式（4-30）、式（4-31）分别计算地层ⅢA、B工况的整层权重。

A工况：$Q_{va} = \dfrac{413.9}{577.5} = 0.717$

B工况：$Q_{vb} = \dfrac{163.5}{577.5} = 0.283$

步骤 8：计算 A、B 工况各分层的分层固结度初值。

1）用式（4-23）算得地层ⅢA 工况各分层的分层固结度初值。

分层 1：$U_{a1}^0 = 1 - \alpha e^{-\beta_1 t} = 1 - 0.811 e^{-0.075 \times 128} = 1.000$

分层 2：$U_{a2}^0 = 1 - \alpha e^{-\beta_2 t} = 1 - 0.811 e^{-0.072 \times 128} = 1.000$

2）用式（4-24）算得地层ⅢB 工况各分层的分层固结度初值。

分层 1：$U_{b1}^0 = 1 - \alpha e^{-\beta_1 t/2} = 1 - 0.811 e^{-0.075 \times 64} = 0.9932$

分层 2：$U_{b2}^0 = 1 - \alpha e^{-\beta_2 t/2} = 1 - 0.811 e^{-0.072 \times 64} = 0.9919$

步骤 9：将 A、B 工况各分层的固结度初值乘上对应的分层应力折减系数，获得的 A、B 工况各分层的分层平均固结度。

1）用式（4-25）计算地层ⅢA 工况各分层的分层平均固结度。

$$U_{a1} = 0.957 \times 1.000 = 0.957$$
$$U_{a2} = 0.830 \times 1.000 = 0.830$$

2）用式（4-26）计算地层ⅢB 工况各分层的分层平均固结度。

$$U_{b1} = 0.289 \times 0.993 = 0.287$$
$$U_{b2} = 0.960 \times 0.992 = 0.953$$

步骤 10：计算地层ⅢA、B 工况各分层的固结度贡献值。

1）A 工况：$\lambda_{a1} U_{a1} = 0.326 \times 0.957 = 0.312$

$\lambda_{a2} U_{a2} = 0.674 \times 0.830 = 0.559$

2）B 工况：$\lambda_{b1} U_{b1} = 0.112 \times 0.287 = 0.032$

$\lambda_{b2} U_{b2} = 0.888 \times 0.953 = 0.846$

步骤 11：用式（4-27）、式（4-28）分别计算地层ⅢA、B 工况的整层总平均固结度。

A 工况：$\overline{U}_{az} = \sum_{i=1}^{2} \lambda_{ai} U_{ai} = 0.871$

B 工况：$\overline{U}_{bz} = \sum_{i=1}^{2} \lambda_{bi} U_{bi} = 0.878$

步骤 12：按式（4-29）计算地层ⅢV 工况的整层总平均固结度。

$$\overline{U}_{vz} = Q_{va}\overline{U}_{az} + Q_{vb}\overline{U}_{bz} = 0.717 \times 0.871 + 0.283 \times 0.878 = 0.873$$

步骤 13：按式（4-33）计算地层ⅢV 工况各分层的分层平均固结度。

分层 1：$U_{v1} = 0.880 \times 0.957 + 0.12 \times 0.287 = 0.842 + 0.035 = 0.877$

分层 2：$U_{v2} = 0.658 \times 0.830 + 0.342 \times 0.953 = 0.546 + 0.326 = 0.872$

步骤 14：用式（4-37）计算地层ⅢV 工况的整层总平均固结度。

$$\overline{U}_{vz} = \sum_{i=1}^{n} \lambda_{vi} U_{vi} = 0.266 \times 0.877 + 0.734 \times 0.872 = 0.233 + 0.640 = 0.873$$

其结果与步骤 11 的计算结果完全一致。

6.3.4 地层Ⅳ

地层Ⅳ与地层Ⅱ相同，是有 2 个分层的双层土完整井地基，地层总厚 $h_Ⅳ = 10.2\text{m}$，其计算步骤如下。

步骤 1：根据真空预压方案设计及岩土工程资料计算竖井的各项参数。

除竖井深度 $h_w = 10.2$ m 外，其余均同 6.2.2 中步骤 1 的竖井层参数。

步骤 2：同地层 Ⅰ 。

步骤 3：同地层 Ⅰ 。

步骤 4：计算各分层的排水距离，计算非理想井地基的各项系数，计算各分层的固结系数和系数 α、β_i 值。

1）地层 Ⅳ 各分层的排水距离。

分层 1：$h_1 = 3.0$ m。

分层 2：$h_2 = 10.2$ m。

2）计算非理想井地基的各项系数。

① 按式（4-6）计算地层 Ⅳ 的井径比因子系数 F_n。

$$F_n = 1.879$$

② 已知 $\dfrac{k_{hi}}{k_{si}} = 3$，$S_1 = S_2 = 3$，按式（4-9）计算地层 Ⅳ 的涂抹作用影响系数 F_{si}。

$$F_{s1} = F_{s2} = (3-1) \times \ln(3) = 2.197$$

③ 按式（4-10）计算地层 Ⅳ 的井阻作用影响系数 F_{ri}。

分层 1：$F_{r1} = \dfrac{3.14^2 \times 1.097 \times 10^{-4} \times 3^2}{4 \times 2.16} = 0.0011$

分层 2：$F_{r2} = \dfrac{3.14^2 \times 1.987 \times 10^{-4} \times 10.2^2}{4 \times 2.16} = 0.024$

④ 按式（4-8）计算地层 Ⅳ 的各分层的综合系数 F_i。

分层 1：$F_1 = F_n + F_{s1} + F_{r1} = 1.879 + 2.197 + 0.0011 = 4.077$

分层 2：$F_2 = F_n + F_{s2} + F_{r2} = 1.879 + 2.197 + 0.024 = 4.10$

3）用式（2-19）和式（2-18）分别计算地层 Ⅳ 各分层的全路径竖向固结系数。

分层 1：$\bar{c}_{v1} = c_v = 0.014$ m²/d

分层 2：$\bar{c}_{v2} = \dfrac{\dfrac{0.014}{3^2} + \dfrac{0.018}{7.2^2}}{\dfrac{1}{3^2} + \dfrac{1}{7.2^2}} = 0.0145$（m²/d）

4）地层 Ⅳ 各分层的径向固结系数。

分层 1、2：$c_{h1} = c_{h2} = 0.03$ m²/d

5）按式（4-3）计算地层 Ⅳ 各分层的系数 β_i 值。

分层 1：$\beta_1 = \dfrac{8 \times 0.03}{4.077 \times 0.904^2} + \dfrac{3.14^2 \times 0.014}{4 \times 3^2} = 0.0711 + 0.0038 = 0.075$（d⁻¹）

分层 2：$\beta_2 = \dfrac{8 \times 0.03}{4.1 \times 0.904^2} + \dfrac{3.14^2 \times 0.0145}{4 \times 10.2^2} = 0.0712 + 0.0007 = 0.072$（d⁻¹）

步骤 5：计算各分层真空压力的平均值，绘制衰减后真空压力及其平均值与深度的关系曲线图，计算 A 工况各分层的应力折减系数。

1）用式（2-29）计算地层 Ⅳ 各分层底的真空压力。

分层 1：$p_{a,3.0} = p_{a0} - h_1 \delta_1 = 80 - 3 \times 2.3 = 73.1$（kPa）

分层 2：$p_{a,10.2} = p_{a,3.0} - h_2 \delta_2 = 73.1 - 7.2 \times 3.2 = 50.1$（kPa）

2）按式（2-30）计算地层Ⅳ各分层中点的真空压力值。

分层1：$p_{a1} = p_{a0} - \dfrac{h_1\delta_1}{2} = 80 - \dfrac{3 \times 2.3}{2} = 76.6(\text{kPa})$

分层2：$p_{a2} = p_{a1} - \dfrac{h_1\delta_1}{2} - \dfrac{h_2\delta_2}{2} = 76.6 - \dfrac{3 \times 2.3}{2} - \dfrac{7.2 \times 3.2}{2} = 61.6(\text{kPa})$

3）绘制的地层Ⅳ衰减后的真空压力及分层平均压力曲线图如图6-13所示。

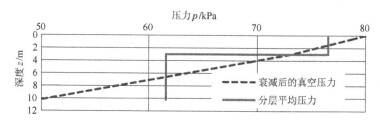

图6-13 地层Ⅳ衰减后的真空压力及分层平均压力曲线图

4）按式（2-38）计算地层ⅣA工况各分层的应力折减系数。

分层1：$\omega_{a1} = \dfrac{76.6}{80} = 0.957$

分层2：$\omega_{a2} = \dfrac{61.6}{80} = 0.770$

步骤6：计算水位下降作用的各分层压力及其平均值，绘制水位下降作用的压力及其平均值与深度的关系曲线图，计算B工况各分层的应力折减系数。

1）用式（2-31）计算地层Ⅳ各分层底的水位下降作用压力。

分层1：$z \leqslant h_b = 0.5\text{m}$ $p_{b,0.5} = 0\text{kPa}$

        $z = h_1 = 3.0\text{m} < h_a$ $p_{b,3.0} = 10 \times (3.0 - 0.5) = 25(\text{kPa})$

分层2：$z = h_2 = 10.2\text{m} > h_a$ $p_{b,10.2} = 10 \times 3.6 = 36(\text{kPa})$

2）按式（2-37）计算地层ⅣB工况各分层平均压力。

分层1：应力图形为三角形，用式（2-32）计算应力图形面积。

$$p_{b1} = \dfrac{10 \times (3 - 0.5)^2}{2 \times 3} = 10.4(\text{kPa})$$

分层2：应力图形为五边形，用式（2-35）计算应力图形面积。

$$p_{b2} = 10 \times 3.6 - \dfrac{10 \times (4.1 - 3)^2}{2 \times 7.2} = 35.2(\text{kPa})$$

3）绘制的地层Ⅳ水位下降作用的压力及分层平均压力曲线图示于图6-14。

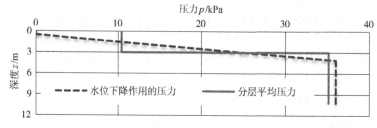

图6-14 地层Ⅳ水位下降作用的压力及分层平均压力曲线图

4）按式（2-39）计算地层ⅣB工况各分层的应力折减系数。

分层1：$\omega_{b1} = \dfrac{10.4}{36} = 0.289$

分层2：$\omega_{b2} = \dfrac{35.2}{36} = 0.977$

步骤7：分别计算A、B工况整层和各分层地基的最终变形量和累计最终变形量。确定沉降计算经验系数，算得A、B、V工况整层和各分层的最终沉降值。计算A、B、V工况各分层对总平均固结度的分层贡献率。计算A、B工况的分层权重和整层权重。

1）地层ⅣA工况地基变形计算列于表6-15。

表6-15 地层ⅣA工况地基变形计算表 （$\psi_v = 1.00$）

i	z_i/m	h_i/m	$\omega_{ai}p_{b0}'$/kPa	E_{si}/MPa	$\Delta s_{aif}'$/mm	$\sum \Delta s_{aif}'$/mm	λ_{ai}
1	3	3	76.6	1.7	135.1	135.1	0.233
2	10.2	7.2	61.6	1.0	443.4	578.5	0.767

2）地层ⅣB工况地基变形计算列于表6-16。

表6-16 地层ⅣB工况地基变形计算表 （$\psi_v = 1.00$）

i	z_i/m	h_i/m	$\omega_{bi}p_{b0}'$/kPa	E_{si}/MPa	$\Delta s_{bif}'$/mm	$\sum \Delta s_{bif}'$/mm	λ_{bi}
1	3	3	10.4	1.7	18.4	18.4	0.068
2	10.2	7.2	35.2	1.0	253.1	271.5	0.932

3）地层ⅣV工况地基沉降计算列于表6-17。

表6-17 地层ⅣV工况地基沉降计算表

i	z_i/m	h_i/m	Δs_{vif}/mm	$\sum \Delta s_{vif}$/mm	λ_{vi}
1	3	3	153.5	153.5	0.181
2	10.2	7.2	696.5	850.0	0.819

4）用式（4-34）计算地层ⅣA工况各分层的分层权重。

分层1：$q_{va1} = \dfrac{135.1}{153.5} = 0.880$

分层2：$q_{va2} = \dfrac{443.4}{696.5} = 0.637$

5）用式（4-35）计算地层ⅣB工况各分层的分层权重。

分层1：$q_{vb1} = \dfrac{18.4}{153.5} = 0.120$

分层2：$q_{vb2} = \dfrac{253.1}{696.5} = 0.363$

6）用式（4-30）、式（4-31）分别计算地层ⅣA、B工况的整层权重。

A工况：$Q_{va} = \dfrac{578.5}{850} = 0.681$

B工况：$Q_{vb} = \dfrac{271.5}{850} = 0.319$

步骤8：计算 A、B 工况各分层的分层固结度初值。

1）用式（4-23）算得地层ⅣA 工况各分层的分层固结度初值。

分层1：$U_{a1}^0 = 1 - \alpha e^{-\beta_1 t} = 1 - 0.811 e^{-0.075 \times 128} = 1.000$

分层2：$U_{a2}^0 = 1 - \alpha e^{-\beta_2 t} = 1 - 0.811 e^{-0.072 \times 128} = 1.000$

2）用式（4-24）算得地层ⅣB 工况各分层的分层固结度初值。

分层1：$U_{b1}^0 = 1 - \alpha e^{-\beta_1 t/2} = 1 - 0.811 e^{-0.075 \times 64} = 0.993$

分层2：$U_{b2}^0 = 1 - \alpha e^{-\beta_2 t/2} = 1 - 0.811 e^{-0.072 \times 64} = 0.992$

步骤9：将 A、B 工况各分层的固结度初值乘上对应的分层应力折减系数，获得 A、B 工况各分层的分层平均固结度。

1）用式（4-25）计算地层ⅣA 工况各分层的分层平均固结度。

$$U_{a1} = 0.957 \times 1.000 = 0.957$$

$$U_{a2} = 0.770 \times 1.000 = 0.770$$

2）用式（4-26）计算地层ⅣB 工况各分层的分层平均固结度。

$$U_{b1} = 0.289 \times 0.993 = 0.287$$

$$U_{b2} = 0.977 \times 0.992 = 0.969$$

步骤10：计算地层ⅣA、B 工况各分层的固结度贡献值。

1）A 工况：$\lambda_{a1} U_{a1} = 0.234 \times 0.957 = 0.223$

$\lambda_{a2} U_{a2} = 0.766 \times 0.770 = 0.590$

2）B 工况：$\lambda_{b1} U_{b1} = 0.068 \times 0.287 = 0.020$

$\lambda_{b2} U_{b2} = 0.932 \times 0.969 = 0.903$

步骤11：用式（4-27）、式（4-28）分别计算地层ⅣA、B 工况的整层总平均固结度。

A 工况：$\overline{U}_{az} = \sum_{i=1}^{2} \lambda_{ai} U_{ai} = 0.813$

B 工况：$\overline{U}_{bz} = \sum_{i=1}^{2} \lambda_{bi} U_{bi} = 0.923$

步骤12：按式（4-29）计算地层ⅣV 工况的整层总平均固结度。

$$\overline{U}_{vz} = Q_{va} \overline{U}_{az} + Q_{vb} \overline{U}_{bz} = 0.681 \times 0.813 + 0.319 \times 0.923 = 0.848$$

步骤13：按式（4-33）计算地层ⅣV 工况各分层的分层平均固结度。

分层1：$U_{v1} = 0.88 \times 0.957 + 0.12 \times 0.287 = 0.842 + 0.035 = 0.877$

分层2：$U_{v2} = 0.637 \times 0.770 + 0.363 \times 0.969 = 0.506 + 0.352 = 0.842$

步骤14：用式（4-37）计算地层ⅣV 工况的整层总平均固结度。

$$\overline{U}_{vz} = \sum_{i=1}^{n} \lambda_{vi} U_{vi} = 0.181 \times 0.877 + 0.819 \times 0.858 = 0.158 + 0.690 = 0.848$$

其结果与步骤11的计算结果完全一致。

6.3.5　地层V

地层Ⅴ与地层Ⅱ相同，有2个分层的双层土完整井地基，地层总厚 $h_{\mathrm{V}} = 13.2\mathrm{m}$，其计算步骤如下。

步骤1：根据真空预压方案设计及岩土工程资料计算竖井的各项参数。

除竖井深度 $h_w = 13.2m$ 外，其余均同6.2.2中步骤1的竖井层参数。

步骤2：同地层Ⅰ。

步骤3：同地层Ⅰ。

步骤4：计算各分层的排水距离，计算非理想井地基的各项系数，计算各分层的固结系数和系数 α、β_i 值。

1）地层Ⅴ各分层的排水距离。

分层1：$h_1 = 3.0m$。

分层2：$h_2 = 13.2m$。

2）计算非理想井地基的各项系数。

①按式（4-6）计算地层Ⅴ的井径比因子系数 F_n。

分层1、2：$F_n = 1.879$

②已知 $\dfrac{k_{hi}}{k_{si}} = 3$，$S_1 = S_2 = 3$，按式（4-9）计算地层Ⅴ的涂抹作用影响系数 F_{si}。

分层1、2：$F_{s1} = F_{s2} = (3-1) \times \ln(3) = 2.197$

③按式（4-10）计算地层Ⅴ的井阻作用影响系数 F_{ri}。

分层1：$F_{r1} = \dfrac{3.14^2 \times 1.097 \times 10^{-4} \times 3^2}{4 \times 2.16} = 0.0011$

分层2：$F_{r2} = \dfrac{3.14^2 \times 1.987 \times 10^{-4} \times 13.2^2}{4 \times 2.16} = 0.040$

④按式（4-8）计算地层Ⅴ的各分层的综合系数 F_i。

分层1：$F_1 = F_n + F_{s1} + F_{r1} = 1.879 + 2.197 + 0.0011 = 4.077$

分层2：$F_2 = F_n + F_{s2} + F_{r2} = 1.879 + 2.197 + 0.040 = 4.116$

3）用式（2-19）和式（2-18）分别计算地层Ⅴ各分层的全路径竖向固结系数。

分层1：$\bar{c}_{v1} = c_v = 0.014 m^2/d$

分层2：$\bar{c}_{v2} = \dfrac{\dfrac{0.014}{3^2} + \dfrac{0.018}{10.2^2}}{\dfrac{1}{3^2} + \dfrac{1}{10.2^2}} = 0.014\,(m^2/d)$

4）地层Ⅴ各分层的径向固结系数。

分层1：$c_{h1} = 0.03 m^2/d$

分层2：$c_{h2} = 0.03 m^2/d$

5）按式（4-3）计算地层Ⅴ各分层的系数 β_i 值。

分层1：$\beta_1 = \dfrac{8 \times 0.03}{4.077 \times 0.904^2} + \dfrac{3.14^2 \times 0.014}{4 \times 3^2} = 0.0711 + 0.0038 = 0.075\,(d^{-1})$

分层2：$\beta_2 = \dfrac{8 \times 0.03}{4.116 \times 0.904^2} + \dfrac{3.14^2 \times 0.014}{4 \times 13.2^2} = 0.071 + 0.0002 = 0.071\,(d^{-1})$

步骤5：计算各分层真空压力的平均值，绘制衰减后真空压力及其平均值与深度的关系曲线图，计算 A 工况各分层的应力折减系数。

1）用式（2-29）计算地层 V 各分层底的真空压力。

分层 1：$p_{a,3.0} = p_{a0} - h_1 \delta_1 = 80 - 3 \times 2.3 = 73.1 (\mathrm{kPa})$

分层 2：$p_{a,13.2} = p_{a,3.0} - h_2 \delta_2 = 73.1 - 10.2 \times 3.2 = 40.5 (\mathrm{kPa})$

2）按式（2-30）计算地层 V 各分层中点的真空压力值。

分层 1：$p_{a1} = p_{a0} - \dfrac{h_1 \delta_1}{2} = 80 - \dfrac{3 \times 2.3}{2} = 76.6 (\mathrm{kPa})$

分层 2：$p_{a2} = p_{a1} - \dfrac{h_1 \delta_1}{2} - \dfrac{h_2 \delta_2}{2} = 76.6 - \dfrac{3 \times 2.3}{2} - \dfrac{10.2 \times 3.2}{2} = 56.8 (\mathrm{kPa})$

3）绘制的地层 V 衰减后的真空压力及分层平均压力曲线图如图 6-15 所示。

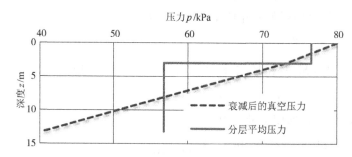

图 6-15　地层 V 衰减后的真空压力及分层平均压力曲线图

4）按式（2-38）计算地层 V A 工况各分层的应力折减系数。

分层 1：$\omega_{a1} = \dfrac{76.6}{80} = 0.957$

分层 2：$\omega_{a2} = \dfrac{56.8}{80} = 0.710$

步骤 6：计算水位下降作用的各分层压力及其平均值，绘制水位下降作用的压力及其平均值与深度的关系曲线图，计算 B 工况各分层的应力折减系数。

1）用式（2-31）计算地层 V 各分层底的水位下降作用压力。

分层 1：$z \leqslant h_b = 0.5\mathrm{m}$　　　　$p_{b,0.5} = 0 \mathrm{kPa}$

　　　　$z = h_1 = 3.0\mathrm{m} < h_a$　　$p_{b,3.0} = \gamma_w (h_1 - h_b) = 10 \times (3.0 - 0.5) = 25 (\mathrm{kPa})$

分层 2：$z = h_2 = 13.2\mathrm{m} > h_a$　　$p_{b,13.2} = \gamma_w h_d = 10 \times 3.6 = 36 (\mathrm{kPa})$

2）按式（2-37）计算地层 V B 工况各分层平均压力。

分层 1：应力图形为三角形，用式（2-32）计算应力图形面积。

$$p_{b1} = \frac{10 \times (3 - 0.5)^2}{2 \times 3} = 10.4 (\mathrm{kPa})$$

分层 2：应力图形为五边形，用式（2-35）计算应力图形面积。

$$p_{b2} = 10 \times 3.6 - \frac{10 \times (4.1 - 3)^2}{2 \times 10.2} = 35.4 (\mathrm{kPa})$$

3）绘制的地层 V 水位下降作用的压力及分层平均压力曲线图示于图 6-16。

4）按式（2-39）计算地层 V B 工况各分层的应力折减系数。

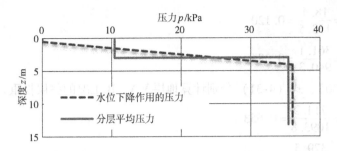

图6-16 地层Ⅴ水位下降作用的压力及分层平均压力曲线图

分层1：$\omega_{b1} = \dfrac{10.4}{36} = 0.289$

分层2：$\omega_{b2} = \dfrac{35.4}{36} = 0.984$

步骤7：分别计算A、B工况整层和各分层地基的最终变形量和累计最终变形量。确定沉降计算经验系数，算得A、B、Ⅴ工况整层和各分层的最终沉降值。计算A、B、Ⅴ工况各分层对总平均固结度的分层贡献率。计算A、B工况的分层权重和整层权重。

1）地层ⅤA工况地基变形计算列于表6-18。

表6-18　地层ⅤA工况地基变形计算表　　　　　$(\psi_v = 1.00)$

i	z_i/m	h_i/m	$\omega_{ai}p_{a0}$/kPa	E_{si}/MPa	$\Delta s'_{aif}$/mm	$\sum \Delta s'_{aif}$/mm	λ_{ai}
1	3	3	76.6	1.7	135.1	135.1	0.189
2	13.2	10.2	56.8	1.0	579.2	714.2	0.811

2）地层ⅤB工况地基变形计算列于表6-19。

表6-19　地层ⅤB工况地基变形计算表　　　　　$(\psi_v = 1.00)$

i	z_i/m	h_i/m	$\omega_{bi}p_{b0}$/kPa	E_{si}/MPa	$\Delta s'_{bif}$/mm	$\sum \Delta s'_{bif}$/mm	λ_{bi}
1	3	3	10.4	1.7	18.4	18.4	0.048
2	13.2	10.2	35.4	1.0	361.1	379.5	0.952

3）地层ⅤⅤ工况地基沉降计算列于表6-20。

表6-20　地层ⅤⅤ工况地基沉降计算表

i	z_i/m	h_i/m	Δs_{vif}/mm	$\sum \Delta s_{vif}$/mm	λ_{vi}
1	3	3	153.5	153.5	0.140
2	13.2	10.2	940.3	1093.8	0.860

4）用式（4-34）计算地层ⅤA工况各分层的分层权重。

分层1：$q_{va1} = \dfrac{135.1}{153.5} = 0.880$

分层2：$q_{va2} = \dfrac{579.2}{940.3} = 0.616$

5）用式（4-35）计算地层ⅤB工况各分层的分层权重。

分层 1：$q_{vb1} = \dfrac{18.4}{153.5} = 0.120$

分层 2：$q_{vb2} = \dfrac{361.1}{940.3} = 0.384$

6）用式（4-30）、式（4-31）分别计算地层 VA、B 工况的整层权重。

A 工况：$Q_{va} = \dfrac{714.2}{1093.8} = 0.653$

B 工况：$Q_{vb} = \dfrac{379.5}{1093.8} = 0.347$

步骤 8：计算 A、B 工况各分层的分层固结度初值。

1）用式（4-23）算得地层 VA 工况各分层的分层固结度初值。

分层 1：$U_{a1}^0 = 1 - \alpha e^{-\beta_1 t} = 1 - 0.811 e^{-0.075 \times 128} = 1.000$

分层 2：$U_{a2}^0 = 1 - \alpha e^{-\beta_2 t} = 1 - 0.811 e^{-0.071 \times 128} = 1.000$

2）用式（4-24）算得地层 VB 工况各分层的分层固结度初值。

分层 1：$U_{b1}^0 = 1 - \alpha e^{-\beta_1 t/2} = 1 - 0.811 e^{-0.075 \times 64} = 0.993$

分层 2：$U_{b2}^0 = 1 - \alpha e^{-\beta_2 t/2} = 1 - 0.811 e^{-0.071 \times 64} = 0.991$

步骤 9：将 A、B 工况各分层的固结度初值乘上对应的分层应力折减系数，获得 A、B 工况各分层的分层平均固结度。

1）用式（4-25）计算地层 VA 工况各分层的分层平均固结度。

$$U_{a1} = \omega_{a1} U_{a1}^0 = 0.957 \times 1.000 = 0.957$$
$$U_{a2} = \omega_{a2} U_{a2}^0 = 0.710 \times 1.000 = 0.710$$

2）用式（4-26）计算地层 VB 工况各分层的分层平均固结度。

$$U_{b1} = \omega_{b1} U_{b1}^0 = 0.289 \times 0.993 = 0.287$$
$$U_{b2} = \omega_{b2} U_{b2}^0 = 0.984 \times 0.991 = 0.976$$

步骤 10：计算地层 VA、B 工况各分层的固结度贡献值。

1）A 工况：$\lambda_{a1} U_{a1} = 0.189 \times 0.957 = 0.181$
$\lambda_{a2} U_{a2} = 0.811 \times 0.710 = 0.576$

2）B 工况：$\lambda_{b1} U_{b1} = 0.048 \times 0.287 = 0.014$
$\lambda_{b2} U_{b2} = 0.952 \times 0.976 = 0.928$

步骤 11：用式（4-27）、式（4-28）分别计算地层 VA、B 工况的整层总平均固结度。

A 工况：$\overline{U}_{az} = \sum\limits_{i=1}^{2} \lambda_{ai} U_{ai} = 0.756$

B 工况：$\overline{U}_{bz} = \sum\limits_{i=1}^{2} \lambda_{bi} U_{bi} = 0.942$

步骤 12：按式（4-29）计算地层 VV 工况的整层总平均固结度。

$$\overline{U}_{vz} = Q_{va} \overline{U}_{az} + Q_{vb} \overline{U}_{bz} = 0.653 \times 0.756 + 0.347 \times 0.942 = 0.821$$

步骤 13：按式（4-33）计算地层 VV 工况各分层的分层平均固结度。

分层 1：$U_{v1} = q_{va1} U_{a1} + q_{vb1} U_{b1} = 0.88 \times 0.957 + 0.12 \times 0.287 = 0.842 + 0.035 = 0.877$

分层 2：$U_{v2} = q_{va2} U_{a2} + q_{vb2} U_{b2} = 0.616 \times 0.710 + 0.384 \times 0.976 = 0.437 + 0.375 = 0.812$

步骤 14：用式（4-37）计算地层 V V 工况的整层总平均固结度。

$$\overline{U}_{vz} = \sum_{i=1}^{n} \lambda_{vi} U_{vi} = 0.140 \times 0.877 + 0.860 \times 0.812 = 0.123 + 0.698 = 0.821$$

其结果与步骤 11 的计算结果完全一致。

6.3.6　地层 VI

地层 VI 与地层 II 相同，有 2 个分层的双层土完整井地基，地层总厚 $h_{VI} = 16.2\text{m}$，其计算步骤如下。

步骤 1：根据真空预压方案设计及岩土工程资料计算竖井的各项参数。

除竖井深度 $h_w = 16.2\text{m}$ 外，其余均同 6.2.2 中步骤 1 的竖井层参数。

步骤 2：同地层 I 。

步骤 3：同地层 I 。

步骤 4：计算各分层的排水距离，计算非理想井地基的各项系数，计算各分层的固结系数和系数 α、β_i 值。

1）地层 VI 各分层的排水距离。

$h_1 = 3.0\text{m}$。

$h_2 = 16.2\text{m}$。

2）计算非理想井地基的各项系数。

①按式（4-6）计算地层 VI 的井径比因子系数 F_n。

分层 1、2：$F_n = 1.879$

②已知 $\dfrac{k_{hi}}{k_{si}} = 3$，$S_1 = S_2 = 3$，按式（4-9）计算地层 VI 的涂抹作用影响系数 F_{si}。

分层 1、2：$F_{s1} = F_{s2} = (3 - 1) \times \ln(3) = 2.197$

③按式（4-10）计算地层 VI 的井阻作用影响系数 F_{ri}。

分层 1：$F_{r1} = \dfrac{3.14^2 \times 1.097 \times 10^{-4} \times 3^2}{4 \times 2.16} = 0.0011$

分层 2：$F_{r2} = \dfrac{3.14^2 \times 1.987 \times 10^{-4} \times 13.2^2}{4 \times 2.16} = 0.060$

④按式（4-8）计算地层 VI 的各分层的综合系数 F_i。

分层 1：$F_1 = F_n + F_{s1} + F_{r1} = 1.879 + 2.197 + 0.0011 = 4.077$

分层 2：$F_2 = F_n + F_{s2} + F_{r2} = 1.879 + 2.197 + 0.060 = 4.136$

3）用式（2-19）和式（2-18）分别计算地层 VI 各分层的全路径竖向固结系数。

分层 1：$\overline{c}_{v1} = c_v = 0.014\text{m}^2/\text{d}$

分层 2：$\overline{c}_{v2} = \dfrac{\dfrac{0.014}{3^2} + \dfrac{0.018}{13.2^2}}{\dfrac{1}{3^2} + \dfrac{1}{13.2^2}} = 0.014\,(\text{m}^2/\text{d})$

4）地层 VI 各分层的径向固结系数。

分层 1、2：$c_{h1} = c_{h2} = 0.03\text{m}^2/\text{d}$

5）按式（4-3）计算地层Ⅵ各分层的系数 β_i 值。

分层 1：$\beta_1 = \dfrac{8 \times 0.03}{4.077 \times 0.904^2} + \dfrac{3.14^2 \times 0.014}{4 \times 3^2} = 0.0711 + 0.0038 = 0.075(\text{d}^{-1})$

分层 2：$\beta_2 = \dfrac{8 \times 0.03}{4.136 \times 0.904^2} + \dfrac{3.14^2 \times 0.014}{4 \times 16.2^2} = 0.071 + 0.0001 = 0.071(\text{d}^{-1})$

步骤 5：计算各分层真空压力的平均值，绘制衰减后真空压力及其平均值与深度的关系曲线图，计算 A 工况各分层的应力折减系数。

1）用式（2-29）计算地层Ⅵ各分层底的真空压力。

分层 1：$p_{a,3.0} = p_{a0} - h_1\delta_1 = 80 - 3 \times 2.3 = 73.1(\text{kPa})$

分层 2：$p_{a,16.2} = p_{a,3.0} - h_2\delta_2 = 73.1 - 13.2 \times 3.2 = 30.9(\text{kPa})$

2）按式（2-30）计算地层Ⅵ各分层中点的真空压力值。

分层 1：$p_{a1} = p_{a0} - \dfrac{h_1\delta_1}{2} = 80 - \dfrac{3 \times 2.3}{2} = 76.6(\text{kPa})$

分层 2：$p_{a2} = p_{a1} - \dfrac{h_1\delta_1}{2} - \dfrac{h_2\delta_2}{2} = 76.6 - \dfrac{3 \times 2.3}{2} - \dfrac{13.2 \times 3.2}{2} = 52.0(\text{kPa})$

3）绘制的地层Ⅵ衰减后的真空压力及分层平均压力曲线图如图 6-17 所示。

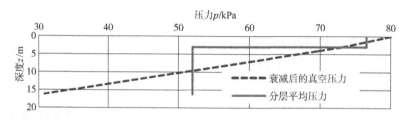

图 6-17 地层Ⅵ衰减后的真空压力及分层平均压力曲线图

4）按式（2-38）计算地层Ⅵ A 工况各分层的应力折减系数。

分层 1：$\omega_{a1} = \dfrac{76.6}{80} = 0.957$

分层 2：$\omega_{a2} = \dfrac{52.0}{80} = 0.650$

步骤 6：计算水位下降作用的各分层压力及其平均值，绘制水位下降作用的压力及其平均值与深度的关系曲线图，计算 B 工况各分层的应力折减系数。

1）用式（2-31）计算地层Ⅵ各层底的水位下降作用压力。

分层 1：$z \leqslant h_b = 0.5\text{m}$ $p_{b,0.5} = 0\text{kPa}$

         $z = h_1 = 3.0\text{m} < h_a$ $p_{b,3.0} = \gamma_w(h_1 - h_b) = 10 \times (3.0 - 0.5) = 25(\text{kPa})$

分层 2：$z = h_2 = 16.2\text{m} > h_a$ $p_{b,16.2} = \gamma_w h_d = 10 \times 3.6 = 36(\text{kPa})$

2）按式（2-37）计算地层Ⅵ B 工况各分层平均压力。

分层 1：应力图形为三角形，用式（2-32）计算应力图形面积。

$$p_{b1} = \dfrac{10 \times (3 - 0.5)^2}{2 \times 3} = 10.4(\text{kPa})$$

分层 2：应力图形为五边形，用式（2-35）计算应力图形面积。

$$p_{b2} = 10 \times 3.6 - \frac{10 \times (4.1 - 3)^2}{2 \times 13.2} = 35.5(kPa)$$

3）绘制的地层Ⅳ水位下降作用的压力及分层平均压力曲线图示于图6-18。

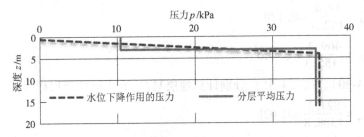

图6-18　地层Ⅵ水位下降作用的压力及分层平均压力曲线图

4）按式（2-39）计算地层ⅥB工况各分层的应力折减系数。

分层1：$\omega_{b1} = \dfrac{10.4}{36} = 0.289$

分层2：$\omega_{b2} = \dfrac{35.5}{36} = 0.987$

步骤7：分别计算A、B工况整层和各分层地基的最终变形量和累计最终变形量。确定沉降计算经验系数，算得A、B、V工况整层和各分层的最终沉降值。计算A、B、V工况各分层对总平均固结度的分层贡献率。计算A、B工况的分层权重和整层权重。

1）地层ⅥA工况地基变形计算列于表6-21。

表6-21　地层ⅥA工况地基变形计算表　　　　　　　$(\psi_v = 1.00)$

i	z_i/m	h_i/m	$\omega_{ai}p_{a0}$/kPa	E_{si}/MPa	$\Delta s'_{aif}$/mm	$\sum \Delta s'_{aif}$/mm	λ_{ai}
1	3	3	76.6	1.7	135.1	135.1	0.165
2	16.2	13.2	52.0	1.0	686.1	821.2	0.835

2）地层ⅥB工况地基变形计算列于表6-22。

表6-22　地层ⅥB工况地基变形计算表　　　　　　　$(\psi_v = 1.00)$

i	z_i/m	h_i/m	$\omega_{bi}p_{b0}$/kPa	E_{si}/MPa	$\Delta s'_{bif}$/mm	$\sum \Delta s'_{bif}$/mm	λ_{bi}
1	3	3	10.4	1.7	18.4	18.4	0.038
2	16.2	13.2	35.5	1.0	469.2	487.5	0.962

3）地层ⅥV工况地基沉降计算列于表6-23。

表6-23　地层ⅥV工况地基沉降计算表

i	z_i/m	h_i/m	Δs_{vif}/mm	$\sum \Delta s_{vif}$/mm	λ_{vi}
1	3	3	153.5	153.5	0.117
2	16.2	13.2	1155.3	1308.8	0.883

4）用式（4-34）计算地层ⅥA工况各分层的分层权重。

分层1：$q_{va1} = \dfrac{135.1}{153.5} = 0.880$

分层 2：$q_{va2} = \dfrac{686.1}{1155.3} = 0.594$

5）用式（4-35）计算地层ⅥB工况各分层的分层权重。

分层 1：$q_{vb1} = \dfrac{18.4}{153.5} = 0.120$

分层 2：$q_{vb2} = \dfrac{469.2}{1155.3} = 0.406$

6）用式（4-30）、式（4-31）分别计算地层ⅥA、B工况的整层权重。

A工况：$Q_{va} = \dfrac{821.2}{1308.8} = 0.628$

B工况：$Q_{vb} = \dfrac{487.5}{1308.8} = 0.372$

步骤8：计算A、B工况各分层的分层固结度初值。

1）用式（4-23）算得地层ⅥA工况各分层的分层固结度初值。

分层 1：$U_{a1}^0 = 1 - \alpha e^{-\beta_1 t} = 1 - 0.811 e^{-0.075 \times 128} = 1.000$

分层 2：$U_{a2}^0 = 1 - \alpha e^{-\beta_2 t} = 1 - 0.811 e^{-0.071 \times 128} = 1.000$

2）用式（4-24）算得地层ⅥB工况各分层的分层固结度初值。

分层 1：$U_{b1}^0 = 1 - \alpha e^{-\beta_1 t/2} = 1 - 0.811 e^{-0.075 \times 64} = 0.993$

分层 2：$U_{b2}^0 = 1 - \alpha e^{-\beta_2 t/2} = 1 - 0.811 e^{-0.071 \times 64} = 0.991$

步骤9：将A、B工况各分层的固结度初值乘上对应的分层应力折减系数，获得A、B工况各分层的分层平均固结度。

1）用式（4-25）计算地层ⅥA工况各分层的分层平均固结度。

$$U_{a1} = \omega_{a1} U_{a1}^0 = 0.957 \times 1.000 = 0.957$$

$$U_{a2} = \omega_{a2} U_{a2}^0 = 0.650 \times 1.000 = 0.650$$

2）用式（4-26）计算地层ⅥB工况各分层的分层平均固结度。

$$U_{b1} = \omega_{b1} U_{b1}^0 = 0.289 \times 0.993 = 0.287$$

$$U_{b2} = \omega_{b2} U_{b2}^0 = 0.987 \times 0.991 = 0.979$$

步骤10：计算地层ⅥA、B工况各分层的固结度贡献值。

1）A工况：$\lambda_{a1} U_{a1} = 0.165 \times 0.957 = 0.157$

$\lambda_{a2} U_{a2} = 0.836 \times 0.650 = 0.543$

2）B工况：$\lambda_{b1} U_{b1} = 0.038 \times 0.287 = 0.011$

$\lambda_{b2} U_{b2} = 0.962 \times 0.979 = 0.942$

步骤11：用式（4-27）、式（4-28）分别计算地层ⅥA、B工况的整层总平均固结度。

A工况：$\bar{U}_{az} = \sum\limits_{i=1}^{2} \lambda_{ai} U_{ai} = 0.700$

B工况：$\bar{U}_{bz} = \sum\limits_{i=1}^{2} \lambda_{bi} U_{bi} = 0.953$

步骤12：按式（4-29）计算地层ⅥⅤ工况的整层总平均固结度。

$$\overline{U}_{vz} = Q_{va}\overline{U}_{az} + Q_{vb}\overline{U}_{bz} = 0.628 \times 0.7 + 0.372 \times 0.953 = 0.794$$

步骤 13：按式（4-33）计算地层 VI V 工况各分层的分层平均固结度。

分层 1：$U_{v1} = q_{va1}U_{a1} + q_{vb1}U_{b1} = 0.88 \times 0.957 + 0.12 \times 0.287 = 0.842 + 0.035 = 0.877$

分层 2：$U_{v2} = q_{va2}U_{a2} + q_{vb2}U_{b2} = 0.594 \times 0.650 + 0.406 \times 0.979 = 0.386 + 0.397 = 0.783$

步骤 14：用式（4-37）计算地层 VI V 工况的整层总平均固结度。

$$\overline{U}_z = \sum_{i=1}^{n} \lambda_{vi}U_{vi} = 0.103 + 0.691 = 0.117 \times 0.877 + 0.883 \times 0.783 = 0.794$$

其结果与步骤 11 的计算结果完全一致。

6.3.7　地层 VII

地层 VII 与以上各地层不同，它是含有 3 个土层的完整井地基，地层总厚 $h_{VII} = 19.6\mathrm{m}$，其计算步骤如下。

步骤 1：根据真空预压方案设计及岩土工程资料计算竖井的各项参数。

除竖井深度 $h_w = 19.6\mathrm{m}$ 外，其余均同 6.2.2 中步骤 1 的竖井层参数。

步骤 2：同地层 I。

步骤 3：同地层 I。

步骤 4：计算各分层的排水距离，计算非理想井地基的各项系数，计算各分层的固结系数和系数 α、β_i 值。

1）地层 VII 各分层的排水距离。

分层 1：$h_1 = 3.0\mathrm{m}$。

分层 2：$h_2 = 16.5\mathrm{m}$。

分层 3：$h_3 = 19.6\mathrm{m}$。

2）计算非理想井地基的各项系数。

①按式（4-6）计算地层 VII 的井径比因子系数 F_n。

分层 1、2、3：$F_n = 1.879$

②已知 $\dfrac{k_{hi}}{k_{si}} = 3$，$S_1 = S_2 = 3$，按式（4-9）计算地层 VII 的涂抹作用影响系数 F_{si}。

分层 1、2：$F_{s1} = F_{s2} = (3 - 1) \times \ln(3) = 2.197$

分层 3：$F_{s3} = (3 - 1) \times \ln(2.5) = 1.833$

③按式（4-10）计算地层 VII 的井阻作用影响系数 F_{ri}。

分层 1：$F_{r1} = \dfrac{3.14^2 \times 1.097 \times 10^{-4} \times 3^2}{4 \times 2.16} = 0.0011$

分层 2：$F_{r2} = \dfrac{3.14^2 \times 1.987 \times 10^{-4} \times 16.5^2}{4 \times 2.16} = 0.062$

分层 3：$F_{r3} = \dfrac{3.14^2 \times 107.1 \times 10^{-4} \times 19.6^2}{4 \times 2.16} = 4.697$

④按式（4-8）计算地层 VII 各分层的综合系数 F_i。

分层 1：$F_1 = F_n + F_{s1} + F_{r1} = 1.879 + 2.197 + 0.001 = 4.077$

分层 2：$F_2 = F_n + F_{s2} + F_{r2} = 1.879 + 2.197 + 0.062 = 4.138$

分层 3：$F_3 = F_n + F_{s3} + F_{r3} = 1.879 + 1.833 + 4.697 = 8.408$

3）用式（2-19）和式（2-18）分别计算地层Ⅶ各分层的全路径竖向固结系数。

分层1：$\bar{c}_{v1} = c_v = 0.014 \mathrm{m^2/d}$

分层2：$\bar{c}_{v2} = \dfrac{\dfrac{0.014}{3^2} + \dfrac{0.018}{13.5^2}}{\dfrac{1}{3^2} + \dfrac{1}{13.5^2}} = 0.014 (\mathrm{m^2/d})$

分层3：$\bar{c}_{v3} = \dfrac{\dfrac{0.014}{3^2} + \dfrac{0.018}{13.5^2} + \dfrac{2.38}{3.1^2}}{\dfrac{1}{3^2} + \dfrac{1}{13.5^2} + \dfrac{1}{3.1^2}} = 1.129 (\mathrm{m^2/d})$

4）地层Ⅶ各分层的径向固结系数。

分层1：$c_{h1} = c_{h2} = 0.03 \mathrm{m^2/d}$

分层2：$c_{h2} = 0.03 \mathrm{m^2/d}$

分层3：$c_{h3} = 6.67 \mathrm{m^2/d}$

5）按式（4-3）计算地层Ⅶ的系数 β_i 值。

分层1：$\beta_1 = \dfrac{8 \times 0.03}{4.077 \times 0.904^2} + \dfrac{3.14^2 \times 0.014}{4 \times 3^2} = 0.0711 + 0.0038 = 0.075 (\mathrm{d^{-1}})$

分层2：$\beta_2 = \dfrac{8 \times 0.03}{4.138 \times 0.904^2} + \dfrac{3.14^2 \times 0.014}{4 \times 16.5^2} = 0.0705 + 0.0001 = 0.071 (\mathrm{d^{-1}})$

分层3：$\beta_3 = \dfrac{8 \times 6.67}{8.408 \times 0.904^2} + \dfrac{3.14^2 \times 1.129}{4 \times 19.6^2} = 7.768 + 0.0072 = 7.78 (\mathrm{d^{-1}})$

步骤5：计算各分层真空压力的平均值，绘制衰减后真空压力及其平均值与深度的关系曲线图，计算 A 工况各分层的应力折减系数。

1）用式（2-29）计算地层Ⅶ各分层底的真空压力。

分层1：$p_{a,3.0} = p_{a0} - h_1 \delta_1 = 80 - 3 \times 2.3 = 73.1 (\mathrm{kPa})$

分层2：$p_{a,16.5} = p_{a,3.0} - h_2 \delta_2 = 73.1 - 13.5 \times 3.2 = 29.9 (\mathrm{kPa})$

分层3：$p_{a,19.6} = p_{a,16.5} - h_3 \delta_3 = 29.9 - 3.1 \times 3.2 = 20.0 (\mathrm{kPa})$

2）按式（2-30）计算地层Ⅶ各分层的平均真空压力值。

分层1：$p_{a1} = p_{a0} - \dfrac{h_1 \delta_1}{2} = 80 - \dfrac{3 \times 2.3}{2} = 76.6 (\mathrm{kPa})$

分层2：$p_{a2} = p_{a1} - \dfrac{h_1 \delta_1}{2} - \dfrac{h_2 \delta_2}{2} = 76.6 - \dfrac{3 \times 2.3}{2} - \dfrac{13.5 \times 3.2}{2} = 51.5 (\mathrm{kPa})$

分层3：$p_{a3} = p_{a2} - \dfrac{h_2 \delta_2}{2} - \dfrac{h_3 \delta_3}{2} = 51.5 - \dfrac{13.5 \times 3.2}{2} - \dfrac{3.1 \times 3.2}{2} = 24.9 (\mathrm{kPa})$

3）绘制的地层Ⅶ衰减后的真空压力及分层平均压力曲线图如图6-19所示。

4）按式（2-38）计算地层Ⅶ A 工况各分层的应力折减系数。

分层1：$\omega_{a1} = \dfrac{76.6}{80} = 0.957$

分层2：$\omega_{a2} = \dfrac{51.5}{80} = 0.644$

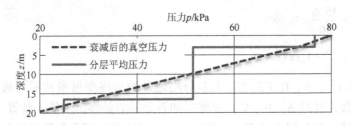

图6-19 地层Ⅶ衰减后的真空压力及分层平均压力曲线图

分层3：$\omega_{a3} = \dfrac{24.9}{80} = 0.312$

步骤6：计算水位下降作用的各分层压力及其平均值，绘制水位下降作用的压力及其平均值与深度的关系曲线图，计算B工况各分层的应力折减系数。

1）用式（2-31）计算地层Ⅶ各分层底的水位下降作用压力。

分层1：$z \leqslant h_b = 0.5\text{m}$ $p_{b,0.5} = 0\text{kPa}$

        $z = h_1 = 3.0\text{m} < h_a$ $p_{b,3.0} = \gamma_w(h_1 - h_b) = 10 \times (3.0 - 0.5) = 25(\text{kPa})$

分层2：$z = h_2 = 16.5\text{m} > h_a$ $p_{b,16.5} = \gamma_w h_d = 10 \times 3.6 = 36(\text{kPa})$

分层3：$z = h_3 = 19.6\text{m} > h_a$ $p_{b,19.6} = \gamma_w h_d = 10 \times 3.6 = 36(\text{kPa})$

2）按式（2-37）计算地层ⅦB工况各分层平均压力。

分层1：应力图形为三角形，用式（2-32）计算应力图形面积。

$$p_{b1} = \frac{10 \times (3 - 0.5)^2}{2 \times 3} = 10.4(\text{kPa})$$

分层2：应力图形为五边形，用式（2-35）计算应力图形面积。

$$p_{b2} = 10 \times 3.6 - \frac{10 \times (4.1 - 3)^2}{2 \times 13.5} = 35.6(\text{kPa})$$

分层3：应力图形为矩形，用式（2-36）计算应力图形面积。

$$p_{b3} = \gamma_w h_d = 36.0\text{kPa}$$

3）绘制的地层Ⅶ水位下降作用的压力及分层平均压力曲线图示于图6-20。

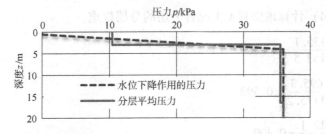

图6-20 地层Ⅶ水位下降作用的压力及分层平均压力曲线图

4）按式（2-39）计算地层ⅦB工况各分层的应力折减系数。

分层1：$\omega_{b1} = \dfrac{10.4}{36} = 0.289$

分层 2：$\omega_{b2} = \dfrac{35.6}{36} = 0.988$

分层 3：$\omega_{b3} = \dfrac{36}{36} = 1.000$

步骤 7：分别计算 A、B 工况整层和各分层地基的最终变形量和累计最终变形量。确定沉降计算经验系数，算得 A、B、V 工况整层和各分层的最终沉降值。计算 A、B、V 工况各分层对总平均固结度的分层贡献率。计算 A、B 工况的分层权重和整层权重。

1）地层ⅦA 工况地基变形计算列于表 6-24。

表 6-24　地层ⅦA 工况地基变形计算表　　　　　　　　($\psi_v = 1.00$)

i	z_i/m	h_i/m	$\omega_{ai}p_{a0}$/kPa	E_{si}/MPa	$\Delta s'_{aif}$/mm	$\sum \Delta s'_{aif}$/mm	λ_{ai}
1	3	3	76.6	1.7	135.1	135.1	0.160
2	16.5	13.5	51.5	1.0	695.3	830.3	0.826
3	19.6	3.1	24.9	6.4	12.1	842.4	0.014

2）地层ⅦB 工况地基变形计算列于表 6-25。

表 6-25　地层ⅦB 工况地基变形计算表　　　　　　　　($\psi_v = 1.00$)

i	z_i/m	h_i/m	$\omega_{bi}p_{b0}$/kPa	E_{si}/MPa	$\Delta s'_{bif}$/mm	$\sum \Delta s'_{bif}$/mm	λ_{bi}
1	3	3	10.4	1.7	18.4	18.4	0.036
2	16.5	13.5	35.6	1.0	480.0	498.3	0.930
3	19.6	3.1	36.0	6.4	17.4	515.8	0.034

3）地层ⅦV 工况地基沉降计算列于表 6-26。

表 6-26　地层ⅦV 工况地基沉降计算表

i	z_i/m	h_i/m	Δs_{vif}/mm	$\sum \Delta s_{vif}$/mm	λ_{vi}
1	3	3	153.5	153.5	0.113
2	16.5	13.5	1175.2	1328.7	0.865
3	19.6	3.1	29.5	1358.2	0.022

4）用式（4-34）计算地层ⅦA 工况各分层的分层权重。

分层 1：$q_{va1} = \dfrac{135.1}{153.5} = 0.880$

分层 2：$q_{va2} = \dfrac{695.3}{1175.2} = 0.592$

分层 3：$q_{va3} = \dfrac{12.1}{29.5} = 0.409$

5）用式（4-35）计算地层ⅦB 工况各分层的分层权重。

分层 1：$q_{vb1} = \dfrac{18.4}{153.5} = 0.120$

分层 2：$q_{vb2} = \dfrac{480.0}{1175.2} = 0.408$

分层 3：$q_{vb3} = \dfrac{17.4}{29.5} = 0.591$

6）用式（4-30）、式（4-31）分别计算地层ⅦA、B 工况的整层权重。

A 工况：$Q_{va} = \dfrac{842.4}{1358.2} = 0.620$

B 工况：$Q_{vb} = \dfrac{515.8}{1358.2} = 0.380$

步骤 8：计算 A、B 工况各分层的分层固结度初值。

1）用式（4-23）算得地层ⅦA 工况各分层的分层固结度初值。

分层 1：$U_{a1}^0 = 1 - \alpha e^{-\beta_1 t} = 1 - 0.8119 e^{-0.075 \times 128} = 1.000$

分层 2：$U_{a2}^0 = 1 - \alpha e^{-\beta_2 t} = 1 - 0.811 e^{-0.071 \times 128} = 1.000$

分层 3：$U_{a3}^0 = 1 - \alpha e^{-\beta_3 t} = 1 - 0.811 e^{-7.78 \times 128} = 1.000$

2）用式（4-24）算得地层ⅦB 工况各分层的分层固结度初值。

分层 1：$U_{b1}^0 = 1 - \alpha e^{-\beta_1 t/2} = 1 - 0.811 e^{-0.075 \times 64} = 0.993$

分层 2：$U_{b2}^0 = 1 - \alpha e^{-\beta_2 t/2} = 1 - 0.811 e^{-0.071 \times 64} = 0.991$

分层 3：$U_{b3}^0 = 1 - \alpha e^{-\beta_3 t/2} = 1 - 0.811 e^{-7.78 \times 64} = 1.000$

步骤 9：将 A、B 工况各分层的固结度初值乘上对应的分层应力折减系数，获得 A、B 工况各分层的分层平均固结度。

1）用式（4-25）计算地层ⅦA 工况各分层的分层平均固结度。

$$U_{a1} = \omega_{a1} U_{a1}^0 = 0.957 \times 1.000 = 0.957$$
$$U_{a2} = \omega_{a2} U_{a2}^0 = 0.644 \times 1.000 = 0.644$$
$$U_{a3} = \omega_{a3} U_{a3}^0 = 0.312 \times 1.000 = 0.312$$

2）用式（4-26）计算 B 地层Ⅶ工况各分层的分层平均固结度。

$$U_{b1} = \omega_{b1} U_{b1}^0 = 0.289 \times 0.993 = 0.287$$
$$U_{b2} = \omega_{b2} U_{b2}^0 = 0.988 \times 0.991 = 0.979$$
$$U_{b3} = \omega_{b3} U_{b3}^0 = 1.000 \times 1.000 = 1.000$$

步骤 10：计算地层ⅦA、B 工况各分层的固结度贡献值。

1）A 工况：$\lambda_{a1} U_{a1} = 0.160 \times 0.957 = 0.153$
$\lambda_{a2} U_{a2} = 0.826 \times 0.644 = 0.531$
$\lambda_{a3} U_{a3} = 0.014 \times 0.312 = 0.005$

2）B 工况：$\lambda_{b1} U_{b1} = 0.0356 \times 0.287 = 0.010$
$\lambda_{b2} U_{b2} = 0.9306 \times 0.979 = 0.911$
$\lambda_{b3} U_{b3} = 0.0338 \times 1.000 = 0.034$

步骤 11：用式（4-27）、式（4-28）分别计算地层ⅦA、B 工况的整层的总平均固结度。

A 工况：$\overline{U}_{az} = \sum\limits_{i=1}^{3} \lambda_{ai} U_{ai} = 0.689$

B 工况：$\overline{U}_{bz} = \sum_{i=1}^{3} \lambda_{bi} U_{bi} = 0.955$

步骤 12：按式（4-29）计算地层Ⅶ Ⅴ工况的整层总平均固结度。

$$\overline{U}_{vz} = Q_{va}\overline{U}_{az} + Q_{vb}\overline{U}_{bz} = 0.62 \times 0.689 + 0.38 \times 0.955 = 0.790$$

步骤 13：按式（4-33）计算地层Ⅶ Ⅴ工况各分层的分层平均固结度。

分层 1：$U_{v1} = q_{va1}U_{a1} + q_{vb1}U_{b1} = 0.88 \times 0.957 + 0.12 \times 0.287 = 0.842 + 0.035 = 0.877$

分层 2：$U_{v2} = q_{va2}U_{a2} + q_{vb2}U_{b2} = 0.592 \times 0.644 + 0.408 \times 0.979 = 0.381 + 0.400 = 0.781$

分层 3：$U_{v3} = q_{va3}U_{a3} + q_{vb3}U_{b3} = 0.409 \times 0.312 + 0.591 \times 1.000 = 0.128 + 0.591 = 0.719$

步骤 14：用式（4-37）计算地层Ⅶ Ⅴ工况整层总平均固结度。

$$\overline{U}_{vz} = \sum_{i=1}^{n} \lambda_{vi} U_{vi} = 0.113 \times 0.877 + 0.865 \times 0.781 + 0.022 \times 0.719$$
$$= 0.099 + 0.675 + 0.016 = 0.790$$

其结果与步骤 11 的计算结果完全一致。

图 6-21 是用分层法计算结果与实测值绘制的地层Ⅰ~Ⅶ的平均固结度曲线图。两条曲线还是比较接近。

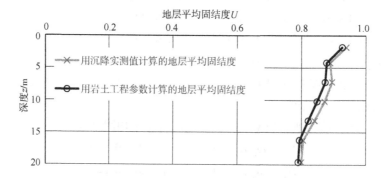

图 6-21　地层Ⅰ~Ⅶ平均固结度曲线图

表 6-27 列出的是分层法用岩土工程参数值计算的各地层平均固结度和用分层沉降仪实测值计算得到的各地层平均固结度的比较，误差均较小，最大不超过 3%，证明分层法计算各地层平均固结度的精度比较高。

表 6-27　各地层平均固结度分层法与实测值比较表

地层序号	Ⅰ	Ⅱ	Ⅲ	Ⅳ	Ⅴ	Ⅵ	Ⅶ
地层厚度 h_m/m	1.8	4.2	7.2	10.2	13.2	16.2	19.6
分层法	0.926	0.878	0.873	0.848	0.821	0.794	0.790
实测值	0.939	0.889	0.895	0.872	0.841	0.806	0.800
误差 E（%）	-1.4	-1.2	-2.4	-2.7	-2.4	-1.4	-1.2

6.3.8　竖井层

竖井层与地层Ⅶ一样，是含有 3 个土层的完整井地基，其计算步骤如下。

步骤1：根据真空预压方案设计及岩土工程资料计算竖井的各项参数。

除竖井深度 $h_w = 20.0\mathrm{m}$ 外，其余均同地层Ⅶ的竖井层参数。

步骤2：同地层Ⅰ。

步骤3：同地层Ⅰ。

步骤4：计算各分层的排水距离，计算非理想井地基的各项系数，计算各分层的固结系数和系数 α、β_i 值。

1）竖井层的排水距离 $h_1 = 3.0\mathrm{m}$，$h_2 = 16.5\mathrm{m}$，$h_3 = 20.0\mathrm{m}$。

2）计算非理想井地基的各项系数。

①按式（4-6）计算竖井层的井径比因子系数 F_n。

分层1、2、3：$F_n = 1.879$

②已知 $\dfrac{k_{hi}}{k_{si}} = 3$，$S_1 = S_2 = 3$，按式（4-9）计算竖井层的涂抹作用影响系数 F_{si}。

分层1、2：$F_{s1} = F_{s2} = (3-1) \times \ln(3) = 2.197$

分层3：$F_{s3} = (3-1) \times \ln(2.5) = 1.833$

③按式（4-10）计算竖井层的井阻作用影响系数 F_{ri}。

分层1：$F_{r1} = \dfrac{3.14^2 \times 1.097 \times 10^{-4} \times 3^2}{4 \times 2.16} = 0.0011$

分层2：$F_{r2} = \dfrac{3.14^2 \times 1.987 \times 10^{-4} \times 16.5^2}{4 \times 2.16} = 0.062$

分层3：$F_{r3} = \dfrac{3.14^2 \times 107.1 \times 10^{-4} \times 20^2}{4 \times 2.16} = 4.89$

④按式（4-8）计算竖井层各分层的综合系数 F_i。

分层1：$F_1 = F_n + F_{s1} + F_{r1} = 1.879 + 2.197 + 0.0011 = 4.077$

分层2：$F_2 = F_n + F_{s2} + F_{r2} = 1.879 + 2.197 + 0.062 = 4.138$

分层3：$F_3 = F_n + F_{s3} + F_{r3} = 1.879 + 1.833 + 4.89 = 8.602$

3）用式（2-19）和式（2-18）分别计算竖井层各分层的全路径竖向固结系数。

分层1：$\bar{c}_{v1} = c_v = 0.014\mathrm{m^2/d}$

分层2：$\bar{c}_{v2} = \dfrac{\dfrac{0.014}{3^2} + \dfrac{0.018}{13.5^2}}{\dfrac{1}{3^2} + \dfrac{1}{13.5^2}} = 0.014(\mathrm{m^2/d})$

分层3：$\bar{c}_{v3} = \dfrac{\dfrac{0.014}{3^2} + \dfrac{0.018}{13.5^2} + \dfrac{2.38}{3.5^2}}{\dfrac{1}{3^2} + \dfrac{1}{13.5^2} + \dfrac{1}{3.5^2}} = 0.99(\mathrm{m^2/d})$

4）竖井层各分层的径向固结系数。

分层1、2：$c_{h1} = c_{h2} = 0.03\mathrm{m^2/d}$

分层3：$c_{h3} = 6.67\mathrm{m^2/d}$

5）按式（4-3）计算竖井层各分层的系数 β_i 值。

分层 1：$\beta_1 = \dfrac{8 \times 0.03}{4.077 \times 0.904^2} + \dfrac{3.14^2 \times 0.014}{4 \times 3^2} = 0.071 + 0.0038 = 0.075(\mathrm{d}^{-1})$

分层 2：$\beta_2 = \dfrac{8 \times 0.03}{4.138 \times 0.904^2} + \dfrac{3.14^2 \times 0.014}{4 \times 16.5^2} = 0.071 + 0.0001 = 0.071(\mathrm{d}^{-1})$

分层 3：$\beta_3 = \dfrac{8 \times 6.67}{8.602 \times 0.904^2} + \dfrac{3.14^2 \times 0.99}{4 \times 20^2} = 7.59 + 0.0061 = 7.60(\mathrm{d}^{-1})$

步骤 5：计算各分层真空压力的平均值，绘制衰减后真空压力及其平均值与深度的关系曲线图，计算 A 工况各分层的应力折减系数。

1）用式（2-29）计算竖井层各分层底的真空压力。

分层 1：$p_{a,3.0} = p_0 - h_1\delta_1 = 80 - 3 \times 2.3 = 73.1(\mathrm{kPa})$

分层 2：$p_{a,16.5} = p_{a,3.0} - h_2\delta_2 = 73.1 - 13.2 \times 3.2 = 29.9(\mathrm{kPa})$

分层 3：$p_{a,20} = p_{a,16.5} - h_3\delta_3 = 29.9 - 3.5 \times 3.2 = 18.7(\mathrm{kPa})$

2）按式（2-30）计算竖井层各分层的平均真空压力值。

分层 1：$p_{a1} = 80 - \dfrac{3 \times 2.3}{2} = 76.6(\mathrm{kPa})$

分层 2：$p_{a2} = 76.6 - \dfrac{3 \times 2.3}{2} - \dfrac{13.5 \times 3.2}{2} = 51.5(\mathrm{kPa})$

分层 3：$p_{a3} = 51.5 - \dfrac{13.5 \times 3.2}{2} - \dfrac{3.5 \times 3.2}{2} = 24.3(\mathrm{kPa})$

3）按式（2-38）计算竖井层 A 工况各分层的应力折减系数。

分层 1：$\omega_{a1} = \dfrac{76.6}{80} = 0.957$

分层 2：$\omega_{a2} = \dfrac{51.5}{80} = 0.644$

分层 3：$\omega_{a3} = \dfrac{24.3}{80} = 0.304$

4）绘制的竖井层的衰减后真空压力及分层平均压力曲线图如图 6-22 所示。

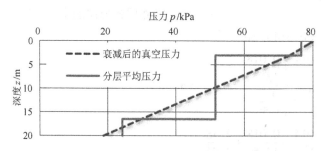

图 6-22　竖井层的衰减后真空压力及分层平均压力曲线图

步骤 6：计算水位下降作用的各分层压力及其平均值，绘制水位下降作用的压力及其平均值与深度的关系曲线图，计算 B 工况各分层的应力折减系数。

1）用式（2-31）计算竖井层各分层底的水位下降作用压力。

分层 1：$z \leqslant h_b = 0.5\mathrm{m}$　　　$p_{b,0.5} = 0\mathrm{kPa}$

　　　　$z = h_1 = 3.0\mathrm{m} < h_a$　　　$p_{b,3.0} = 10 \times (3.0 - 0.5) = 25(\mathrm{kPa})$

分层2：$z = h_2 = 16.5\mathrm{m} > h_a$ $p_{b,16.5} = 10 \times 3.6 = 36(\mathrm{kPa})$

分层3：$z = h_3 = 20.0\mathrm{m} > h_a$ $p_{b,20.0} = 10 \times 3.6 = 36(\mathrm{kPa})$

2）按式（2-37）计算竖井层 B 工况各分层的平均压力。

分层1：应力图形为三角形，用式（2-32）计算应力图形面积。

$$p_{b1} = \frac{10 \times (3 - 0.5)^2}{2 \times 3} = 10.4(\mathrm{kPa})$$

分层2：应力图形为五边形，用式（2-35）计算应力图形面积。

$$p_{b2} = 10 \times 3.6 - \frac{10 \times (4.1 - 3)^2}{2 \times 13.5} = 35.6(\mathrm{kPa})$$

分层3：应力图形为矩形，用式（2-36）计算应力图形面积。

$$p_{b3} = 10 \times 3.6 = 36.0(\mathrm{kPa})$$

3）绘制的竖井层水位下降作用的压力及分层平均压力曲线图示于图 6-23。

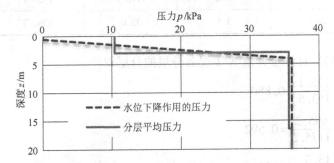

图 6-23　竖井层水位下降作用的压力及分层平均压力曲线图

4）按式（2-39）计算竖井层 B 工况各分层的应力折减系数。

分层1：$\omega_{b1} = \dfrac{10.4}{36} = 0.289$

分层2：$\omega_{b2} = \dfrac{35.6}{36} = 0.988$

分层3：$\omega_{b3} = \dfrac{36}{36} = 1.000$

步骤7：分别计算 A、B 工况整层和各分层地基的最终变形量和累计最终变形量。确定沉降计算经验系数，算得 A、B、V 工况整层和各分层的最终沉降值。计算 A、B、V 工况各分层对总平均固结度的分层贡献率。计算 A、B 工况的分层权重和整层权重。

1）竖井层 A 工况地基变形计算列于表 6-28。

表 6-28　竖井层 A 工况地基变形计算表　　　　　　　　（$\psi_v = 1.00$）

i	z_i/m	h_i/m	$\omega_{ai}p_{ai0}$/kPa	E_{si}/MPa	$\Delta s'_{aif}$/mm	$\sum \Delta s'_{aif}$/mm	λ_{ai}
1	3	3	76.6	1.7	135.1	135.1	0.160
2	16.5	13.5	51.5	1.0	695.2	830.3	0.824
3	20.0	3.5	24.3	6.4	13.3	843.6	0.016

2）竖井层 B 工况地基变形计算列于表 6-29。

表 6-29　竖井层 B 工况地基变形计算表　　　　($\psi_v = 1.00$)

i	z_i/m	h_i/m	$\omega_{bi}p_{b0}/\mathrm{kPa}$	E_{si}/MPa	$\Delta s'_{bif}/\mathrm{mm}$	$\sum \Delta s'_{bif}/\mathrm{mm}$	λ_{bi}
1	3	3	10.4	1.7	18.4	18.4	0.035
2	16.5	13.5	35.6	1.0	480.0	498.4	0.927
3	20.0	3.5	36.0	6.4	19.7	518.1	0.038

3）竖井层 V 工况地基沉降计算列于表 6-30。

表 6-30　竖井层 V 工况地基沉降计算表

i	z_i/m	h_i/m	$\Delta s_{vif}/\mathrm{mm}$	$\sum \Delta s_{vif}/\mathrm{mm}$	λ_{vi}
1	3	3	153.5	153.5	0.113
2	16.5	13.5	1175.2	1328.7	0.863
3	20.0	3.5	33.0	1361.7	0.024

4）用式（4-34）计算竖井层 A 工况各分层的分层权重。

分层 1：$q_{va1} = \dfrac{135.1}{153.5} = 0.880$

分层 2：$q_{va2} = \dfrac{695.2}{1175.2} = 0.592$

分层 3：$q_{va3} = \dfrac{13.3}{33.0} = 0.403$

5）用式（4-35）计算竖井层 B 工况各分层的分层权重。

分层 1：$q_{vb1} = \dfrac{18.4}{153.5} = 0.120$

分层 2：$q_{vb2} = \dfrac{480.0}{1175.2} = 0.408$

分层 3：$q_{vb3} = \dfrac{19.7}{33.0} = 0.597$

6）用式（4-30）、式（4-31）分别计算竖井层 A、B 工况的整层权重。

A 工况：$Q_{va} = \dfrac{843.6}{1361.6} = 0.620$

B 工况：$Q_{vb} = \dfrac{518.0}{1361.6} = 0.380$

步骤 8：计算 A、B 工况各分层的分层固结度初值。

1）用式（4-23）算得竖井层 A 工况各分层的分层固结度初值。

分层 1：$U_{a1}^0 = 1 - \alpha e^{-\beta_1 t} = 1 - 0.811 e^{-0.075 \times 128} = 1.000$

分层 2：$U_{a2}^0 = 1 - \alpha e^{-\beta_2 t} = 1 - 0.811 e^{-0.071 \times 128} = 1.000$

分层 3：$U_{a3}^0 = 1 - \alpha e^{-\beta_3 t} = 1 - 0.811 e^{-7.6 \times 128} = 1.000$

2）用式（4-24）算得竖井层 B 工况各分层的分层固结度初值。

分层 1：$U_{b1}^0 = 1 - \alpha e^{-\beta_1 t/2} = 1 - 0.811 e^{-0.075 \times 64} = 0.993$

分层 2：$U_{b2}^0 = 1 - \alpha e^{-\beta_2 t/2} = 1 - 0.811 e^{-0.071 \times 64} = 0.991$

分层 3：$U_{b3}^0 = 1 - \alpha e^{-\beta_3 t/2} = 1 - 0.811 e^{-7.6 \times 64} = 1.000$

步骤 9：将竖井层 A、B 工况各分层的固结度初值乘上对应的分层应力折减系数，获得竖井层 A、B 工况各分层的分层平均固结度。

1）用式（4-25）计算竖井层 A 工况各分层的分层平均固结度。

$$U_{a1} = \omega_{a1} U_{a1}^0 = 0.957 \times 1.000 = 0.957$$

$$U_{a2} = \omega_{a2} U_{a2}^0 = 0.644 \times 1.000 = 0.644$$

$$U_{a3} = \omega_{a3} U_{a3}^0 = 0.304 \times 1.000 = 0.304$$

2）用式（4-26）计算竖井层 B 工况各分层的分层平均固结度。

$$U_{b1} = \omega_{b1} U_{b1}^0 = 0.289 \times 0.9932 = 0.287$$

$$U_{b2} = \omega_{b2} U_{b2}^0 = 0.988 \times 0.9912 = 0.979$$

$$U_{b3} = \omega_{b3} U_{b3}^0 = 1.000 \times 1.000 = 1.000$$

步骤 10：计算竖井层 A、B 工况各分层的固结度贡献值。

1）A 工况：$\lambda_{a1} U_{a1} = 0.160 \times 0.957 = 0.153$

$\lambda_{a2} U_{a2} = 0.824 \times 0.644 = 0.531$

$\lambda_{a3} U_{a3} = 0.016 \times 0.361 = 0.005$

2）B 工况：$\lambda_{b1} U_{b1} = 0.036 \times 0.287 = 0.010$

$\lambda_{b2} U_{b2} = 0.927 \times 0.979 = 0.907$

$\lambda_{b3} U_{b3} = 0.038 \times 1.000 = 0.038$

步骤 11：用式（4-27）、式（4-28）分别计算竖井层 A 工况与 B 工况的整层总平均固结度。

A 工况：$\overline{U}_{az} = \sum_{i=1}^{3} \lambda_{ai} U_{ai} = 0.689$

B 工况：$\overline{U}_{bz} = \sum_{i=1}^{3} \lambda_{bi} U_{bi} = 0.955$

步骤 12：按式（4-29）计算竖井层 V 工况整层总平均固结度。

$$\overline{U}_{vz} = Q_{va} \overline{U}_{az} + Q_{vb} \overline{U}_{bz} = 0.62 \times 0.689 + 0.38 \times 0.955 = 0.790$$

步骤 13：按式（4-33）计算竖井层 V 工况各分层的分层平均固结度。

分层 1：$U_{v1} = q_{va1} U_{a1} + q_{vb1} U_{b1} = 0.88 \times 0.957 + 0.12 \times 0.287 = 0.842 + 0.035 = 0.877$

分层 2：$U_{v2} = q_{va2} U_{a2} + q_{vb2} U_{b2} = 0.592 \times 0.644 + 0.408 \times 0.979 = 0.381 + 0.400 = 0.781$

分层 3：$U_{v3} = q_{va3} U_{a3} + q_{vb3} U_{b3} = 0.403 \times 0.304 + 0.597 \times 1.000 = 0.122 + 0.597 = 0.719$

步骤 14：用式（4-37）计算竖井层 V 工况的整层总平均固结度。

$$\overline{U}_{vz} = \sum_{i=1}^{n} \lambda_{vi} U_{vi} = 0.113 \times 0.877 + 0.863 \times 0.781 + 0.024 \times 0.719$$

$$= 0.099 + 0.674 + 0.017 = 0.790$$

其结果与步骤 11 的计算结果完全一致。

竖井层的所谓"整层总平均固结度 $\overline{U}_{vz}$"，实则上是非完整井整个压缩层中的一个地层。

从前文已知，竖井层对于整个压缩层的贡献率为 $i = 1 \sim 3$ 三个分层贡献率之和，即 $\lambda_w = \sum_{i=1}^{3} \lambda_{vi} = 0.924$，竖井层对整个压缩层总平均固结度的贡献值 $\lambda_w U_w = 0.924 \times 0.790 = 0.73$，这个结果与前文 6.2.3 中的结果完全一致。

6.4 分层法与平均指标法的比较

6.4.1 平均指标法的计算方法和步骤

因真空预压法计算固结度的结果与采用的方法有密切的关系，所以把设计采用的平均指标法的计算方法和步骤介绍如下。

1）压缩层深度：依据规定压缩层计算深度取附加应力与自重应力的比值为 0.1 时的深度。设计未考虑真空压力的衰减，将真空压力按 80kPa，等同于堆载一样，按 6 个钻孔资料算得的压缩层深度为 66.2 ～ 67.4m，取 67m 为压缩层计算深度。

2）地基变形计算和沉降计算经验系数：采用国家行业标准 JGJ 79—2012 中的分层总和法公式。把膜下真空度产生的真空负压 80kPa 作为地面荷载，考虑到真空预压时，周围土体产生指向预压区的侧向变形，沉降计算经验系数取 1.1。按 6 个钻孔资料算得的最终沉降值为 1410 ～ 1476mm，平均值为 1443mm。

3）固结系数：采用平均指标法。首先根据土层的渗透系数、孔隙比和压缩系数算得各层土的竖向固结系数和径向固结系数，再按竖井层和井下层中各土层的层厚分别算得竖井层和井下层的加权平均值。

竖井层的地基竖向固结系数加权平均值 $c_v = 0.0441 \text{cm}^2/\text{s}$。

竖井层的地基径向固结系数加权平均值 $c_h = 0.1218 \text{cm}^2/\text{s}$。

井下层的地基竖向固结系数加权平均值 $c_v = 0.120 \text{cm}^2/\text{s}$。

4）井阻、涂抹等影响：根据排水带规格和布置算得竖井层中各土层的井阻、涂抹等影响系数，再按层厚加权平均，算得竖井层等效为单一土层的井阻、涂抹等影响系数 $F = 15.87$。

5）竖井层的固结度：以钻孔 1S16 为例，采用谢康和竖井排水精确解法计算，当固结时长 $t = 128$d 时，竖井 20m 土层平均固结度 $\overline{U}_{rz} = 0.885$。

6）井下层的固结度：仍以钻孔 1S16 为例，井下层的排水距离按谢康和提出的方法计算。

$$H' = (1 - \alpha Q)H$$

式中　Q——比值，根据竖井层和井下层土层附加应力分布曲线包围面积的比值算得 $Q = 0.332$；

α——系数，$\alpha = 1 - \sqrt{\dfrac{\beta_z}{\beta_z + \beta_r}}$；$\beta_r = \dfrac{8c_h}{Fd_e^2}$；$\beta_z = \dfrac{\pi^2 c_v}{4H^2}$；

经计算得 $\beta_r = 0.013 \text{d}^{-1}$，$\beta_z = 0.003 \text{d}^{-1}$，$\alpha = 0.59$。

$$H' = (1 - 0.59 \times 0.332) \times 66.3 = 0.804 \times 66.3 = 53.3(\text{m})$$

井下层的平均固结度 $U'_z = 0.896$。

7）压缩层总平均固结度按下式计算。

$$\overline{U} = \overline{QU}_{rz} + (1-Q)\overline{U}'_z = 0.332 \times 0.885 + (1-0.332) \times 0.896$$
$$= 0.294 + 0.599 = 0.893$$

其余钻孔的压缩层总平均固结度不再一一计算，其结果列于表6-31。

表6-31 6个钻孔处竖井层、井下层和整层的平均固结度值表

钻孔号	1S7	1S9	1S10	1S15	1S16	1S17	6孔平均
竖井层平均固结度	0.687	0.687	0.660	0.694	0.885	0.675	0.714
井下层平均固结度	0.889	0.856	0.897	0.944	0.896	0.861	0.891
整层总平均固结度	0.820	0.800	0.819	0.861	0.893	0.800	0.832

8）竖井层和井下层对整层总平均固结度的贡献值。

竖井层平均固结度：$U_w = 0.714$

井下层的平均固结度：$U_l = 0.891$

竖井层的固结度贡献值：$\lambda_w U_w = 0.332 \times 0.714 = 0.237$

井下层的固结度贡献值：$\lambda_l U_l = (1-0.332) \times 0.891 = 0.595$

整层总平均固结度：$\overline{U} = 0.237 + 0.595 = 0.832$

9）施工期间完成的沉降计算值。

整层的：$s_{vT_z} = 0.832 \times 144.3 = 120.0 \,(\mathrm{cm})$

竖井层的：$s_{wT_z} = 0.237 \times 144.3 = 34.2 \,(\mathrm{cm})$

井下层的：$s_{lT_z} = 0.595 \times 144.3 = 85.8 \,(\mathrm{cm})$

6.4.2 现场实测资料整理分析的结果

1. 施工期间完成的沉降

当 $t = 128\mathrm{d}$ 预压完成时，7个分层沉降仪附近的12个地面沉降标实测整层沉降的平均值 $s_{vT_z} = 120.2\mathrm{cm}$，其中竖井层为 $s_{vwT_z} = 111.1\mathrm{cm}$，井下层为 $s_{vlT_z} = 9.1\mathrm{cm}$。

2. 最终沉降值

12个地面沉降标的记录，用 Grubbs 准则判别，当置信水平为99%时，12个实测沉降值均为可信赖的有效值。

利用12个地面沉降标的记录，用经验双曲线法推算得到最终沉降值 s_{vf}。

$$s_\tau = s_0 + \frac{\tau}{\alpha + \beta\tau} \tag{6-1}$$

$$s_{vf} = s_0 + \frac{1}{\beta} \tag{6-2}$$

式中　s_τ——满载后 τ 时刻的实测沉降值（cm）；

　　　s_0——满载开始时的实测沉降值（cm）；

　　　τ——满载预压时间（s），从满载时刻算起；

　　　s_{vf}——最终沉降值（cm）；

　　　α、β——计算系数，根据实测资料经最小二乘法得到线性方程绘制的直线确定，α 为直线在竖轴上的截距，β 为直线的斜率。

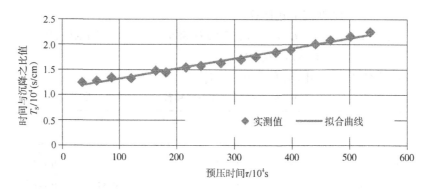

图 6-24　时沉比 T_S 与时间 τ 的关系曲线图

图 6-24 是根据实测资料,经上述统计分析后绘制的线性方程直线图。图中的横坐标为满载时刻算起的时间。纵坐标为时间与沉降的比值。图中示出的 T_S 与时间 τ 的关系曲线图,其中 T_S 为时间与沉降的比值,用下式计算:

$$T_S = \frac{\tau}{s_\tau - s_0}$$ (6-3)

式中,s_0 为满载开始时的实测沉降值。分层法将真空预压的荷载分解为真空负压和水位下降两部分构成,当真空负压在抽真空的当天就达到额定真空度时,可认为已达满载,但水位下降的压力是随预压时长呈线性增长的曲线,当预压结束时其荷载才能达到满载,为便于计算 s_0,按 2.7.1 的简化法则,以预压时长的半程作为水位下降荷载的满载时刻。本例的预压时长为 128d,半程为 64d,现将沉降记录中 $t = 66d$ 的沉降记为满载开始时的实测沉降值,$s_0 = 964\text{mm}$。一元线性回归方程计算列于表 6-32。

表 6-32　一元线性回归方程计算表

n	$X = \tau / \times 10^4\text{s}$	$s_\tau - s_0/\text{mm}$	$Y = \tau/(s_\tau - s_0)$	X^2	Y^2	XY
1	34.6	27.7	1.25	1194.4	1.55	43.0
2	60.5	47.3	1.28	3657.8	1.63	77.3
3	86.4	64.2	1.35	7465.0	1.81	116.3
4	121.0	90.9	1.33	14631.3	1.77	160.9
5	164.2	110.8	1.48	26948.5	2.19	243.1
6	181.4	125.5	1.45	32920.5	2.09	262.3
7	216.0	139.8	1.55	46656.0	2.39	333.9
8	241.9	153.3	1.58	58525.3	2.49	381.9
9	276.5	169.2	1.63	76441.2	2.67	451.9
10	311.0	182.6	1.70	96745.9	2.90	529.9
11	337.0	191.9	1.76	113542.0	3.08	591.6
12	371.5	201.0	1.85	138027.1	3.42	686.7
13	397.4	209.7	1.90	157958.6	3.59	753.4
14	440.6	219.5	2.01	194163.6	4.03	884.6
15	466.6	223.7	2.09	217678.2	4.35	972.9

（续）

n	$X = \tau/ \times 10^4 \mathrm{s}$	$s_\tau - s_0/\mathrm{mm}$	$Y = \tau/(s_\tau - s_0)$	X^2	Y^2	XY
16	501.1	231.8	2.16	251121.3	4.68	1083.6
17	535.7	238.4	2.25	286953.1	5.05	1203.6
Σ	4743.4	—	28.6	1724629.7	49.7	8776.8

图 6-24 中直线的截距为：

$$\alpha = \frac{\sum Y_i}{n} - \frac{b(\sum X_i)}{n} = \frac{28.6}{17} - \frac{0.0019986 \times 4743.4}{17} = 1.1281$$

图 6-24 中直线的斜率为：

$$\beta = \frac{\sum X_i Y_i - \frac{1}{n}(\sum X_i)(\sum Y_i)}{\sum X_i^2 - \frac{1}{n}(\sum X_i)^2} = \frac{8776.8 - \frac{1}{17} \times 4743.4 \times 28.6}{1724629.7 - \frac{1}{17} \times (4743.4)^2} = 0.001986$$

图 6-24 中直线的回归方程式为：

$$y = 1.1281 + 0.001986\tau \tag{6-4}$$

其相关系数绝对值 $r = 0.999$，显著度 $\alpha = 0.05$ 的方差分析 $F_{1,15} = 10987 > 4.45$。用经验双曲线法推算得到最终沉降值 s_{vf} 用下式计算。

$$s_{\mathrm{vf}} = s_0 + \frac{1}{\beta} = 964 + \frac{1}{0.001986} = 1467.4 \,(\mathrm{mm})$$

推算得到最终沉降值与 6.3 中的计算值相比可得本工程地区的沉降计算经验系数 ψ_{v}。

$$\psi_{\mathrm{v}} = \frac{1467.4}{1472} = 0.997$$

与采用的系数 $\psi_{\mathrm{s}} = 1.0$ 仅差 0.3%。

3. 整层总平均固结度

以 $s_{\mathrm{vf}} = 146.7 \mathrm{cm}$ 为压缩层的最终沉降，$T_z = 128\mathrm{d}$ 时整层的总平均固结度为：

$$\overline{U}_{\mathrm{vz}} = \frac{120.2}{146.7} = 0.819$$

4. 竖井层的平均固结度和固结度贡献值

竖井层的平均固结度：$U_{\mathrm{vw}} = \dfrac{s_{\mathrm{vw}T_z}}{s_{\mathrm{vwf}}} = \dfrac{111.1}{135.7} = 0.819$

竖井层的固结度贡献值：$\lambda_{\mathrm{vw}} U_{\mathrm{vw}} = 0.924 \times 0.819 = 0.756$

5. 井下层的平均固结度和固结度贡献值

井下层的平均固结度：$U_{\mathrm{vl}} = \dfrac{s_{\mathrm{vl}T_z}}{s_{\mathrm{vlf}}} = \dfrac{9.1}{11} = 0.827$

井下层的固结度贡献值：$\lambda_{\mathrm{vl}} U_{\mathrm{vl}} = (1 - 0.924) \times 0.827 = 0.063$

6. 总平均固结度

将竖井层和井下层的固结度贡献值相加即得整层总平均固结度：

$$\overline{U}_{vz} = 0.756 + 0.063 = 0.819$$

6.4.3 对比

分层法、设计采用的平均指标法与实测值的比较列于表 6-33 中。

从表 6-33 中可见：分层法在最终沉降值 s_{vf}、施工期沉降值 s_{vT_z} 和施工期固结度 $\overline{U}_{vz}$ 三项指标的误差均不大，无论是整层还是竖井层和井下层的误差绝对值都小于 5%；平均指标法的计算成果中，竖井层和井下层的三项指标误差都超过了 5%，只是它们正负相抵，使整层的三项指标的误差比较小。可见用平均指标法计算成层地基固结度的精度是不能满足设计要求的。

表 6-33　分层法、平均指标法与实测值比较表

项　目		实测值	分层法		平均指标法	
			计算值	误差 $E(\%)$	计算值	误差 $E(\%)$
最终沉降值 s/cm	整层 s_{vf}	146.7	147.2	0.3	144.3	-1.6
	竖井层 s_{vwf}	135.7	136.2	0.4	100.4	-26.0
	井下层 s_{vlf}	11.0	11.1	0.9	43.9	299.1
施工期沉降值 s/cm	整层 s_{vT_z}	120.2	116.3	-3.2	120.0	-0.2
	竖井层 s_{vwT_z}	111.1	107.5	-3.2	34.2	-69.2
	井下层 s_{vlT_z}	9.1	8.8	-3.3	85.8	842.9
施工期固结度 $\overline{U}_z$	整层 $\overline{U}_{vz}$	0.819	0.79	-3.5	0.832	1.6
	竖井层 $\lambda_{vw}U_{vw}$	0.756	0.73	-3.4	0.237	-68.7
	井下层 $\lambda_{vl}U_{vl}$	0.063	0.06	-4.8	0.595	844.4

6.4.4 分析

为进一步分析分层法与设计采用的平均指标法之间的差异，拟从地基变形计算和固结度计算两方面对比分析，以便找出问题的根本原因。

1. 地基变形计算

现行的国家行业标准 JGJ 79—2012 提供了计算成层地基沉降的分层总和法，无须采用平均指标法将成层地基等效为均质的单一地基。影响地基变形计算准确性的三个主要参数是压缩层深度、地基内的应力分布模式和沉降计算经验系数。设计按常规取膜下真空度的负压 80kPa 为荷载作用在地面上，未考虑真空度向下传递过程中的衰减，而是采用与地面堆载相同的方式向下传递，更未考虑抽真空使地下水位下降所引起的附加沉降。因此就产生如下问题：

1）把真空预压的荷载视为地面堆载一样对待，地基中的应力分布遵循布辛奈斯库解的模式，即前文所述的 C 工况。压缩层内的所有附加应力都不会大于膜下的真空负压值。而分层法确认真空负压和水位下降作用是共生的，采用的计算方法是 ABV 算法，在压缩层上部的地基土中，真空负压和水位下降作用两者相加就会大于膜下的真空负压，如图 6-25

所示。

　　图中显示竖井层中, C 工况的应力图形面积小于 ABV 算法的应力图形面积。井下层则反之, 真空负压传递至井下层中已丧失殆尽, 地基中仅为水位下降作用的压力, 这就是设计计算竖井层的沉降和固结度比实测值小, 井下层的沉降和固结度比实测值大的原因之一。

　　2) 分层法按真空预压的 ABV 算法计算沉降值, 考虑了真空负压的衰减, 真空负压通常只能达到竖井层的底部上下, 井下层中只有水位下降所产生的应力, 通常是 30～40kPa; 若将抽真空产生的负压 80kPa 视作地面堆载一样地向下传递时, 到达井下层顶面时地基的附加应力约为 46kPa, 到 $z = 41.1$m 时为 36kPa, 到 $z = 66.0$m 时, 仍有 28kPa, 如图 6-25 所示, 应力图形的面积大了 1 倍, 这就是井下层沉降计算值是实测值的数倍的原因之二。

　　3) 因未考虑真空负压的衰减, 按地面堆载 C 工况的模式向下传递, 为了达到附加应力小于等于 0.1 倍自重应力的条件, 依此确定的压缩层深度过大, 也即扩大了井下层的深度。这就是施工期沉降值和平均固结度两项指标都是井下层的占比大于竖井层的另一个缘故, 其误差都是正值且达数倍之大, 相反的竖井层的占比很小, 其误差均为负值, 这是有悖事实的。实践证明, 地基受荷载作用后所产生的沉降主要发生在上部的地基土中, 从实测数据也可见, 在真空预压法加固地基土的固结大部分产生于竖井层中, 井下层仅占很小的一部分。

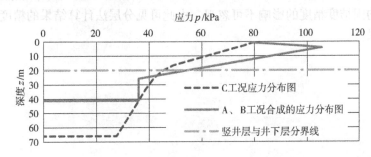

图 6-25　C 工况算法和 ABV 算法的应力分布图

2. 固结度计算

　　成层地基的固结度计算, 目前尚无可用的分层计算方法。为了将原先的成层地基等效为均质的单层地基, 通常是将计算指标按层厚的加权平均数作为等效后的单层地基的计算指标。实践早已证明用此方法算得的固结度与实际出入甚大。从表 6-33 中的数据也能获得证明。其主要原因如下:

　　1) 正如前文所述的诸多因素, 并不是仅用某些指标采用加权平均法可迎刃而解的, 尤其是 "权" 的选择十分关键; 加权平均的时机也很重要, 是先对原始指标进行平均还是对中间或最终的计算结果进行平均, 也有不可忽视的影响。总之, 采用平均指标法计算成层地基固结度的精度不容乐观, 难以使人满意, 只能说是权宜之计, 不得已而用之。

　　2) 用平均指标法计算非完整井成层地基的固结度时, 压缩层仍然划分为竖井层和井下层两个合层, 先分别计算竖井层的平均固结度和井下层的平均固结度, 然后按下式计算整个压缩层的总平均固结度。

$$\overline{U} = Q\,\overline{U}_{rz} + (1 - Q)\,\overline{U}'_{Z} \tag{6-5}$$

式中　$\overline{U}_{rz}$——竖井层的平均固结度, 无量纲;

　　　$\overline{U}'_{Z}$——井下层的平均固结度, 无量纲;

Q——系数，按式（2-13）计算。

前文 2.4.2 中已述，Q 乃是非完整井均质地基中竖井层的固结度贡献率。则 $(1-Q)$ 是非完整井均质地基中井下层的固结度贡献率。$Q\overline{U}_{rz}$ 就是竖井层对整个压缩层总平均固结度的贡献值，$(1-Q)\overline{U}'_{z}$ 就是井下层对整个压缩层总平均固结度的贡献值。6.4.4 的 1 中已述，由于压缩层估算过大，人为地放大了井下层的厚度，致使井下层的占比过大，因此用式 (2-13) 算得的竖井层的固结度贡献率 $Q=0.332$，井下层的固结度贡献率 $(1-Q)=0.668$，以 6 个钻孔资料计算得到的竖井层平均固结度 $\overline{U}_{rz}=0.714$，井下层平均固结度 $\overline{U}'_{z}=0.891$，它们的固结度贡献值分别为 0.237 和 0.595，相加后为整层的总平均固结度 $\overline{U}=0.832$。由此可见整层的总平均固结度与实测值比较接近，其误差仅为 1.6%，在可接受的范围内，但这只是假象，因为井下层的固结度贡献值是竖井层固结度贡献值的 2 倍多是不符合客观规律的。

3）井下层的排水距离采用折中的方法，渗流水的出口，既不是压缩层的顶面，也不是竖井层的底面，且已考虑了竖井的影响，计算所得的排水距离为 $H'=0.804H$，但渗流水最终仍旧没有排出压缩层顶面，还停留在竖井层内，从物理概念上实难接受。井下层的平均固结度按单向固结理论计算，排水距离是以 H^2 处在计算式指数的分母中，显然排水距离的取值对井下层平均固结度精度的影响不可忽视。由此可见分层法计算结果的精度能满足工程要求是必然的结果。

第7章 联合预压法的固结度计算步骤与算例

7.1 联合预压法固结度的计算步骤

联合预压法加固成层地基时，用分层法计算其固结度的步骤如下：

步骤1：根据预压方案设计及岩土工程资料计算竖井的各项参数。

步骤2：设定真空压力向下传递时的衰减值，预估地下水位下降的幅度。

步骤3：按附加应力小于等于自重应力0.1倍的条件，确定压缩层的深度。所指的附加应力应该是该深度处真空预压和堆载预压叠加后的附加应力。以竖井底为界将整个压缩层分为竖井层和井下层两个合层，再将竖井层和井下层按自然层位划分为若干个分层，自上而下连续编列序号。

步骤4：计算并绘制衰减后的真空负压与深度的关系曲线和分层平均真空负压与深度的关系曲线。计算并绘制水位下降作用的压力和分层平均压力与深度的关系曲线。分别计算A、B、C工况的分层应力折减系数。

步骤5：确定各分层的排水距离，计算非理想井地基的各项系数，计算各分层全路径竖向固结系数。计算各分层固结度初值的系数 α、β_i 值。

步骤6：绘制堆载预压时程曲线。计算各级荷载值 p_j、荷载比 η_j、延宕时差 t_j 及固结历时 T_j。

步骤7：分别计算真空负压（A工况）、水位下降（B工况）和堆载加压（C工况）时的分层变形量和累计变形量。确定沉降计算经验系数，算得A、B、C工况整层和各分层的最终沉降值。分别计算A、B、C工况的分层贡献率。计算联合预压（U工况）的分层沉降值和累计沉降值。计算U工况的分层贡献率。分别计算A、B、C工况的分层权重和整层权重。

步骤8：分别计算A、B、C工况各分层的固结度初值。

步骤9：分别计算A、B、C工况各分层的平均固结度。

步骤10：分别计算A、B、C工况各分层的固结度贡献值及其总和，分别得到A、B、C工况的整层总平均固结度。

步骤11：将A、B、C工况的整层总平均固结度乘上相对应的整层权重后相加得到联合预压U工况的整层总平均固结度。

步骤12：将A、B、C工况各分层的分层平均固结度乘上相对应的分层权重后相加得到联合预压U工况各分层的分层平均固结度。

步骤13：将U工况各分层平均固结度与U工况各分层贡献率相乘后相加得到U工况整层总平均固结度。

7.2 联合预压法固结度的算例

7.2.1 工程概况

某热电联产项目工程位于灌云县某镇，东临黄海，北、西两面为灌西盐场，南面是新沂河与灌河口入海交汇处。厂址区域地貌单元为海积平原，地形基本平坦，地势较低，地面高程一般为 2.50~3.00m。场地内软土分布广泛，层厚较大，物理力学指标较差，不经处理不宜作为基础持力层。

厂区地基处理总面积为 $11.35 \times 10^4 m^2$，分为 4 块场地，其中 Z2 场地为主厂房区，平面为矩形状 $144.5m \times 218m$，面积约 $3.15 \times 10^4 m^2$。加固场地的地层各土层主要物理力学参数见表 7-1。

表 7-1 土层主要物理力学参数表

层序号	名　称	重度 γ /(kN/m³)	孔隙比 e	压缩系数 a/MPa⁻¹	压缩模量 E_s/MPa	渗透系数 /(10⁻⁷m/d) k_v 竖向	k_h 水平	固结系数 /(m²/d) c_v 竖向	c_h 水平
①	素填土	17.1	1.344	1.82	2.1	2.59	2.94	0.056	0.063
②	淤泥质粉质黏土	17.1	1.345	0.98	2.1	3.02	13.0	0.065	0.278
③	粉质黏土夹粉土	19.0	0.633	0.25	6.4	4.06	4.41	0.265	0.288
④	粉土	19.2	0.588	0.07	12	178	—	21.8	—
⑤	粉质黏土夹粉土	18.7	0.869	0.43	4.9	4.0	—	0.20	—
⑥	粉土	19.4	0.648	0.13	13.4	178	—	24.3	—
⑦	粉砂夹粉土	19.5	0.644	0.18	11.5	4320	—	507	—
⑧	粉砂	19.6	0.624	0.11	16.2	6912	—	1143	—
⑨	黏土	18.3	1.007	0.43	4.9	2.07	—	0.10	—
⑩	粉细砂	19.8	0.586	0.10	16.0	10368	—	1693	—

采用联合预压法处理地基。排水竖井采用 C 型塑料排水带，间距 1.2m，正方形布置，长 22m。竖井未打穿压缩层，属非完整井地基。

Z2 场地于 2014 年 5 月 27 日开始抽真空，截止到 11 月 11 日抽真空 157d（已扣除受台风影响而停电 10d）。堆土荷载为 38kN/m²，于 7 月 20 日开始进行第一批的土方堆载，堆土荷载为 19kN/m²。于 2014 年 8 月 29 日开始进行第二批的土方堆载，堆土荷载为 19kN/m²。到 2014 年 11 月 10 日 Z2 场地预压结束，总时长 167d。

真空预压、堆载以及两者叠合作用的压力时程曲线示意图示于图 7-1 中。

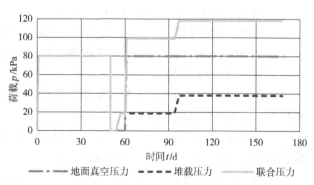

图 7-1 地面真空压力、堆载压力和联合压力
时程曲线示意图

总时长 167d 中停电 10d 时真空压力降至 0kPa。

7.2.2　本案例的计算步骤

步骤 1：根据预压方案设计及岩土工程资料计算所需的各项参数。

根据塑料排水带的尺寸和平面布置的间距和形状计算所得以下参数：

排水带宽度 $b = 10\text{cm}$

排水带厚度 $t_w = 0.45\text{cm}$

排水带横截面面积 $A_w = 10 \times 0.45 = 4.5(\text{cm}^2)$

排水带间距 $l = 1.2\text{m}$

排水带等效换算直径 $d_w = \dfrac{2(b + t_w)}{\pi} = \dfrac{2 \times (10 + 0.45)}{3.14} = 6.66(\text{cm})$

单井等效圆直径 $d_e = 1.13l = 1.13 \times 1.2 = 1.356(\text{m})$

按式（2-23）计算井径比 $n_w = \dfrac{d_e}{d_w} = \dfrac{1.356 \times 100}{6.66} = 20.4$

单井等效圆横截面面积 $A_e = 3.14 \times 0.678^2 = 1.443(\text{m}^2)$

竖井深度 $h_w = 22\text{m}$

竖井层中各分层 $S_1 = S_2 = 3$，$S_3 = 2.5$，竖井层中各分层 $\dfrac{k_{h1}}{k_{s1}} = \dfrac{k_{h2}}{k_{s2}} = \dfrac{k_{h3}}{k_{s3}} = 3$

已知竖井的纵向通水量 $q_w = 40\text{cm}^3/\text{s} = 3.46\text{m}^3/\text{d}$

步骤 2：设定真空压力向下传递时的衰减值。预估地下水位下降的幅度。

1）设定真空压力向下传递时的衰减值。

膜下真空压力 $p_{a0} = 80\text{kPa}$，各分层的真空压力的衰减值见表 7-2。

表 7-2　真空压力的衰减值 δ_i 表

合层名	土层号	分层号	层厚 h_i/m	真空度衰减值 $\delta_i/(\text{kPa/m})$
竖井层	①	1	1.5	3.7
	②	2	20.1	3.7
井下层	③	3	0.4	3.2
		4	4.3	0
	④	5	3.5	0
	⑤	6	1.9	0
	⑥	7	3.2	0
	⑦	8	2.6	0
	⑧	9	11.6	0
	⑨	10	5.8	0
	⑩	11	11.1	0

2）预估地下水位下降的幅度。

已知原地下水位位于原地面下 1m 处，即 $h_b = 1\text{m}$，预估地下水位下降 $h_d = 3\text{m}$，即 $p_{b0} = \gamma_w h_d = 30\text{kPa}$。下降后的水位在原地面以下 4m 处，即 $h_a = 4\text{m}$。

步骤 3：确定压缩层的深度。以竖井底为界将整个压缩层分为竖井层和井下层两个合层，再将竖井层和井下层按自然层位划分为若干个分层，自上而下连续编列序号。

1）真空压力传递至竖井层底时已衰减殆尽，所以真空预压所产生的附加应力从层④底面以下仅剩地下水位下降产生的附加应力，其值为 p_{b0}，是个常数，计算如下：

$$p_{b0} = \gamma_w h_d = 10 \times 3.0 = 30 (\text{kPa})$$

2）堆载预压传递到压缩层底时的附加应力 p_c 计算如下：

堆载面积宽为 144.5m，长为 218m。长宽比为 1.5。设压缩层深度 z 为 66.0m，$\dfrac{z}{B}$ = 0.45，查附录 A 表 A-1 得 $k_0 = 0.8084$

$$p_c = 0.8084 \times 38 = 30.7 (\text{kPa})$$
$$p_{b0} + p_c = 30 + 30.7 = 60.7 (\text{kPa})$$

3）自重应力。

抽真空前地下水位在地面下 1.0m，抽真空后，预估地下水位下降 3.0m。即地下水位降至地面以下 4.0m，其下的自重均按浮重度计算。

压缩层深度为 66.0m 时，其天然重度的自重应力 $p_\gamma = 1227.5$ kPa

地下水的浮力为 $p_w = (66.0 - 3.0 - 1.0) \times 10 = 620.0 (\text{kPa})$

4）验算压缩层深度 66.0m 是否满足规定。

$0.1(p_\gamma - p_w) = 0.1 \times (1227.5 - 620.0) = 60.75 (\text{kPa}) \approx p_v + p_c = 60.7 (\text{kPa})$ 符合规定。

5）以竖井底为界将压缩层划分为竖井层和井下层。

竖井层 22m，井下层 44.0m。

6）按自然层位划分分层。

竖井层和井下层再按自然层位划分，竖井层中含 3 个分层，井下层中含 8 个分层，土层③被分为 2 个分层。自上而下连续编号，共计 11 个分层，如图 7-2 所示。

步骤 4：计算并绘制衰减后的真空压力与深度的关系曲线和分层平均真空压力与深度的关系曲线。计算并绘制水位下降作用的压力和分层平均压力与深度的关系曲线。分别计算 A、B、C 工况的分层应力折减系数。

1）用式（2-29）计算 A 工况各分层底衰减后的真空压力值。

分层 1：$p_{a,1.5} = p_{a0} - h_1 \delta_1 = 80 - 1.5 \times 3.7 = 74.45 (\text{kPa})$

分层 2：$p_{a,21.6} = p_{a,1.5} - h_2 \delta_2 = 74.45 - 20.1 \times 3.7 = 0.08 (\text{kPa})$

分层 3：$p_{a,22} = p_{a,21.6} - h_3 \delta_3 = 0.08 - 0.4 \times 3.2 = 0 (\text{kPa})$

分层 4 及以下各层 $p_{a,z} = 0$ kPa

2）用式（2-30）计算 A 工况各分层的平均真空压力。

分层 1：$p_{a1} = p_{a0} - \dfrac{h_1 \delta_1}{2} = 80 - \dfrac{1.5 \times 3.7}{2} = 77.2 (\text{kPa})$

分层 2：$p_{a2} = p_{a1} - \dfrac{h_1 \delta_1}{2} - \dfrac{h_2 \delta_2}{2} = 77.2 - \dfrac{1.5 \times 3.7}{2} - \dfrac{20.1 \times 3.7}{2} = 37.3 (\text{kPa})$

分层 3：$p_{a3} = p_{a2} - \dfrac{h_2 \delta_2}{2} - \dfrac{h_3 \delta_3}{2} = 37.3 - \dfrac{20.1 \times 3.7}{2} - \dfrac{0.4 \times 3.2}{2} \approx 0 (\text{kPa})$

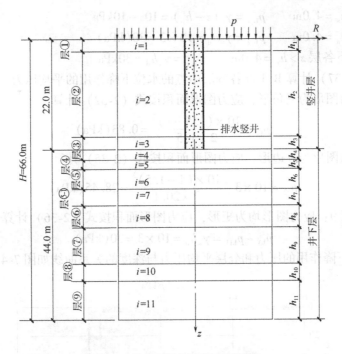

图 7-2　单井固结模型竖向剖面图

分层 4 及以下各层 $p_{ai}=0$ kPa

3）绘制的衰减后真空压力与深度的关系曲线和分层平均真空压力与深度的关系曲线如图 7-3 所示。

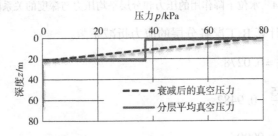

图 7-3　衰减后真空压力和分层平均真空压力与深度的关系曲线

4）按式（2-38）计算 A 工况各分层的应力折减系数。

分层 1：$\omega_{a1}=\dfrac{77.2}{80}=0.9653$

分层 2：$\omega_{a2}=\dfrac{37.3}{80}=0.4658$

分层 3：$\omega_{a3}=\dfrac{0}{80}=0$

分层 4 及以下各层：$\omega_{a4}=\omega_{a5}=\omega_{a6}=\omega_{a7}=\omega_{a8}=\omega_{a9}=\omega_{a10}=\omega_{a11}=0$

5）用式（2-31）计算 B 工况各层底水位下降作用的压力值。

分层 1：$z\leqslant h_b=1.0$ m　　　　$p_{b,1.0}=0$

　　　　　$z=h_1=1.5$ m $<h_a$　　$p_{b,1.5}=10\times(1.5-1.0)=5$ (kPa)

分层 2：$z < h_a = 4.0\mathrm{m}$ $p_{b,z} = \gamma_w(z - h_b) = 10z - 10\mathrm{kPa}$

          $z \geqslant h_a = 4.0\mathrm{m}$ $p_{b,z} = \gamma_w h_d = 10 \times 3 = 30(\mathrm{kPa})$

分层 3 及以下各层 $z > h_a = 4.0\mathrm{m}$ $p_{b,z} = \gamma_w h_d = 30\mathrm{kPa}$

6）按式（2-37）计算 B 工况各分层中点的水位下降作用的平均压力。

分层 1：应力图形为三角形，应力图形面积按式（2-32）计算。

$$p_{b1} = \frac{10 \times (1.5 - 1)^2}{2 \times 1.5} = 0.83(\mathrm{kPa})$$

分层 2：应力图形为五边形，应力图形面积按式（2-35）计算。

$$p_{b2} = 10 \times 3 - \frac{10 \times (4 - 1.5)^2}{2 \times 20.1} = 28.45(\mathrm{kPa})$$

分层 3 ~ 分层 9：应力图形均为矩形，应力图形面积按式（2-36）计算。

$$p_{b3} \sim p_{b11} = \gamma_w h_d = 10 \times 3 = 30(\mathrm{kPa})$$

绘制的水位下降作用的压力和分层平均压力与深度的关系曲线如图 7-4 所示。

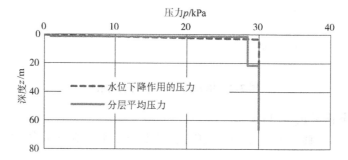

图 7-4　水位下降作用的压力和分层平均压力与深度的关系曲线

7）按式（2-39）计算 B 工况各分层的应力折减系数。

分层 1：$\omega_{b1} = \dfrac{0.83}{30} = 0.0278$

分层 2：$\omega_{b2} = \dfrac{28.45}{30} = 0.9482$

分层 3：$\omega_{b3} = \dfrac{30}{30} = 1.0000$

分层 4：$\omega_{b4} = \dfrac{30}{30} = 1.0000$

分层 5：$\omega_{b5} = \dfrac{30}{30} = 1.0000$

分层 6：$\omega_{b6} = \dfrac{30}{30} = 1.0000$

分层 7：$\omega_{b7} = \dfrac{30}{30} = 1.0000$

分层 8：$\omega_{b8} = \dfrac{30}{30} = 1.0000$

分层 9：$\omega_{b9} = \dfrac{30}{30} = 1.0000$

分层 10：$\omega_{b10} = \dfrac{30}{30} = 1.0000$

分层 11：$\omega_{b11} = \dfrac{30}{30} = 1.0000$

8）先按式（2-10）算得各分层的附加应力系数沿土层厚度的积分值 A_i，再按式（2-26）计算 C 工况各分层的应力折减系数。

分层 1：$\omega_{c1} = \dfrac{1.4998}{1.5} = 0.9999$

分层 2：$\omega_{c2} = \dfrac{20.012}{20.1} = 0.9956$

分层 3：$\omega_{c3} = \dfrac{0.395}{0.4} = 0.9865$

分层 4：$\omega_{c4} = \dfrac{4.233}{4.3} = 0.9845$

分层 5：$\omega_{c5} = \dfrac{3.419}{3.5} = 0.9768$

分层 6：$\omega_{c6} = \dfrac{1.825}{1.9} = 0.9603$

分层 7：$\omega_{c7} = \dfrac{3.057}{3.2} = 0.9552$

分层 8：$\omega_{c8} = \dfrac{2.469}{2.6} = 0.9495$

分层 9：$\omega_{c9} = \dfrac{10.701}{11.6} = 0.9225$

分层 10：$\omega_{c10} = \dfrac{5.139}{5.8} = 0.8861$

分层 11：$\omega_{c11} = \dfrac{9.287}{11.1} = 0.8367$

步骤 5：确定各分层的排水距离，计算非理想井地基的各项系数，计算各分层全路径竖向固结系数和 β_i 值。

1）从表 7-2 中可确定 11 个分层的排水距离 h_i 如下：

分层 1：$h_1 = 1.5$m
分层 2：$h_2 = 21.6$m
分层 3：$h_3 = 22.0$m
分层 4：$h_4 = 26.3$m
分层 5：$h_5 = 29.8$m
分层 6：$h_6 = 31.7$m
分层 7：$h_7 = 34.9$m
分层 8：$h_8 = 37.5$m
分层 9：$h_9 = 49.1$m
分层 10：$h_{10} = 54.9$m
分层 11：$h_{11} = 66.0$m

2）计算非理想井地基的各项系数。

①按式（4-7）计算井径比因子系数 $F_n = \ln(20.4) - 0.75 = 2.264$

②按式（4-9）计算涂抹影响系数 F_{si}。

$$F_{s1} = F_{s2} = (3-1)\ln(3) = 2.197$$
$$F_{s3} = (3-1)\ln(2.5) = 1.833$$

③按式（4-10）计算井阻影响系数 F_{ri}。

分层1：$F_{r1} = \dfrac{3.14^2 \times 1.5^2 \times 2.94 \times 10^{-4}}{4 \times 3.46} = 0.0005$

分层2：$F_{r2} = \dfrac{3.14^2 \times 21.6^2 \times 13 \times 10^{-4}}{4 \times 3.46} = 0.431$

分层3：$F_{r3} = \dfrac{3.14^2 \times 22^2 \times 4.41 \times 10^{-4}}{4 \times 3.46} = 0.152$

④按式（4-8）计算综合系数 F_i。

分层1：$F_1 = F_n + F_{s1} + F_{r1} = 2.264 + 2.197 + 0.0005 = 4.46$

分层2：$F_2 = F_n + F_{s2} + F_{r2} = 2.264 + 2.197 + 0.431 = 4.89$

分层3：$F_3 = F_n + F_{s3} + F_{r3} = 2.264 + 1.833 + 0.152 = 4.25$

3）计算竖井层中各分层的复合竖向固结系数。

①竖井层中各分层的径向渗透系数。

分层1：$k_{h1} = 2.94 \times 10^{-4} \text{m/d}$

分层2：$k_{h2} = 13.0 \times 10^{-4} \text{m/d}$

分层3：$k_{h3} = 4.41 \times 10^{-4} \text{m/d}$

②按式（2-16）计算竖井固结系数。

竖井的渗透系数 $k_w = 5 \times 10^{-4} \text{cm/s} = 0.432 \text{m/d}$

折算的竖井压缩模量 $E_s = 36 \text{MPa}$

竖井的竖向固结系数 $c_w = \dfrac{0.432 \times 36 \times 1000}{9.8} = 1587 (\text{m}^2/\text{d})$

③用式（2-21）计算单个竖井等效圆的井土面积比。

$$\mu = \frac{4.5}{1.443 \times 10000} = 0.312 \times 10^{-3}$$

④按式（2-22）计算竖井层中各分层的井土系数比 ν_i。

分层1：$\nu_1 = \dfrac{c_w}{c_{v1}} = \dfrac{1587}{0.056} = 28338$

分层2：$\nu_2 = \dfrac{c_w}{c_{v2}} = \dfrac{1587}{0.065} = 24414$

分层3：$\nu_3 = \dfrac{c_w}{c_{v3}} = \dfrac{1587}{0.265} = 5988$

⑤按式（2-20）计算竖井层中各分层的复合竖向固结系数 c_{wsi}。

分层1：$c_{ws1} = [1 + 0.312 \times 10^{-3} \times (28338 - 1)] \times 0.056 = 0.55 (\text{m}^2/\text{d})$

分层2：$c_{ws2} = [1 + 0.312 \times 10^{-3} \times (24414 - 1)] \times 0.065 = 0.56 (\text{m}^2/\text{d})$

分层3：$c_{ws3} = [1 + 0.312 \times 10^{-3} \times (5988 - 1)] \times 0.265 = 0.76(\text{m}^2/\text{d})$

4）按式（2-19）、式（2-18）分别计算竖井层各分层的全路径竖向固结系数。

分层1：$\bar{c}_{v1} = 0.056\,\text{m}^2/\text{d}$

分层2：$\bar{c}_{v2} = \dfrac{\dfrac{0.056}{1.5^2} + \dfrac{0.065}{20.1^2}}{\dfrac{1}{1.5^2} + \dfrac{1}{20.1^2}} = 0.056(\text{m}^2/\text{d})$

分层3：$\bar{c}_{v3} = \dfrac{\dfrac{0.056}{1.5^2} + \dfrac{0.065}{20.1^2} + \dfrac{0.265}{0.4^2}}{\dfrac{1}{1.5^2} + \dfrac{1}{20.1^2} + \dfrac{1}{0.4^2}} = 0.251(\text{m}^2/\text{d})$

5）按式（2-24）计算井下层中各分层的全路径竖向固结系数。

分层4：$\bar{c}_{v4} = \dfrac{\dfrac{0.55}{1.5^2} + \dfrac{0.56}{20.1^2} + \dfrac{0.76}{0.4^2} + \dfrac{0.265}{4.3^2}}{\dfrac{1}{1.5^2} + \dfrac{1}{20.1^2} + \dfrac{1}{0.4^2} + \dfrac{1}{4.3^2}} = 0.74(\text{m}^2/\text{d})$

分层5：$\bar{c}_{v5} = \dfrac{\dfrac{0.55}{1.5^2} + \dfrac{0.56}{20.1^2} + \dfrac{0.76}{0.4^2} + \dfrac{0.265}{4.3^2} + \dfrac{21.8}{3.5^2}}{\dfrac{1}{1.5^2} + \dfrac{1}{20.1^2} + \dfrac{1}{0.4^2} + \dfrac{1}{4.3^2} + \dfrac{1}{3.5^2}} = 0.99(\text{m}^2/\text{d})$

分层6：$\bar{c}_{v6} = \dfrac{\dfrac{0.55}{1.5^2} + \dfrac{0.56}{20.1^2} + \dfrac{0.76}{0.4^2} + \dfrac{0.265}{4.3^2} + \dfrac{21.8}{3.5^2} + \dfrac{0.2}{1.9^2}}{\dfrac{1}{1.5^2} + \dfrac{1}{20.1^2} + \dfrac{1}{0.4^2} + \dfrac{1}{4.3^2} + \dfrac{1}{3.5^2} + \dfrac{1}{1.9^2}} = 0.96(\text{m}^2/\text{d})$

分层7：$\bar{c}_{v7} = \dfrac{\dfrac{0.55}{1.5^2} + \dfrac{0.56}{20.1^2} + \dfrac{0.76}{0.4^2} + \dfrac{0.265}{4.3^2} + \dfrac{21.8}{3.5^2} + \dfrac{0.2}{1.9^2} + \dfrac{24.3}{3.2^2}}{\dfrac{1}{1.5^2} + \dfrac{1}{20.1^2} + \dfrac{1}{0.4^2} + \dfrac{1}{4.3^2} + \dfrac{1}{3.5^2} + \dfrac{1}{1.9^2} + \dfrac{1}{3.2^2}} = 1.28(\text{m}^2/\text{d})$

分层8：$\bar{c}_{v8} = \dfrac{\dfrac{0.55}{1.5^2} + \dfrac{0.56}{20.1^2} + \dfrac{0.76}{0.4^2} + \dfrac{0.265}{4.3^2} + \dfrac{21.8}{3.5^2} + \dfrac{0.2}{1.9^2} + \dfrac{24.3}{3.2^2} + \dfrac{507}{2.6^2}}{\dfrac{1}{1.5^2} + \dfrac{1}{20.1^2} + \dfrac{1}{0.4^2} + \dfrac{1}{4.3^2} + \dfrac{1}{3.5^2} + \dfrac{1}{1.9^2} + \dfrac{1}{3.2^2} + \dfrac{1}{2.6^2}} = 11.4(\text{m}^2/\text{d})$

分层9：$\bar{c}_{v9} = \dfrac{\dfrac{0.55}{1.5^2} + \dfrac{0.56}{20.1^2} + \dfrac{0.76}{0.4^2} + \dfrac{0.265}{4.3^2} + \dfrac{21.8}{3.5^2} + \dfrac{0.2}{1.9^2} + \dfrac{24.3}{3.2^2} + \dfrac{507}{2.6^2} + \dfrac{1143}{11.6^2}}{\dfrac{1}{1.5^2} + \dfrac{1}{20.1^2} + \dfrac{1}{0.4^2} + \dfrac{1}{4.3^2} + \dfrac{1}{3.5^2} + \dfrac{1}{1.9^2} + \dfrac{1}{3.2^2} + \dfrac{1}{2.6^2} + \dfrac{1}{11.6^2}}$

$= 12.6(\text{m}^2/\text{d})$

分层10：$\bar{c}_{v10} = \dfrac{\dfrac{0.55}{1.5^2} + \dfrac{0.56}{20.1^2} + \dfrac{0.76}{0.4^2} + \dfrac{0.265}{4.3^2} + \dfrac{21.8}{3.5^2} + \dfrac{0.2}{1.9^2} + \dfrac{24.3}{3.2^2} + \dfrac{507}{2.6^2} + \dfrac{1143}{11.6^2} + \dfrac{0.10}{5.8^2}}{\dfrac{1}{1.5^2} + \dfrac{1}{20.1^2} + \dfrac{1}{0.4^2} + \dfrac{1}{4.3^2} + \dfrac{1}{3.5^2} + \dfrac{1}{1.9^2} + \dfrac{1}{3.2^2} + \dfrac{1}{2.6^2} + \dfrac{1}{11.6^2} + \dfrac{1}{5.8^2}}$

$= 12.5(\text{m}^2/\text{d})$

分层11：$\bar{c}_{v11} = \dfrac{\dfrac{0.55}{1.5^2} + \dfrac{0.56}{20.1^2} + \dfrac{0.75}{0.4^2} + \dfrac{0.265}{4.3^2} + \dfrac{21.8}{3.5^2} + \dfrac{0.2}{1.9^2} + \dfrac{24.3}{3.2^2} + \dfrac{507}{2.6^2} + \dfrac{1143}{11.6^2} + \dfrac{0.10}{5.8^2} + \dfrac{1693}{11.1^2}}{\dfrac{1}{1.5^2} + \dfrac{1}{20.1^2} + \dfrac{1}{0.4^2} + \dfrac{1}{4.3^2} + \dfrac{1}{3.5^2} + \dfrac{1}{1.9^2} + \dfrac{1}{3.2^2} + \dfrac{1}{2.6^2} + \dfrac{1}{11.6^2} + \dfrac{1}{5.8^2} + \dfrac{1}{11.1^2}}$

$= 14.4\,(\mathrm{m^2/d})$

6）按式（4-3）算得竖井层中各分层的 β_i 值。

分层1：$\beta_1 = \dfrac{8 \times 0.063}{4.46 \times 1.356^2} + \dfrac{3.14^2 \times 0.056}{4 \times 1.5^2} = 0.0615 + 0.0614 = 0.123$

分层2：$\beta_2 = \dfrac{8 \times 0.278}{4.89 \times 1.356^2} + \dfrac{3.14^2 \times 0.056}{4 \times 21.6^2} = 0.247 + 0.0003 = 0.247$

分层3：$\beta_3 = \dfrac{8 \times 0.288}{4.25 \times 1.356^2} + \dfrac{3.14^2 \times 0.251}{4 \times 22^2} = 0.295 + 0.0013 = 0.296$

7）按式（4-4）算得井下层中各分层的 β_i 值

分层4：$\beta_4 = \dfrac{3.14^2 \times 0.742}{4 \times 26.3^2} = 0.003$

分层5：$\beta_5 = \dfrac{3.14^2 \times 0.99}{4 \times 29.8^2} = 0.003$

分层6：$\beta_6 = \dfrac{3.14^2 \times 0.96}{4 \times 31.7^2} = 0.002$

分层7：$\beta_7 = \dfrac{3.14^2 \times 1.28}{4 \times 34.9^2} = 0.003$

分层8：$\beta_8 = \dfrac{3.14^2 \times 11.4}{4 \times 37.5^2} = 0.02$

分层9：$\beta_9 = \dfrac{3.14^2 \times 12.6}{4 \times 49.1^2} = 0.013$

分层10：$\beta_{10} = \dfrac{3.14^2 \times 12.5}{4 \times 54.9^2} = 0.01$

分层11：$\beta_{11} = \dfrac{3.14^2 \times 14.4}{4 \times 66.0^2} = 0.008$

步骤6：绘制堆载预压时程曲线。计算各级荷载值 Δp_j、荷载比 η_j、延宕时差 t_j 及固结历时 T_j。

逐渐加荷的时程曲线如图7-5中"实际堆载时程曲线"虚线所示。2次堆载均为线性均匀加荷，每次均为19kN/m²，合计为38kN/m²。现采用2级瞬时加荷的方式替代原2次线性均匀加荷的模式，计算加荷时程曲线图以实线示于图7-5中。荷载参数详见表7-3。

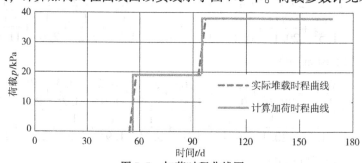

图7-5　加荷时程曲线图

表 7-3　荷载参数表

荷载级序 j	1	2
荷载值 $\Delta p_j/\mathrm{kN/m^2}$	19	19
荷载比 η_j	0.5	0.5
各级荷载延宕的时差 t_j/d	55	94
各级荷载有效固结历时 T_j/d	112	73

步骤 7：分别计算 A、B、C 的分层地基的最终变形量和累计最终变形量。分别计算 A、B、C 工况的分层贡献率。确定沉降计算经验系数，算得 A、B、C 工况整层和各分层的最终沉降值。计算 U 工况各分层地基的最终沉降值和累计最终沉降值及 U 工况的分层贡献率。分别计算 A、B、C 工况的分层权重和整层权重。

1）按式（3-10）、式（3-11）计算 A 工况各分层的最终变形量和累计最终变形量，计算结果列于表 7-4。

表 7-4　A 工况地基变形量计算表

i	z_i/m	h_i/m	$\omega_{ai}p_{a0}/\mathrm{kPa}$	E_{si}/MPa	s'_{aif}/mm	$\sum s'_{aif}/\mathrm{mm}$
1	1.5	1.5	77.2	2.1	55.2	55.2
2	21.6	20.1	37.3	2.1	356.7	411.8
3	22.0	0.4	0	6.4	0	411.8
4	26.3	4.3	0	6.4	0	411.8
5	29.8	3.5	0	12.0	0	411.8
6	31.7	1.9	0	4.9	0	411.8
7	34.9	3.2	0	13.4	0	411.8
8	37.5	2.6	0	11.5	0	411.8
9	49.1	11.6	0	16.2	0	411.8
10	54.9	5.8	0	4.9	0	411.8
11	66.0	11.1	0	16.0	0	411.8

本工程的地区沉降计算经验系数 $\psi_v=1.0$，第 i 分层的最终沉降值 $s_{aif}=s'_{aif}$，整层最终沉降值 $s_{af}=\sum s'_{aif}=41.2\mathrm{cm}$。

2）按式（3-14）、式（3-15）计算 B 工况各分层地基的最终变形量和累计最终变形量，计算结果列于表 7-5。

表 7-5　B 工况地基变形量计算表

i	z_i/m	h_i/m	$\omega_{bi}p_{b0}/\mathrm{kPa}$	E_{si}/MPa	s'_{bif}/mm	$\sum s'_{bif}/\mathrm{mm}$
1	1.5	1.5	0.83	2.1	0.6	0.6
2	21.6	20.1	28.45	2.1	272.3	272.9
3	22.0	0.4	30.0	6.4	1.9	274.7
4	26.3	4.3	30.0	6.4	20.2	294.9
5	29.8	3.5	30.0	12	8.8	303.6
6	31.7	1.9	30.0	4.9	11.6	315.3
7	34.9	3.2	30.0	13.4	7.2	322.4

（续）

i	z_i/m	h_i/m	$\omega_{bi}p_{b0}$/kPa	E_{si}/MPa	s'_{bif}/mm	$\sum s'_{bif}$/mm
8	37.5	2.6	30.0	11.5	6.8	329.2
9	49.1	11.6	30.0	16.2	21.5	350.7
10	54.9	5.8	30.0	4.9	35.5	386.2
11	66.0	11.1	30.0	16	20.8	407.0

本工程的地区沉降计算经验系数 $\psi_v = 1.0$，第 i 分层的最终沉降值 $s_{bif} = s'_{bif}$，整层最终沉降值 $s_{bf} = \sum s'_{bif} = 40.7\text{cm}$。

3）按式（3-1）、式（3-2）计算 C 工况各分层地基的最终变形量和累计最终变形量，计算结果列于表 7-6。

表 7-6　C 工况地基变形量计算表

i	z_i/m	h_i/m	$\omega_{ci}p_{c0}$/kPa	E_{si}/MPa	s'_{cif}/mm	$\sum s'_{cif}$/mm
1	1.5	1.5	38.0	2.1	27.1	27.1
2	21.6	20.1	37.8	2.1	362.1	389.3
3	22.0	0.4	37.5	6.4	2.3	391.6
4	26.3	4.3	37.4	6.4	25.1	416.8
5	29.8	3.5	37.1	12	10.8	427.6
6	31.7	1.9	36.5	4.9	14.2	441.7
7	34.9	3.2	36.3	13.4	8.7	450.4
8	37.5	2.6	36.1	11.5	8.2	458.6
9	49.1	11.6	35.1	16.2	25.1	483.7
10	54.9	5.8	33.7	4.9	39.9	523.5
11	66.0	11.1	31.8	16	22.1	545.6

按式（2-9）计算压缩模量当量值：

$$\overline{E}_s = \frac{\sum A_i}{\sum \dfrac{A_i}{E_{si}}} = \frac{62.04}{14.36}\text{MPa} = 4.32\text{MPa} > 4.0\text{MPa}$$

按表 3-1，确定沉降计算经验系数 $\psi_s = 1.00$，第 i 分层的最终沉降 $s_{cif} = s'_{cif}$，整层最终沉降 $s_{cf} = \sum s'_{cf} = 54.6\text{cm}$。

4）按式（3-28）计算 A 工况各分层的分层贡献率。

分层 1：$\lambda_{a1} = \dfrac{55.2}{411.8} = 0.1339$

分层 2：$\lambda_{a2} = \dfrac{356.7}{411.8} = 0.8661$

分层 3：$\lambda_{a3} = \dfrac{0}{411.8} = 0$

分层 4 及以下各层：$\lambda_{a4} = \lambda_{a5} = \lambda_{a6} = \lambda_{a7} = \lambda_{a8} = \lambda_{a9} = \lambda_{a10} = \lambda_{a11} = 0$

5）按式（3-29）计算 B 工况各分层的分层贡献率。

分层 1：$\lambda_{b1} = \dfrac{0.6}{407.0} = 0.0015$

分层 2：$\lambda_{b2} = \dfrac{272.3}{407.0} = 0.6689$

分层 3：$\lambda_{b3} = \dfrac{1.9}{407.0} = 0.0046$

分层 4：$\lambda_{b4} = \dfrac{20.2}{407.0} = 0.0495$

分层 5：$\lambda_{b5} = \dfrac{8.8}{407.0} = 0.0215$

分层 6：$\lambda_{b6} = \dfrac{11.6}{407.0} = 0.0286$

分层 7：$\lambda_{b7} = \dfrac{7.2}{407.0} = 0.0176$

分层 8：$\lambda_{b8} = \dfrac{6.8}{407.0} = 0.0167$

分层 9：$\lambda_{b9} = \dfrac{21.5}{407.0} = 0.0528$

分层 10：$\lambda_{b10} = \dfrac{35.5}{407.0} = 0.0872$

分层 11：$\lambda_{b11} = \dfrac{20.8}{407.0} = 0.0511$

6）按式（3-5）计算 C 工况各分层的分层贡献率。

分层 1：$\lambda_{c1} = \dfrac{27.1}{545.6} = 0.0497$

分层 2：$\lambda_{c2} = \dfrac{362.1}{545.6} = 0.6638$

分层 3：$\lambda_{c3} = \dfrac{2.34}{545.6} = 0.0043$

分层 4：$\lambda_{c4} = \dfrac{25.1}{545.6} = 0.0461$

分层 5：$\lambda_{c5} = \dfrac{10.8}{545.6} = 0.0198$

分层 6：$\lambda_{c6} = \dfrac{14.2}{545.6} = 0.0259$

分层 7：$\lambda_{c7} = \dfrac{8.7}{545.6} = 0.0159$

分层 8：$\lambda_{c8} = \dfrac{8.2}{545.6} = 0.0150$

分层 9：$\lambda_{c9} = \dfrac{25.1}{545.6} = 0.046$

分层 10：$\lambda_{c10} = \dfrac{39.9}{545.6} = 0.0731$

分层 11：$\lambda_{c11} = \dfrac{22.1}{545.6} = 0.0404$

7）按式（3-33）计算 U 工况各分层地基的最终沉降值和累计最终沉降值，计算结果列于表 7-7。

表 7-7　U 工况地基沉降值计算表

i	z_i/m	h_i/m	s_{uif}/mm	$\sum s_{uif}/mm$	分层贡献率 λ_{ui}
1	1.5	1.5	82.9	82.9	0.061
2	21.6	20.1	991.1	1074.0	0.726
3	22.0	0.4	4.2	1078.2	0.003
4	26.3	4.3	45.3	1123.5	0.033
5	29.8	3.5	19.6	1143.1	0.014
6	31.7	1.9	25.8	1168.8	0.019
7	34.9	3.2	15.8	1184.7	0.012
8	37.5	2.6	14.9	1199.6	0.011
9	49.1	11.6	46.6	1246.2	0.034
10	54.9	5.8	75.4	1321.6	0.055
11	66.0	11.1	42.9	1364.4	0.031

整层最终沉降 $s_{uf} = 136.4cm$。

8）按式（4-45）算得 A 工况各分层的分层权重。

分层 1：$q_{ua1} = \dfrac{55.2}{82.9} = 0.6654$

分层 2：$q_{ua2} = \dfrac{356.7}{991.1} = 0.3599$

分层 3：$q_{ua3} = \dfrac{0}{4.1} = 0$

分层 4 及以下各分层：$q_{ua4} = q_{ua5} = q_{ua6} = q_{ua7} = q_{ua8} = q_{ua9} = q_{ua10} = q_{ua11} = 0$

9）按式（4-46）算得 B 工况各分层的分层权重。

分层 1：$q_{ub1} = \dfrac{0.6}{82.9} = 0.0072$

分层 2：$q_{ub2} = \dfrac{272.3}{991.1} = 0.2747$

分层 3：$q_{ub3} = \dfrac{1.9}{4.2} = 0.4445$

分层 4：$q_{ub4} = \dfrac{20.2}{45.3} = 0.4450$

分层 5：$q_{ub5} = \dfrac{8.8}{19.6} = 0.4470$

分层 6：$q_{ub6} = \dfrac{11.6}{25.8} = 0.4512$

分层 7：$q_{ub7} = \dfrac{7.2}{15.8} = 0.4525$

分层 8：$q_{ub8} = \dfrac{6.8}{14.9} = 0.4540$

分层 9：$q_{ub9} = \dfrac{21.5}{46.6} = 0.4611$

分层 10：$q_{ub10} = \dfrac{35.5}{75.4} = 0.4712$

分层 11：$q_{ub11} = \dfrac{20.8}{42.9} = 0.4855$

10）按式（4-47）算得 C 工况各分层的分层权重。

分层 1：$q_{uc1} = \dfrac{27.1}{82.9} = 0.3274$

分层 2：$q_{uc2} = \dfrac{362.1}{991.1} = 0.3654$

分层 3：$q_{uc3} = \dfrac{2.3}{4.2} = 0.5554$

分层 4：$q_{uc4} = \dfrac{25.1}{45.3} = 0.5550$

分层 5：$q_{uc5} = \dfrac{10.8}{19.6} = 0.5530$

分层 6：$q_{uc6} = \dfrac{14.2}{25.8} = 0.5488$

分层 7：$q_{uc7} = \dfrac{8.7}{15.8} = 0.5475$

分层 8：$q_{uc8} = \dfrac{8.2}{14.9} = 0.5460$

分层 9：$q_{uc9} = \dfrac{25.1}{46.6} = 0.5389$

分层 10：$q_{uc10} = \dfrac{39.9}{75.4} = 0.5288$

分层 11：$q_{uc11} = \dfrac{22.1}{42.9} = 0.5145$

11）按式（4-39）、式（4-40）和式（4-41）分别计算 A、B、C 工况的整层权重。

$$Q_{ua} = \frac{411.8}{1364.4} = 0.3018$$

$$Q_{ub} = \frac{407.0}{1364.4} = 0.2983$$

$$Q_{uc} = \frac{545.6}{1364.4} = 0.3999$$

步骤 8：分别计算 A、B、C 工况各分层的固结度初值。

1）按式（4-23）计算 A 工况各分层固结度初值。

分层 1：$U_{a1}^0 = 1 - \alpha e^{-\beta_1 t} = 1 - 0.811 \times e^{-0.123 \times 157} = 1.0000$

分层 2：$U_{a2}^0 = 1 - \alpha e^{-\beta_2 t} = 1 - 0.811 \times e^{-0.247 \times 157} = 1.0000$

分层 3：$U_{a3}^0 = 1 - \alpha e^{-\beta_3 t} = 1 - 0.811 \times e^{-0.296 \times 157} = 1.0000$

分层 4：$U_{a4}^0 = 1 - \alpha e^{-\beta_4 t} = 1 - 0.811 \times e^{-0.003 \times 157} = 0.4642$

分层 5：$U_{a5}^0 = 1 - \alpha e^{-\beta_5 t} = 1 - 0.811 \times e^{-0.003 \times 157} = 0.4737$

分层 6：$U_{a6}^0 = 1 - \alpha e^{-\beta_6 t} = 1 - 0.811 \times e^{-0.002 \times 157} = 0.4399$

分层 7：$U_{a7}^0 = 1 - \alpha e^{-\beta_7 t} = 1 - 0.811 \times e^{-0.003 \times 157} = 0.4595$

分层 8：$U_{a8}^0 = 1 - \alpha e^{-\beta_8 t} = 1 - 0.811 \times e^{-0.02 \times 157} = 0.9653$

分层 9：$U_{a9}^0 = 1 - \alpha e^{-\beta_9 t} = 1 - 0.811 \times e^{-0.013 \times 157} = 0.8925$

分层 10：$U_{a10}^0 = 1 - \alpha e^{-\beta_{10} t} = 1 - 0.811 \times e^{-0.01 \times 157} = 0.8379$

分层 11：$U_{a11}^0 = 1 - \alpha e^{-\beta_{11} t} = 1 - 0.811 \times e^{-0.008 \times 157} = 0.7739$

2）按式（4-24）计算 B 工况各分层固结度初值。

分层 1：$U_{b1}^0 = 1 - \alpha e^{-\beta_1 t/2} = 1 - 0.811 \times e^{-0.123 \times 157/2} = 1.0000$

分层 2：$U_{b2}^0 = 1 - \alpha e^{-\beta_2 t/2} = 1 - 0.811 \times e^{-0.247 \times 157/2} = 1.0000$

分层 3：$U_{b3}^0 = 1 - \alpha e^{-\beta_3 t/2} = 1 - 0.811 \times e^{-0.296 \times 157/2} = 1.0000$

分层 4：$U_{b4}^0 = 1 - \alpha e^{-\beta_4 t/2} = 1 - 0.811 \times e^{-0.003 \times 157/2} = 0.3407$

分层 5：$U_{b5}^0 = 1 - \alpha e^{-\beta_5 t/2} = 1 - 0.811 \times e^{-0.003 \times 157/2} = 0.3465$

分层 6：$U_{b6}^0 = 1 - \alpha e^{-\beta_6 t/2} = 1 - 0.811 \times e^{-0.002 \times 157/2} = 0.3259$

分层 7：$U_{b7}^0 = 1 - \alpha e^{-\beta_7 t/2} = 1 - 0.811 \times e^{-0.003 \times 157/2} = 0.3378$

分层 8：$U_{b8}^0 = 1 - \alpha e^{-\beta_8 t/2} = 1 - 0.811 \times e^{-0.02 \times 157/2} = 0.8321$

分层 9：$U_{b9}^0 = 1 - \alpha e^{-\beta_9 t/2} = 1 - 0.811 \times e^{-0.013 \times 157/2} = 0.7047$

分层 10：$U_{b10}^0 = 1 - \alpha e^{-\beta_{10} t/2} = 1 - 0.811 \times e^{-0.01 \times 157/2} = 0.6373$

分层 11：$U_{b11}^0 = 1 - \alpha e^{-\beta_{11} t/2} = 1 - 0.811 \times e^{-0.008 \times 157/2} = 0.5717$

3）按式（4-21）计算，先算堆载加压（C 工况）各分层固结度初值的第 j 级分量 $U_{ci,j}^0$，再按式（4-22）计算 C 工况的分层固结度初值 U_{ci}^0。

分层 1：第 1 级荷载的分量

$$U_{c1,1}^0 = 1 - \alpha e^{-\beta_1 T_1} = 1 - 0.811 \times e^{-0.123 \times 112} = 1.0000$$

第 2 级荷载的分量

$$U_{c1,2}^0 = 1 - \alpha e^{-\beta_1 T_2} = 1 - 0.811 \times e^{-0.123 \times 73} = 0.9999$$

分层 1 的分层固结度初值

$$U_{c1}^0 = \sum_{j=1}^2 \eta_j U_{c1,j}^0 = 0.5 \times 1.0000 + 0.5 \times 0.9999 = 0.9999$$

分层 2：第 1 级荷载的分量

$$U_{c2,1}^0 = 1 - \alpha e^{-\beta_2 T_1} = 1 - 0.811 \times e^{-0.247 \times 112} = 1.0000$$

第 2 级荷载的分量

$$U_{c2,2}^0 = 1 - \alpha e^{-\beta_2 T_2} = 1 - 0.811 \times e^{-0.247 \times 73} = 1.0000$$

分层 2 的分层固结度初值

$$U_{c2}^0 = \sum_{j=1}^2 \eta_j U_{c2,j}^0 = 0.5 \times 1.0000 + 0.5 \times 1.0000 = 1.0000$$

分层 3：第 1 级荷载的分量

$$U_{c3,1}^0 = 1 - \alpha e^{-\beta_3 T_1} = 1 - 0.811 \times e^{-0.296 \times 112} = 1.0000$$

第 2 级荷载的分量

$$U_{c3,2}^0 = 1 - \alpha e^{-\beta_3 T_2} = 1 - 0.811 \times e^{-0.296 \times 73} = 1.0000$$

分层 3 的分层固结度初值

$$U_{c3}^0 = \sum_{j=1}^{2} \eta_j U_{c3,j}^0 = 0.5 \times 1.0000 + 0.5 \times 1.0000 = 1.0000$$

分层 4：第 1 级荷载的分量

$$U_{c4,1}^0 = 1 - \alpha e^{-\beta_4 T_1} = 1 - 0.811 \times e^{-0.003 \times 112} = 0.3966$$

第 2 级荷载的分量

$$U_{c4,2}^0 = 1 - \alpha e^{-\beta_4 T_2} = 1 - 0.811 \times e^{-0.003 \times 73} = 0.3310$$

分层 4 的分层固结度初值

$$U_{c4}^0 = \sum_{j=1}^{2} \eta_j U_{c4,j}^0 = 0.5 \times 0.3966 + 0.5 \times 0.331 = 0.3638$$

分层 5：第 1 级荷载的分量

$$U_{c5,1}^0 = 1 - \alpha e^{-\beta_5 T_1} = 1 - 0.811 \times e^{-0.003 \times 112} = 0.4042$$

第 2 级荷载的分量

$$U_{c5,2}^0 = 1 - \alpha e^{-\beta_5 T_2} = 1 - 0.811 \times e^{-0.003 \times 73} = 0.3366$$

分层 5 的分层固结度初值

$$U_{c5}^0 = \sum_{j=1}^{2} \eta_j U_{c5,j}^0 = 0.5 \times 0.4042 + 0.5 \times 0.3366 = 0.3704$$

分层 6：第 1 级荷载的分量

$$U_{c6,1}^0 = 1 - \alpha e^{-\beta_6 T_1} = 1 - 0.811 \times e^{-0.002 \times 112} = 0.3771$$

第 2 级荷载的分量

$$U_{c6,2}^0 = 1 - \alpha e^{-\beta_6 T_2} = 1 - 0.811 \times e^{-0.002 \times 73} = 0.3171$$

分层 6 的分层固结度初值

$$U_{c6}^0 = \sum_{j=1}^{2} \eta_j U_{c6,j}^0 = 0.5 \times 0.3771 + 0.5 \times 0.3171 = 0.3471$$

分层 7：第 1 级荷载的分量

$$U_{c7,1}^0 = 1 - \alpha e^{-\beta_7 T_1} = 1 - 0.811 \times e^{-0.003 \times 112} = 0.3928$$

第 2 级荷载的分量

$$U_{c7,2}^0 = 1 - \alpha e^{-\beta_7 T_2} = 1 - 0.811 \times e^{-0.003 \times 73} = 0.3283$$

分层 7 的分层固结度初值

$$U_{c7}^0 = \sum_{j=1}^{2} \eta_j U_{c7,j}^0 = 0.5 \times 0.3928 + 0.5 \times 0.3283 = 0.3605$$

分层 8：第 1 级荷载的分量

$$U_{c8,1}^0 = 1 - \alpha e^{-\beta_8 T_1} = 1 - 0.811 \times e^{-0.02 \times 112} = 0.9143$$

第 2 级荷载的分量

$$U_{c8,2}^0 = 1 - \alpha e^{-\beta_8 T_2} = 1 - 0.811 \times e^{-0.02 \times 73} = 0.8125$$

分层 8 的分层固结度初值

$$U_{c8}^0 = \sum_{j=1}^2 \eta_j U_{c8,j}^0 = 0.5 \times 0.9143 + 0.5 \times 0.8125 = 0.8634$$

分层 9：第 1 级荷载的分量

$$U_{c9,1}^0 = 1 - \alpha e^{-\beta_9 T_1} = 1 - 0.811 \times e^{-0.013 \times 112} = 0.8081$$

第 2 级荷载的分量

$$U_{c9,2}^0 = 1 - \alpha e^{-\beta_9 T_2} = 1 - 0.811 \times e^{-0.013 \times 73} = 0.6830$$

分层 9 的分层固结度初值

$$U_{c9}^0 = \sum_{j=1}^2 \eta_j U_{c9,j}^0 = 0.5 \times 0.8081 + 0.5 \times 0.683 = 0.7456$$

分层 10：第 1 级荷载的分量

$$U_{c10,1}^0 = 1 - \alpha e^{-\beta_{10} T_1} = 1 - 0.811 \times e^{-0.01 \times 112} = 0.7428$$

第 2 级荷载的分量

$$U_{c10,2}^0 = 1 - \alpha e^{-\beta_{10} T_2} = 1 - 0.811 \times e^{-0.01 \times 73} = 0.6162$$

分层 10 的分层固结度初值

$$U_{c10}^0 = \sum_{j=1}^2 \eta_j U_{c10,j}^0 = 0.5 \times 0.7428 + 0.5 \times 0.6162 = 0.6795$$

分层 11：第 1 级荷载的分量

$$U_{c11,1}^0 = 1 - \alpha e^{-\beta_{11} T_1} = 1 - 0.811 \times e^{-0.008 \times 112} = 0.6739$$

第 2 级荷载的分量

$$U_{c11,2}^0 = 1 - \alpha e^{-\beta_{11} T_2} = 1 - 0.811 \times e^{-0.008 \times 73} = 0.5521$$

分层 11 的分层固结度初值

$$U_{c11}^0 = \sum_{j=1}^2 \eta_j U_{c11,j}^0 = 0.5 \times 0.6739 + 0.5 \times 0.5521 = 0.6130$$

步骤 9：分别计算 A、B、C 工况各分层的平均固结度。

1）按（4-25）计算 A 工况各分层的平均固结度。

分层 1：$U_{a1} = \omega_{a1} U_{a1}^0 = 0.9653 \times 1.0000 = 0.9653$

分层 2：$U_{a2} = \omega_{a2} U_{a2}^0 = 0.4658 \times 1.0000 = 0.4658$

分层 3：$U_{a3} = \omega_{a3} U_{a3}^0 = 0 \times 1.0000 = 0$

分层 4 ~ 分层 11：$U_{a4} = U_{a5} = U_{a6} = U_{a7} = U_{a8} = U_{a9} = U_{a10} = U_{a11} = 0$

2）按（4-26）计算 B 工况各分层的平均固结度。

分层 1：$U_{b1} = \omega_{b1} U_{b1}^0 = 0.0278 \times 1.0000 = 0.0278$

分层 2：$U_{b2} = \omega_{b2} U_{b2}^0 = 0.9482 \times 1.0000 = 0.9482$

分层 3：$U_{b3} = \omega_{b3} U_{b3}^0 = 1.0000 \times 1.0000 = 1.0000$

分层 4：$U_{b4} = \omega_{b4} U_{b4}^0 = 1.0000 \times 0.3407 = 0.3407$

分层 5：$U_{b5} = \omega_{b5} U_{b5}^0 = 1.0000 \times 0.3465 = 0.3465$

分层 6：$U_{b6} = \omega_{b6} U_{b6}^0 = 1.0000 \times 0.3259 = 0.3259$

分层 7：$U_{b7} = \omega_{b7} U_{b7}^0 = 1.0000 \times 0.3378 = 0.3378$

分层 8：$U_{b8} = \omega_{b8} U_{b8}^0 = 1.0000 \times 0.8321 = 0.8321$

分层 9：$U_{b9} = \omega_{b9} U_{b9}^0 = 1.0000 \times 0.7047 = 0.7047$

分层 10：$U_{b10} = \omega_{b10} U_{b10}^0 = 1.0000 \times 0.6373 = 0.6373$

分层 11：$U_{b11} = \omega_{b11} U_{b11}^0 = 1.0000 \times 0.5717 = 0.5717$

3）按（4-16）计算 C 工况各分层的平均固结度。

分层 1：$U_{c1} = \omega_{c1} U_{c1}^0 = 0.9999 \times 0.9999 = 0.9998$

分层 2：$U_{c2} = \omega_{c2} U_{c2}^0 = 0.9956 \times 1.0000 = 0.9956$

分层 3：$U_{c3} = \omega_{c3} U_{c3}^0 = 0.9865 \times 1.0000 = 0.9865$

分层 4：$U_{c4} = \omega_{c4} U_{c4}^0 = 0.9845 \times 0.3638 = 0.3581$

分层 5：$U_{c5} = \omega_{c5} U_{c5}^0 = 0.9768 \times 0.3704 = 0.3618$

分层 6：$U_{c6} = \omega_{c6} U_{c6}^0 = 0.9603 \times 0.3471 = 0.3333$

分层 7：$U_{c7} = \omega_{c7} U_{c7}^0 = 0.9552 \times 0.3605 = 0.3444$

分层 8：$U_{c8} = \omega_{c8} U_{c8}^0 = 0.9495 \times 0.8634 = 0.8198$

分层 9：$U_{c9} = \omega_{c9} U_{c9}^0 = 0.9225 \times 0.7456 = 0.6878$

分层 10：$U_{c10} = \omega_{c10} U_{c10}^0 = 0.8861 \times 0.6795 = 0.6021$

分层 11：$U_{c11} = \omega_{c11} U_{c11}^0 = 0.8367 \times 0.6130 = 0.5129$

步骤 10：分别将 A、B、C 工况的各分层平均固结度乘上各自分层贡献率得到相对应的分层固结度贡献值。求其总和就得到各工况的整层总平均固结度。

1）计算 A 工况各分层的固结度贡献值及整层总平均固结度。

分层 1：$\lambda_{a1} U_{a1} = 0.1339 \times 0.9653 = 0.1293$

分层 2：$\lambda_{a2} U_{a2} = 0.8661 \times 0.4658 = 0.4034$

分层 3：$\lambda_{a3} U_{a3} = 0 \times 0 = 0$

分层 4 ~ 分层 11：$\lambda_{a4} U_{a4} \sim \lambda_{a11} U_{a11} = 0$

按式（4-27）算得 A 工况的整层总平均固结度。

$$\overline{U}_{az} = \sum_{i=1}^{11} \lambda_{ai} U_{ai} = 0.5327$$

2）计算 B 工况各分层的固结度贡献值及整层总平均固结度。

分层 1：$\lambda_{b1} U_{b1} = 0.0015 \times 0.0278 = 0.0000$

分层 2：$\lambda_{b2} U_{b2} = 0.6689 \times 0.9482 = 0.6342$

分层 3：$\lambda_{b3} U_{b3} = 0.0046 \times 1.0000 = 0.0046$

分层 4：$\lambda_{b4} U_{b4} = 0.0495 \times 0.3407 = 0.0169$

分层 5：$\lambda_{b5} U_{b5} = 0.0215 \times 0.3465 = 0.0074$

分层 6：$\lambda_{b6} U_{b6} = 0.0286 \times 0.3259 = 0.0093$

分层 7：$\lambda_{b7} U_{b7} = 0.0176 \times 0.3378 = 0.0059$

分层 8：$\lambda_{b8} U_{b8} = 0.0167 \times 0.8321 = 0.0139$

分层 9：$\lambda_{b9} U_{b9} = 0.0528 \times 0.7047 = 0.0372$

分层 10：$\lambda_{b10} U_{b10} = 0.0872 \times 0.6373 = 0.0556$

分层 11：$\lambda_{b11} U_{b11} = 0.0511 \times 0.5717 = 0.0292$

按式（4-28）算得 B 工况的整层总平均固结度。

$$\overline{U}_{bz} = \sum_{i=1}^{11} \lambda_{bi} U_{bi} = 0.8144$$

3）计算 C 工况各分层的固结度贡献值及整层总平均固结度。

分层 1：$\lambda_{c1} U_{c1} = 0.0497 \times 0.9998 = 0.0497$

分层 2：$\lambda_{c2} U_{c2} = 0.6638 \times 0.9956 = 0.6609$

分层 3：$\lambda_{c3} U_{c3} = 0.0043 \times 0.9865 = 0.0042$

分层 4：$\lambda_{c4} U_{c4} = 0.0461 \times 0.3581 = 0.0165$

分层 5：$\lambda_{c5} U_{c5} = 0.0198 \times 0.3618 = 0.0072$

分层 6：$\lambda_{c6} U_{c6} = 0.0259 \times 0.3333 = 0.0086$

分层 7：$\lambda_{c7} U_{c7} = 0.0159 \times 0.3444 = 0.0055$

分层 8：$\lambda_{c8} U_{c8} = 0.015 \times 0.8198 = 0.0123$

分层 9：$\lambda_{c9} U_{c9} = 0.046 \times 0.6878 = 0.0316$

分层 10：$\lambda_{c10} U_{c10} = 0.0731 \times 0.6021 = 0.0440$

分层 11：$\lambda_{c11} U_{c11} = 0.0404 \times 0.5129 = 0.0207$

按式（4-19）算得 C 工况的整层总平均固结度。

$$\overline{U}_{cz} = \sum_{i=1}^{11} \lambda_{ci} U_{ci} = 0.8613$$

步骤 11：计算预压结束时 U 工况的整层总平均固结度。

按式（4-38）计算预压结束时 U 工况的整层总平均固结度。

$$\overline{U}_{uz} = Q_{ua}\overline{U}_{az} + Q_{ub}\overline{U}_{bz} + Q_{uc}\overline{U}_{cz}$$
$$= 0.3018 \times 0.5327 + 0.2983 \times 0.8144 + 0.3999 \times 0.8613 = 0.7481$$

相应的沉降值：$s_{uT_z} = 0.7481 \times 136.4 = 102.0 \,(\text{cm})$

步骤 12：按式（4-44）计算预压结束时各分层的平均固结度。

分层 1：$U_{u1} = q_{ua1} U_{a1} + q_{ub1} U_{b1} + q_{uc1} U_{c1}$
$$= 0.6654 \times 0.9653 + 0.0072 \times 0.0278 + 0.3274 \times 0.9998$$
$$= 0.6423 + 0.0002 + 0.3273 = 0.9699$$

分层 2：$U_{u2} = q_{ua2} U_{a2} + q_{ub2} U_{b2} + q_{uc2} U_{c2}$
$$= 0.3599 \times 0.4658 + 0.2474 \times 0.9482 + 0.3654 \times 0.9956$$
$$= 0.1676 + 0.2605 + 0.3638 = 0.7919$$

分层 3：$U_{u3} = q_{ua3} U_{a3} + q_{ub3} U_{b3} + q_{uc3} U_{c3}$
$$= 0 \times 0 + 0.4445 \times 1.000 + 0.5554 \times 0.9865 = 0 + 0.4445 + 0.548 = 0.9925$$

分层 4：$U_{u4} = q_{ua4} U_{a4} + q_{ub4} U_{b4} + q_{uc4} U_{c4}$
$$= 0 \times 0 + 0.445 \times 0.3407 + 0.555 \times 0.3581 = 0 + 0.1516 + 0.1988 = 0.3504$$

分层 5：$U_{u5} = q_{ua5} U_{a5} + q_{ub5} U_{b5} + q_{uc5} U_{c5}$
$$= 0 \times 0 + 0.447 \times 0.3465 + 0.553 \times 0.3618 = 0 + 0.1549 + 0.2001 = 0.3550$$

分层 6：$U_{u6} = q_{ua6} U_{a6} + q_{ub6} U_{b6} + q_{uc6} U_{c6}$
$$= 0 \times 0 + 0.4512 \times 0.3259 + 0.5488 \times 0.3333 = 0 + 0.1471 + 0.1829 = 0.330$$

分层 7：$U_{u7} = q_{ua7} U_{a7} + q_{ub7} U_{b7} + q_{uc7} U_{c7}$
$$= 0 \times 0 + 0.4525 \times 0.3378 + 0.5475 \times 0.3444 = 0 + 0.1528 + 0.1886 = 0.3414$$

分层 8：$U_{u8} = q_{ua8} U_{a8} + q_{ub8} U_{b8} + q_{uc8} U_{c8}$
$$= 0 \times 0 + 0.454 \times 0.8321 + 0.546 \times 0.8198 = 0 + 0.3778 + 0.4476 = 0.8254$$

分层 9：$U_{u9} = q_{ua9}U_{a9} + q_{ub9}U_{b9} + q_{uc9}U_{c9}$

$\qquad = 0 \times 0 + 0.4611 \times 0.7047 + 0.5389 \times 0.6878 = 0 + 0.3250 + 0.3706 = 0.6956$

分层 10：$U_{u10} = q_{ua10}U_{a10} + q_{ub10}U_{b10} + q_{uc10}U_{c10}$

$\qquad = 0 \times 0 + 0.4712 \times 0.6373 + 0.5288 \times 0.6021 = 0 + 0.3003 + 0.3184 = 0.6187$

分层 11：$U_{u11} = q_{ua11}U_{a11} + q_{ub11}U_{b11} + q_{uc11}U_{c11}$

$\qquad = 0 \times 0 + 0.4855 \times 0.5717 + 0.5145 \times 0.5129 = 0 + 0.2776 + 0.2639 = 0.5415$

步骤 13：计算预压结束时 U 工况各分层的固结度贡献值和整层总平均固结度。

1）用表 7-7 中 U 工况各分层的贡献率分别与对应的步骤 12 中算得的 U 工况各分层平均固结度相乘得到 U 工况各分层的固结度贡献值。

分层 1：$\lambda_{u1}U_{u1} = 0.061 \times 0.9699 = 0.0589$

分层 2：$\lambda_{u2}U_{u2} = 0.726 \times 0.7919 = 0.5752$

分层 3：$\lambda_{u3}U_{u3} = 0.003 \times 0.9925 = 0.0031$

分层 4：$\lambda_{u4}U_{u4} = 0.033 \times 0.3504 = 0.0116$

分层 5：$\lambda_{u5}U_{u5} = 0.014 \times 0.3550 = 0.0051$

分层 6：$\lambda_{u6}U_{u6} = 0.019 \times 0.330 = 0.0062$

分层 7：$\lambda_{u7}U_{u7} = 0.012 \times 0.3414 = 0.004$

分层 8：$\lambda_{u8}U_{u8} = 0.011 \times 0.8254 = 0.009$

分层 9：$\lambda_{u9}U_{u9} = 0.034 \times 0.6956 = 0.0237$

分层 10：$\lambda_{u10}U_{u10} = 0.055 \times 0.6187 = 0.0342$

分层 11：$\lambda_{u11}U_{u11} = 0.031 \times 0.5415 = 0.0170$

2）按式（4-48）算得预压结束时 U 工况的整层总平均固结度。

$$\overline{U}_{uz} = \sum_{i=1}^{11} \lambda_{ui}U_{ui} = 0.7481$$

步骤 13 的计算结果与步骤 11 的计算结果完全相同，依此作校核之用，证明计算准确无误。

7.2.3　分层法与原设计计算结果的比较

因联合预压法固结度的计算结果与采用的方法有密切的关系，所以把设计采用的计算内容简介于下。

1）压缩层深度：以层⑤粉质黏土夹粉砂层为不透水层，取上部 4 层地基土厚度的总和为压缩层，其深度为 30.3m。

2）荷载分级：先进行真空预压，在 $t = T_1$ 时达到设计要求的真空压力，维持几周后，开始堆载，$t = T_3$ 时，堆载结束，并维持到预压结束。总压力为真空压力与堆载压力之和，即 $p = 118\text{kPa}$。分级加荷示意图如图 7-6 所示。

3）地基变形计算和沉降计算经验系数：选用《建筑地基处理设计规范》（JGJ 79—2012）5.2.12 中的分层总和法，计算第 i 土层在自重应力和附加应力作用下的孔隙比设计值 e_{1i} 时，附加应力为真空压力 80kPa 和堆载压力 38kPa 之和；沉降计算经验系数取 1.3，计算得到整层最终沉降值 $s_{uf} = 159.7\text{cm}$。

4）固结系数：采用加权平均系数法。首先根据土层的渗透系数、孔隙比和压缩系数算

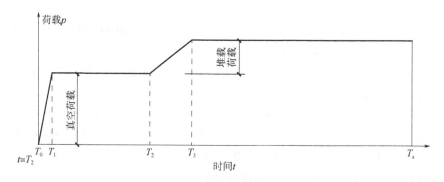

图 7-6 分级加荷示意图

得各层土的竖向固结系数和径向固结系数，再分别按竖井层和井下层的层厚算得加权平均值。

地基竖向固结系数按层厚的加权平均值 $c_v = 4.02 \times 10^{-4} cm^2/s$。

地基径向固结系数按层厚的加权平均值 $c_h = 1.21 \times 10^{-3} cm^2/s$。

5）井阻、涂抹等影响：根据排水带规格和布置算得竖井层中各土层的井阻、涂抹等影响系数 $F = 4.1$。

6）总平均固结度：考虑井阻与涂抹效应对地基应力固结度的影响，径向平均应力固结度采用《水运工程塑料排水板应用技术规范》（JTS 206-1—2009）4.4 的计算公式。

$$U_r = 1 - e^{-\beta_r t} \tag{7-1}$$

$$\beta_r = \frac{8G_h}{[F(n) + J + \pi G]d_e^2} \tag{7-2}$$

$$J = \left(\frac{k_h}{k_s} - 1\right)\ln\lambda \tag{7-3}$$

$$G = \frac{q_h}{\dfrac{q_w}{F_s}}\frac{L}{4d_w} \tag{7-4}$$

$$q_h = k_h \pi d_w L \tag{7-5}$$

式中　U_r——地基的径向平均应力固结度，无量纲；

　　　β_r——轴对称径向排水应力固结参数（1/s）；

　　　t——固结时间（s）；

　　　C_h——地基水平固结系数（cm²/s）；

　$F(n)$——井径比因子，无量纲；

　　　J——涂抹因子，当不大于 0.4 时，固结度可按无涂抹影响计算；

　　　G——井阻因子，无量纲；

　　　d_e——塑料排水板径向排水范围的等效直径（cm）；

　　　k_h——地基水平渗透系数（cm/s）；

　　　k_s——涂抹层水平渗透系数（cm/s）；

　　　λ——涂抹比，可取 1.5 ～ 4.0，施工对地基土扰动小时取低值，扰动较大时取高值；

　　　q_h——单位水力梯度下，单位时间地基中渗入塑料排水板的水量（cm³/s）；

q_w——塑料排水板纵向通水量（cm^3/s）；

F_s——安全系数，$L \leqslant 10m$ 时取 4，$10m < L \leqslant 20m$ 时取 5，$L > 20m$ 时取 6；

L——塑料排水板打设深度（cm）；

d_w——塑料排水板的等效换算直径（cm）。

计算得到整层总平均固结度 $\overline{U}_{uz} = 0.91$

7）施工期间完成的沉降计算值：$s_{uT_z} = 0.91 \times 159.7 = 145.3（cm）$。

7.2.4 现场实测资料整理分析的结果

1. 施工期间完成的沉降 s_{uT_z}

Z2 场地上共布置了 16 个地面沉降标，当 $T_z = 167d$ 时，其预压结束时 16 个沉降标实测沉降值为 91.1～122.7cm，经 Grubbs 准则判别，当置信水平为 99% 时，16 个实测沉降值均为可信赖的有效值，取其平均值为预压完成时的沉降值 $s_{uT_z} = 105.3cm$。

2. 最终沉降值 s_{uf}

利用 16 个地面沉降标的记录，用 Grubbs 准则判别，当置信水平为 $\alpha = 0.01$ 时，16 个实测沉降值均为可信赖的有效值。利用 16 个地面沉降标的记录，如同 6.4.2 中的一样，用经验双曲线法推算得到最终沉降值 s_{uf}，见表 7-8。

表 7-8 一元线性回归方程计算表

n	$X = \dfrac{\tau}{d}$	$Y = \dfrac{\tau}{s_\tau - s_0}$	X^2	Y^2	XY
1	3	1.681	9	2.826	5.043
2	10	1.358	100	1.844	13.58
3	15	1.306	225	1.706	19.59
4	20	1.422	400	2.022	28.44
5	25	1.583	625	2.506	39.575
6	32	1.611	1024	2.595	51.552
7	35	1.843	1225	3.397	64.505
8	40	1.749	1600	3.059	69.96
9	47	1.834	2209	3.364	86.198
10	50	2.012	2500	4.048	100.6
11	55	2.218	3025	4.920	121.99
12	58	2.232	3364	4.982	129.456
13	66	2.380	4356	5.664	157.08
14	71	2.497	5041	6.235	177.287
Σ	527	26	25703	49	1065

图 7-7 是根据实测资料，经统计分析后用最小二乘法绘制的曲线。图中的横坐标 τ 为满载时刻算起的时间，即在第 2 次堆载结束时刻算起，此时 $s_0 = 76.84cm$。图 7-7 中直线的截

距 $\alpha = 1.219$，斜率 $\beta = 0.0165$，纵坐标 T_s 为时间与沉降的比值。其回归方程式见式（7-6），相关系数绝对值 $r = 0.915$，显著度水平 $\alpha = 0.05$ 的方差分析 $F_{1,12} = 61.9 > 4.75$。

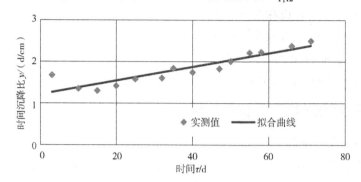

图 7-7　时间沉降比 T_s 与时间 τ 的关系曲线图

$$y = 1.219 + 0.0165\tau \tag{7-6}$$

整层的最终沉降值如下：

$$s_{uf} = s_0 + \frac{1}{\beta} = 76.84 + \frac{1}{0.0165} = 137.4(\text{cm})$$

3. 整层的总平均固结度

以实测值 $s_{uT_z} = 105.3\text{cm}$，$s_{uf} = 137.4\text{cm}$ 计算得到联合预压结束时的总平均固结度 $\overline{U}_{uz}$ 为 0.766。

4. 分层法、平均指标法与实测值的比较

分层法、平均指标法计算结果与实测值的比较见表 7-9。

表 7-9　分层法、平均指标法计算结果与实测值的比较表

方法	最终沉降值		整层总平均固结度		预压完成时沉降值	
	s_{uf}/cm	误差 $E(\%)$	$\overline{U}_{uz}$	误差 $E(\%)$	s_{uT_z}/cm	误差 $E(\%)$
实测值	137.4	—	0.766	—	105.3	—
分层法	136.4	-0.7	0.748	-2.3	102.0	-3.1
平均指标法	159.7	16.2	0.910	18.8	145.3	38.0

从表中可见，分层法与现场实测值相差较小，设计值与现场实测值相差较大。联合预压结束时的沉降值：分层法为 102.0cm 与现场实测值 105.3cm 相差 3.2cm，误差不足 5%。设计的计算值为 145.3cm，与现场实测值相差 40.0cm，误差达 38.0%；联合预压结束时的固结度：分层法的计算值为 0.748，现场实测的总平均固结度为 0.766，分层法与之相差为 0.018，误差也不足 5%，而设计值为 0.910，与现场实测值的总平均固结度相差达 0.144，误差为 18.8%。究其根源乃是计算应用的理论和方法的问题。不妨对其计算中采用的参数和假设等逐个进行分析，就能看出将现有计算均质单层地基的理论与公式应用到成层地基不太靠谱。分层法与之相比，立见分层法计算结果的精度之高是必然的结果。

为揭示平均指标法产生诸多误差的原因，特将平均指标法与分层法在地基变形计算和固结度计算中的差别分别列于表 7-10 和表 7-11，由表中的评述就能看出这两种方法的特点。

表 7-10　平均指标法与分层法的地基变形计算比较表

项目	采用的方法及参数		评述
	平均指标法	分层法	
地基变形计算公式	将堆载预压与真空预压相加后采用 JGJ 79—2012 的公式	对于 A、B、C 三种工况分别采用分层法自创的公式	1）A、B、C 三种工况的应力分布模式与加载方式不相同，采用同一个计算公式不合适
附加应力	地面的预压荷载由堆载重量加真空压力组成，整个压缩层内附加应力未计真空度的衰减	考虑真空压力的衰减、地下水位的下降和堆载压力的扩散，三者分别计算	2）分层法采用的公式有利于分层法的各项参数的计算，如贡献率、权重、应力折减系数等
压缩层厚度 H/m	30.3	66.0	压缩层厚度应按附加应力小于等于自重应力的 0.1 倍决定。地下水位以下的土应按浮重度计算
沉降计算经验系数	1.3	真空负压与水位下降均为 1.00，堆载加压为 1.00	随意选用过大的经验系数，人为地放大了最终沉降值，也高估了预压完成时的沉降值
最终沉降值 s_{uf}/cm	159.7	136.4	
联合预压的特点	未显现	采用先分后合的方法，先对 A、B、C 三种工况分别计算，然后通过权重合成	平均指标法未考虑联合预压的特点。A、B、C 三种工况的作用在联合预压中有各自的权重

表 7-11　平均指标法与分层法固结度计算的比较表

项目	采用的方法及参数		评述
	平均指标法	分层法	
地基固结度计算	用加权平均法按单一土质地基计算	用各层地基的固结系数按成层地基计算	实践早已证明加权平均法按单一土质地基计算必定带来不小的误差
竖向排水距离 H/m	24.0	按各分层底至地面的距离计算	排水距离定为 24.0m，偏小，无依据，既不是竖井层的厚度，也非整层的深度，人为地增大了固结度
整层总平均固结度 $\overline{U}_{uz}$	0.910	0.748	与实测值比较，平均系数法误差 18.8%，分层法误差 -2.3%
施工期沉降 s_{uT_z}/cm	145.3	102.0	与实测值比较，平均系数法误差 38.0%，分层法误差 -3.1%

7.3　不同深度地层固结度的算例

某热电联产项目工程 Z2 区块在压缩层上部埋设了 8 个分层沉降环，埋设的深度分别为

3m、6m、9m、12m、15m、18m、21m 和 24m。以每个深度标为一个地层，自上而下用罗马数字标记，编号为Ⅰ、Ⅱ、Ⅲ、Ⅳ、Ⅴ、Ⅵ、Ⅶ、Ⅷ。

将每一个地层视为一个整层，用整层总平均固结度的计算方法和 7.1 节中的 13 个步骤计算地层的平均固结度。

7.3.1 地层Ⅰ

地层Ⅰ是有 2 个分层的双层完整井地基，地层总厚 $h_1 = 3m$，其计算步骤如下。

步骤 1：根据联合预压方案设计及岩土工程资料计算竖井的各项参数。

除竖井深度 $h_w = 3m$ 外，其余均同 7.2.2 中步骤 1 的竖井层参数。

步骤 2：设定真空压力向下传递时的衰减值，预估地下水位下降的幅度。

1）已知膜下真空压力 $p_{a0} = 80kPa$，表 7-2 已明确真空压力的衰减值 $\delta_1 = \delta_2 = 3.7kPa/m$，$\delta_3 = 3.2kPa/m$。

2）已知地下水位下降的幅度为 3.0m，$p_{b0} = 30kPa$。

步骤 3：本例是整层的局部，无此步骤。

步骤 4：计算并绘制衰减后的真空负压与深度的关系曲线和分层平均真空负压与深度的关系曲线。计算并绘制水位下降作用的压力和分层平均压力与深度的关系曲线。

1）用式（2-29）计算地层Ⅰ各分层底的真空压力。

分层 1：$p_{a,1.5} = p_{a0} - h_1\delta_1 = 80 - 1.5 \times 3.7 = 74.45(kPa)$

分层 2：$p_{a,3.0} = p_{a,1.5} - h_2\delta_2 = 74.45 - 1.5 \times 3.7 = 68.9(kPa)$

2）按式（2-30）计算地层Ⅰ各分层的平均真空压力值。

分层 1：$p_{a1} = p_{a0} - \dfrac{h_1\delta_1}{2} = 80 - \dfrac{1.5 \times 3.7}{2} = 77.23(kPa)$

分层 2：$p_{a2} = p_{a1} - \dfrac{h_1\delta_1}{2} - \dfrac{h_2\delta_2}{2} = 77.23 - \dfrac{1.5 \times 3.7}{2} - \dfrac{1.5 \times 3.7}{2} = 71.68(kPa)$

3）地层Ⅰ衰减后的层底真空压力和分层平均压力的曲线（略）。

4）按式（2-38）计算地层ⅠA 工况各分层的应力折减系数。

分层 1：$\omega_{a1} = \dfrac{77.23}{80} = 0.9653$

分层 2：$\omega_{a2} = \dfrac{71.68}{80} = 0.8959$

5）用式（2-31）计算地层ⅠB 工况各分层底的水位下降作用压力。

分层 1：$z \leqslant h_b = 1.0m$ $p_{b,1.0} = 0kPa$

         $z = h_1 = 1.5m < h_a$ $p_{b,1.5} = 10 \times (1.5 - 1) = 5(kPa)$

分层 2：$z = h_{\text{Ⅱ}} = 3m < h_a$ $p_{b,3.0} = 10 \times (3 - 1) = 20(kPa)$

6）按式（2-37）计算地层ⅠB 工况各分层的平均压力。

分层 1：应力图形为三角形，用式（2-32）计算应力图形面积。

$$p_{b1} = \dfrac{10 \times (1.5 - 1)^2}{2 \times 1.5} = 0.83(kPa)$$

分层 2：应力图形为梯形，用式（2-34）计算应力图形面积。

$$p_{b2} = \frac{10 \times (3-1)^2}{2 \times 1.5} - \frac{10 \times (1.5-1)^2}{2 \times 1.5} = 12.5 (\text{kPa})$$

7）绘制地层 I 的水位下降作用的压力曲线与分层平均压力曲线图（略）。

8）按式（2-39）计算地层 I 的 B 工况各分层的应力折减系数。

分层 1：$\omega_{b1} = \dfrac{0.83}{30} = 0.0278$

分层 2：$\omega_{b2} = \dfrac{12.5}{30} = 0.4167$

9）先按式（2-10）算得各分层的附加应力系数沿土层厚度的积分值 A_i，再按式（2-26）计算地层 I 的 C 工况各分层的应力折减系数。

分层 1：$\omega_{c1} = \dfrac{1.4998}{1.5} = 0.9999$

分层 2：$\omega_{c2} = \dfrac{1.4995}{1.5} = 0.9997$

步骤 5：确定各分层的排水距离，计算非理想井地基的各项系数，计算各分层全路径竖向固结系数，算得系数 β_i 值。

1）确定各分层的排水距离。

分层 1：$h_1 = 1.5\text{m}$。

分层 2：$h_2 = 3\text{m}$。

2）计算非理想井地基的各项系数。

①已知井径比 $n_w = 20.4 > 15$，按式（4-7）计算地层 I 的井径比因子系数 F_n。

分层 1、2：$F_n = \ln(20.4) - 0.75 = 2.264$

②已知 $\dfrac{k_h}{k_s} = 3$，$S_1 = S_2 = 3$，按式（4-9）计算地层 I 的涂抹作用影响系数 F_{si}。

分层 1、2：$F_{s1} = F_{s2} = (3-1) \times \ln(3) = 2.197$

③按式（4-10）计算地层 I 的井阻作用影响系数 F_{ri}。

分层 1：$F_{r1} = \dfrac{3.14^2 \times 2.94 \times 10^{-4} \times 1.5^2}{4 \times 3.46} = 0.0005$

分层 2：$F_{r2} = \dfrac{3.14^2 \times 12.96 \times 10^{-4} \times 3^2}{4 \times 3.46} = 0.0083$

④按式（4-8）计算地层 I 各分层的综合系数 F_i。

分层 1：$F_1 = F_n + F_{s1} + F_{r1} = 2.264 + 2.197 + 0.0005 = 4.462$

分层 2：$F_2 = F_n + F_{s2} + F_{r2} = 2.264 + 2.197 + 0.0083 = 4.47$

3）用式（2-19）和式（2-18）分别计算地层 I 各分层的全路径竖向固结系数。

分层 1：$\bar{c}_{v1} = c_{v1} = 0.056\text{m}^2/\text{d}$

分层 2：$\bar{c}_{v2} = \dfrac{\dfrac{0.056}{1.5^2} + \dfrac{0.065}{1.5^2}}{\dfrac{1}{1.5^2} + \dfrac{1}{1.5^2}} = 0.0605 (\text{m}^2/\text{d})$

4）地层 I 各分层的径向固结系数。

分层1：$c_{h1} = 0.063 \text{m}^2/\text{d}$

分层2：$c_{h2} = 0.278 \text{m}^2/\text{d}$

5）按式（4-3）计算地层 I 各分层的系数 β_i 值。

分层1：$\beta_1 = \dfrac{8 \times 0.063}{4.462 \times 1.356^2} + \dfrac{3.14^2 \times 0.056}{4 \times 1.5^2} = 0.0614 + 0.0613 = 0.1228 (\text{d}^{-1})$

分层2：$\beta_2 = \dfrac{8 \times 0.278}{4.47 \times 1.356^2} + \dfrac{3.14^2 \times 0.0605}{4 \times 3^2} = 0.2719 + 0.0166 = 0.2885 (\text{d}^{-1})$

步骤6：绘制堆载预压时程曲线等，与7.22的步骤6相同。

步骤7：计算 A、B、C 工况的分层的最终变形量和累计最终变形量，确定沉降计算经验系数，计算 A、B、C、U 工况各分层最终沉降值和整层最终沉降值，计算 A、B、C、U 工况的分层贡献率，计算 A、B、C 工况各分层的分层权重和整层权重。

1）地层 I A 工况地基变形计算列于表7-12。

表 7-12　地层 I A 工况地基变形计算表　　（$p_{a0} = 80 \text{kPa}$　$\psi_v = 1.00$）

i	z_i/m	h_i/m	$\omega_{ai} p_{a0}$/kPa	E_{si}/MPa	$\Delta s'_{aif}$/mm	$\sum \Delta s'_{aif}$/mm	λ_{ai}
1	1.5	1.5	77.23	2.1	55.16	55.16	0.5186
2	3	1.5	71.68	2.1	51.20	106.36	0.4814

因 $\psi_v = 1.00$，所以 $\Delta s_{aif} = \Delta s'_{aif}$，$\sum \Delta s_{aif} = \sum \Delta s'_{aif}$，以下均同。

2）地层 I B 工况地基变形计算列于表7-13。

表 7-13　地层 I B 工况地基变形计算表　　（$p_{b0} = 30 \text{kPa}$　$\psi_v = 1.00$）

i	z_i/m	h_i/m	$\omega_{bi} p_{b0}$/kPa	E_{si}/MPa	$\Delta s'_{bif}$/mm	$\sum \Delta s'_{bif}$/mm	λ_{bi}
1	1.5	1.5	0.83	2.1	0.6	0.6	0.0625
2	3	1.5	12.5	2.1	8.93	9.52	0.9375

因 $\psi_v = 1.00$，所以 $\Delta s_{bif} = \Delta s'_{bif}$，$\sum \Delta s_{bif} = \sum \Delta s'_{bif}$，以下均同。

3）地层 I C 工况地基变形计算列于表7-14。

表 7-14　地层 I C 工况地基变形计算表　　（$p_{c0} = 38 \text{kPa}$　$\psi_s = 1.00$）

i	z_i/m	h_i/m	$\omega_{ci} p_{c0}$/kPa	E_{si}/MPa	$\Delta s'_{cif}$/mm	$\sum \Delta s'_{cif}$/mm	λ_{ci}
1	1.5	1.5	38.0	2.1	27.14	27.14	0.50
2	3	1.5	38.0	2.1	27.14	54.28	0.50

因 $\psi_s = 1.00$，所以 $\Delta s_{cif} = \Delta s'_{cif}$，$\sum \Delta s_{cif} = \sum \Delta s'_{cif}$，以下均同。

4）地层 I U 工况地基沉降计算列于表7-15。

表 7-15　地层 I U 工况地基沉降计算表

i	z_i/m	h_i/m	Δs_{uif}/mm	$\sum \Delta s_{uif}$/mm	λ_{ui}
1	1.5	1.5	82.90	82.90	0.4872
2	3	1.5	87.26	170.16	0.5128

5）用式（4-45）、式（4-46）和式（4-47）分别计算地层ⅠA、B、C工况各分层的分层权重。

A工况：分层1：$q_{ua1} = \dfrac{55.16}{82.9} = 0.6654$

分层2：$q_{ua2} = \dfrac{51.2}{87.26} = 0.5867$

B工况：分层1：$q_{ub1} = \dfrac{0.6}{82.9} = 0.0072$

分层2：$q_{ub2} = \dfrac{8.93}{87.26} = 0.1023$

C工况：分层1：$q_{uc1} = \dfrac{27.14}{82.9} = 0.3274$

分层2：$q_{uc2} = \dfrac{27.13}{87.26} = 0.311$

6）用式（4-39）、式（4-40）和式（4-41）分别计算地层ⅠA、B、C工况的整层权重。

A工况：$Q_{ua} = \dfrac{106.36}{170.16} = 0.625$

B工况：$Q_{ub} = \dfrac{9.52}{170.16} = 0.056$

C工况：$Q_{uc} = \dfrac{54.27}{170.16} = 0.319$

步骤8：计算A、B、C工况各分层的分层固结度初值。

1）用式（4-23）算得地层ⅠA工况各分层的分层固结度初值。

分层1：$U_{a1}^0 = 1 - \alpha e^{-\beta_1 t} = 1 - 0.811 e^{-0.1228 \times 157} = 1.000$

分层2：$U_{a2}^0 = 1 - \alpha e^{-\beta_2 t} = 1 - 0.811 e^{-0.2885 \times 157} = 1.000$

2）用式（4-24）算得地层ⅠB工况各分层的分层固结度初值。

分层1：$U_{b1}^0 = 1 - \alpha e^{-\beta_1 t/2} = 1 - 0.811 e^{-0.1228 \times 157/2} = 0.9999$

分层2：$U_{b2}^0 = 1 - \alpha e^{-\beta_2 t/2} = 1 - 0.811 e^{-0.2885 \times 157/2} = 1.0000$

3）用式（4-21）算得地层ⅠC工况各分层的分层固结度初值各级荷载的分量。

分层1：$U_{c1,1}^0 = 1 - \alpha e^{-\beta_1 T_1} = 1 - 0.811 e^{-0.1228 \times 112} = 1.000$

$U_{c1,2}^0 = 1 - \alpha e^{-\beta_1 T_2} = 1 - 0.811 e^{-0.1228 \times 73} = 0.9999$

分层2：$U_{c2,1}^0 = 1 - \alpha e^{-\beta_2 T_1} = 1 - 0.811 e^{-0.2885 \times 112} = 1.000$

$U_{c2,2}^0 = 1 - \alpha e^{-\beta_2 T_2} = 1 - 0.811 e^{-0.2885 \times 73} = 1.000$

4）用式（4-22）算得地层ⅠC工况各分层的固结度初值。

分层1：$U_{c1}^0 = \sum_{j=1}^{2} \eta_j U_{c1,j}^0 = 0.5 \times 1.000 + 0.5 \times 0.9999 = 0.9999$

分层2：$U_{c2}^0 = \sum_{j=1}^{2} \eta_j U_{c2,j}^0 = 0.5 \times 1.000 + 0.5 \times 1.000 = 1.000$

步骤9：将A、B、C工况各分层的固结度初值乘上对应的分层应力折减系数，获得A、B、C工况各分层的分层平均固结度。

1）用式（4-25）计算地层ⅠA工况各分层的分层平均固结度。

分层1：$U_{a1} = \omega_{a1} U_{a1}^0 = 0.9653 \times 1.000 = 0.9653$

分层2：$U_{a2} = \omega_{a2} U_{a2}^0 = 0.8959 \times 1.000 = 0.8959$

2）用式（4-26）计算地层ⅠB工况各分层的分层平均固结度。

分层1：$U_{b1} = \omega_{b1} U_{b1}^0 = 00278 \times 1.000 = 0.0278$

分层2：$U_{b2} = \omega_{b2} U_{b2}^0 = 0.4167 \times 1.000 = 0.4167$

3）用式（4-16）计算地层ⅠC工况各分层的分层平均固结度。

分层1：$U_{c1} = \omega_{c1} U_{c1}^0 = 0.9999 \times 0.9999 = 0.9998$

分层2：$U_{c2} = \omega_{c2} U_{c2}^0 = 0.9997 \times 1.000 = 0.9997$

步骤10：计算地层ⅠA、B、C工况各分层的固结度贡献值及其总和。

1）A工况：$\lambda_{a1} U_{a1} = 0.5186 \times 0.9653 = 0.5006$

$\quad\quad\quad\quad \lambda_{a2} U_{a2} = 0.4814 \times 0.8959 = 0.4313$

2）B工况：$\lambda_{b1} U_{b1} = 0.0625 \times 0.0278 = 0.0017$

$\quad\quad\quad\quad \lambda_{b2} U_{b2} = 0.9375 \times 0.4167 = 0.3906$

3）C工况：$\lambda_{c1} U_{c1} = 0.5001 \times 0.9998 = 0.5000$

$\quad\quad\quad\quad \lambda_{c2} U_{c2} = 0.4999 \times 0.9997 = 0.4998$

4）用式（4-27）、式（4-28）和式（4-19）分别计算地层ⅠA、B、C工况整层的总平均固结度。

A工况：$\bar{U}_{az} = \sum_{i=1}^{2} \lambda_{ai} U_{ai} = 0.5006 + 0.4313 = 0.9319$

B工况：$\bar{U}_{bz} = \sum_{i=1}^{2} \lambda_{bi} U_{bi} = 0.0017 + 0.3906 = 0.3923$

C工况：$\bar{U}_{cz} = \sum_{i=1}^{2} \lambda_{ci} U_{ci} = 0.5000 + 0.4998 = 0.9998$

步骤11：按式（4-38）计算地层ⅠU工况的整层总平均固结度。

$$\bar{U}_{uz} = Q_{ua} \bar{U}_{az} + Q_{ub} \bar{U}_{bz} + Q_{uc} \bar{U}_{uz}$$
$$= 0.6251 \times 0.9319 + 0.056 \times 0.3923 + 0.319 \times 0.9998 = 0.9234$$

步骤12：按式（4-44）计算地层ⅠU工况各分层的分层平均固结度。

分层1：$U_{u1} = q_{ua1} U_{a1} + q_{ub1} U_{b1} + q_{uc1} U_{c1}$
$$= 0.6654 \times 0.9653 + 0.0072 \times 0.0278 + 0.3274 \times 0.9998 = 0.9699$$

分层2：$U_{u2} = q_{ua2} U_{a2} + q_{ub2} U_{b2} + q_{uc2} U_{c2}$
$$= 0.5867 \times 0.8959 + 0.1023 \times 0.4167 + 0.311 \times 0.9997 = 0.8792$$

步骤13：用式（4-48）计算地层ⅠU工况整层总平均固结度。

$$\bar{U}_{uz} = \sum_{i=1}^{2} \lambda_{ui} U_{ui} = 0.4872 \times 0.9699 + 0.5128 \times 0.8792 = 0.4725 + 0.4509 = 0.9234$$

其结果与步骤11的计算结果完全一致，证明计算准确无误。

7.3.2 地层Ⅱ

地层Ⅱ与地层Ⅰ相同，有2个分层的双层完整井地基，地层厚度 $h_{\mathrm{II}} = 6\mathrm{m}$，其计算步骤如下。

步骤1：根据联合预压方案设计及岩土工程资料计算竖井的各项参数。

除竖井深度 $h_w = 6m$ 外，其余均同 7.2.2 中步骤 1 的竖井层参数。

步骤2：同地层 I。

步骤3：同地层 I。

步骤4：计算并绘制衰减后的真空负压与深度的关系曲线和分层平均真空负压与深度的关系曲线。计算并绘制水位下降作用的压力和分层平均压力与深度的关系曲线。分别计算 A、B、C 工况的分层应力折减系数。

1）用式（2-29）计算地层 II 各分层底的真空压力。

分层1：$p_{a,1.5} = p_{a0} - h_1\delta_1 = 80 - 1.5 \times 3.7 = 74.45(kPa)$

分层2：$p_{a,6.0} = p_{a,1.5} - h_2\delta_2 = 74.45 - 4.5 \times 3.7 = 57.8(kPa)$

2）按式（2-30）计算地层 II 各分层的平均真空压力值。

分层1：$p_{a1} = p_{a0} - \dfrac{h_1\delta_1}{2} = 80 - \dfrac{1.5 \times 3.7}{2} = 77.23(kPa)$

分层2：$p_{a2} = p_{a1} - \dfrac{h_1\delta_1}{2} - \dfrac{h_2\delta_2}{2} = 77.23 - \dfrac{1.5 \times 3.7}{2} - \dfrac{4.5 \times 3.7}{2} = 66.13(kPa)$

3）地层 II 衰减后的层底真空压力和分层平均压力的曲线（略）。

4）按式（2-38）计算地层 II A 工况各分层的应力折减系数。

分层1：$\omega_{a1} = \dfrac{77.23}{80} = 0.9653$

分层2：$\omega_{a2} = \dfrac{66.13}{80} = 0.8266$

5）用式（2-31）计算地层 II B 工况各分层底的水位下降作用压力。

分层1：$z \leq h_b = 1.0m$ $p_{b,1.0} = 0kPa$

    $z = h_1 = 1.5m < h_a$ $p_{b,1.5} = 10 \times (1.5 - 1) = 5(kPa)$

分层2：$z = 4m = h_a$ $p_{b,4.0} = 10 \times 3 = 30(kPa)$

    $z = h_{II} = 6m > h_a$ $p_{b,6.0} = 10 \times 3 = 30(kPa)$

6）按式（2-37）计算地层 II B 工况各分层的平均压力。

分层1：应力图形为三角形，用式（2-32）计算应力图形面积。

$$p_{b1} = \dfrac{10 \times (1.5 - 1)^2}{2 \times 1.5} = 0.83(kPa)$$

分层2：应力图形为五边形，用式（2-35）计算应力图形面积。

$$p_{b2} = 10 \times 3 - \dfrac{10 \times (4 - 1.5)^2}{2 \times 4.5} = 23.06(kPa)$$

7）绘制地层 II 水位下降作用的压力曲线与分层平均压力曲线图（略）。

8）按式（2-39）计算地层 II B 工况各分层的应力折减系数。

分层1：$\omega_{b1} = \dfrac{0.83}{30} = 0.0278$

分层2：$\omega_{b2} = \dfrac{23.06}{30} = 0.7685$

9）先按式（2-10）算得各分层的附加应力系数沿土层厚度的积分值 A_i，再按式（2-26）计算地层Ⅱ的 C 工况各分层的应力折减系数。

分层 1：$\omega_{c1} = \dfrac{1.4998}{1.5} = 0.9999$

分层 2：$\omega_{c2} = \dfrac{4.4977}{4.5} = 0.9995$

步骤 5：确定各分层的排水距离，计算非理想井地基的各项系数，计算各分层全路径竖向固结系数，算得系数 β_i 值。

1）确定各分层的排水距离。

分层 1：$h_1 = 1.5\text{m}$。

分层 2：$h_2 = 6\text{m}$。

2）计算非理想井地基的各项系数。

①已知井径比 $n_w = 20.4 > 15$，按式（4-7）计算地层Ⅱ的井径比因子系数 F_n。

分层 1、2：$F_n = \ln(20.4) - 0.75 = 2.264$

②已知 $\dfrac{k_h}{k_s} = 3$，$S_1 = S_2 = 3$，按式（4-9）计算地层Ⅱ的涂抹作用影响系数 F_{si}。

分层 1、2：$F_{s1} = F_{s2} = (3-1) \times \ln 3 = 2.197$

③按式（4-10）计算地层Ⅱ的井阻作用影响系数 F_{ri}。

分层 1：$F_{r1} = \dfrac{3.14^2 \times 2.94 \times 10^{-4} \times 1.5^2}{4 \times 3.46} = 0.0005$

分层 2：$F_{r2} = \dfrac{3.14^2 \times 12.96 \times 10^{-4} \times 6^2}{4 \times 3.46} = 0.0333$

④按式（4-8）计算地层Ⅱ各分层的综合系数 F_i。

分层 1：$F_1 = F_n + F_{s1} + F_{r1} = 2.264 + 2.197 + 0.0005 = 4.462$

分层 2：$F_2 = F_n + F_{s2} + F_{r2} = 2.264 + 2.197 + 0.0333 = 4.495$

3）用式（2-19）和式（2-18）分别计算地层Ⅱ各分层的全路径竖向固结系数。

分层 1：$\bar{c}_{v1} = c_{v1} = 0.056\text{m}^2/\text{d}$

分层 2：$\bar{c}_{v2} = \dfrac{\dfrac{0.056}{1.5^2} + \dfrac{0.065}{4.5^2}}{\dfrac{1}{1.5^2} + \dfrac{1}{4.5^2}} = 0.0569(\text{m}^2/\text{d})$

4）地层Ⅱ各分层的径向固结系数。

分层 1：$c_{h1} = 0.063\text{m}^2/\text{d}$

分层 2：$c_{h2} = 0.278\text{m}^2/\text{d}$

5）按式（4-3）计算地层Ⅱ各分层的系数 β_i 值。

分层 1：$\beta_1 = \dfrac{8 \times 0.063}{4.462 \times 1.356^2} + \dfrac{3.14^2 \times 0.056}{4 \times 1.5^2} = 0.0614 + 0.0613 = 0.1228(\text{d}^{-1})$

分层 2：$\beta_2 = \dfrac{8 \times 0.278}{4.495 \times 1.356^2} + \dfrac{3.14^2 \times 0.0569}{4 \times 6^2} = 0.2714 + 0.0039 = 0.2753(\text{d}^{-1})$

步骤 6：同地层Ⅰ。

步骤 7：计算 A、B、C 工况的分层的最终变形量和累计最终变形量，确定沉降计算经验系数，计算 A、B、C、U 工况各分层最终沉降值和整层最终沉降值，计算 A、B、C、U 工况的分层贡献率，计算 A、B、C 工况各分层的分层权重和整层权重。

1）地层 ⅡA 工况地基变形计算列于表 7-16。

表 7-16　地层 ⅡA 工况地基变形计算表 $(\psi_v = 1.00)$

i	z_i/m	h_i/m	$\omega_{ai}p_{a0}/kPa$	E_{si}/MPa	$\Delta s'_{aif}/mm$	$\sum \Delta s'_{aif}/mm$	λ_{ai}
1	1.5	1.5	77.23	2.1	55.16	55.16	0.2802
2	6	4.5	66.13	2.1	141.7	196.86	0.7198

2）地层 ⅡB 工况地基变形计算列于表 7-17。

表 7-17　地层 ⅡB 工况地基变形计算表 $(\psi_v = 1.00)$

i	z_i/m	h_i/m	$\omega_{bi}p_{b0}/kPa$	E_{si}/MPa	$\Delta s'_{bif}/mm$	$\sum \Delta s'_{bif}/mm$	λ_{bi}
1	1.5	1.5	0.83	2.1	0.6	0.6	0.0119
2	6	4.5	23.06	2.1	49.4	50.0	0.9881

3）地层 ⅡC 工况地基变形计算列于表 7-18。

表 7-18　地层 ⅡC 工况地基变形计算表 $(p_{c0} = 38kPa \quad \psi_s = 1.00)$

i	z_i/m	h_i/m	$\omega_{ci}p_{c0}/kPa$	E_{si}/MPa	$\Delta s'_{cif}/mm$	$\sum \Delta s'_{cif}/mm$	λ_{ci}
1	1.5	1.5	38.0	2.1	27.14	27.14	0.2501
2	6	4.5	37.98	2.1	81.39	108.53	0.7499

4）地层 ⅡU 工况地基沉降计算列于表 7-19。

表 7-19　地层 ⅡU 工况地基沉降计算表

i	z_i/m	h_i/m	$\Delta s_{uif}/mm$	$\sum \Delta s_{uif}/mm$	λ_{ui}
1	1.5	1.5	82.90	82.90	0.2333
2	6	4.5	272.49	355.38	0.7667

5）用式（4-45）、式（4-46）和式（4-47）分别计算地层 ⅡA、B、C 工况各分层的分层权重。

A 工况：分层 1：$q_{ua1} = \dfrac{55.16}{82.9} = 0.6654$

分层 2：$q_{ua2} = \dfrac{141.7}{272.49} = 0.52$

B 工况：分层 1：$q_{ub1} = \dfrac{0.6}{82.9} = 0.0072$

分层 2：$q_{ub2} = \dfrac{49.4}{272.49} = 0.1813$

C 工况：分层 1：$q_{uc1} = \dfrac{27.14}{82.9} = 0.3274$

分层 2：$q_{uc2} = \dfrac{81.39}{272.49} = 0.2987$

6）用式（4-39）、式（4-40）和式（4-41）分别计算地层ⅡA、B、C工况的整层权重。

A工况：$Q_{ua} = \dfrac{196.86}{355.38} = 0.5539$

B工况：$Q_{ub} = \dfrac{50.0}{355.38} = 0.1407$

C工况：$Q_{uc} = \dfrac{108.53}{355.38} = 0.3054$

步骤8：分别计算A、B、C工况各分层的固结度初值。

1）用式（4-23）算得地层ⅡA工况各分层的分层固结度初值。

分层1：$U_{a1}^0 = 1 - \alpha e^{-\beta_1 t} = 1 - 0.811 e^{-0.1228 \times 157} = 1.000$

分层2：$U_{a2}^0 = 1 - \alpha e^{-\beta_2 t} = 1 - 0.811 e^{-0.2753 \times 157} = 1.000$

2）用式（4-24）算得地层ⅡB工况各分层的分层固结度初值。

分层1：$U_{b1}^0 = 1 - \alpha e^{-\beta_1 t/2} = 1 - 0.811 e^{-0.1228 \times 157/2} = 0.9999$

分层2：$U_{b2}^0 = 1 - \alpha e^{-\beta_2 t/2} = 1 - 0.811 e^{-0.2753 \times 157/2} = 1.000$

3）用式（4-21）算得地层ⅡC工况各分层的固结度初值各级荷载的分量。

分层1：$U_{c1,1}^0 = 1 - \alpha e^{-\beta_1 T_1} = 1 - 0.811 e^{-0.1228 \times 112} = 1.000$

$\qquad U_{c1,2}^0 = 1 - \alpha e^{-\beta_2 T_2} = 1 - 0.811 e^{-0.1228 \times 73} = 0.9999$

分层2：$U_{c2,1}^0 = 1 - \alpha e^{-\beta_1 T_1} = 1 - 0.811 e^{-0.2753 \times 112} = 1.000$

$\qquad U_{c2,2}^0 = 1 - \alpha e^{-\beta_2 T_2} = 1 - 0.811 e^{-0.2753 \times 73} = 1.000$

4）用式（4-22）算得地层ⅡC工况各分层的固结度初值。

分层1：$U_{c1}^0 = \sum\limits_{j=1}^{2} \eta_j U_{c1,j}^0 = 0.5 \times 1.000 + 0.5 \times 0.9999 = 0.9999$

分层2：$U_{c2}^0 = \sum\limits_{j=1}^{2} \eta_j U_{c2,j}^0 = 0.5 \times 1.000 + 0.5 \times 1.000 = 1.000$

步骤9：分别计算A、B、C工况各分层的分层平均固结度。

1）用式（4-25）计算地层ⅡA工况各分层的平均固结度。

分层1：$U_{a1} = \omega_{a1} U_{a1}^0 = 0.9653 \times 1.000 = 0.9653$

分层2：$U_{a2} = \omega_{a2} U_{a2}^0 = 0.8266 \times 1.000 = 0.8266$

2）用式（4-26）计算地层ⅡB工况各分层的分层平均固结度。

分层1：$U_{b1} = \omega_{b1} U_{b1}^0 = 00278 \times 1.000 = 0.0278$

分层2：$U_{b2} = \omega_{b2} U_{b2}^0 = 0.7685 \times 0.9999 = 0.7685$

3）用式（4-16）计算地层ⅡC工况各分层的分层平均固结度。

分层1：$U_{c1} = \omega_{c1} U_{c1}^0 = 0.9999 \times 0.9999 = 0.9998$

分层2：$U_{c2} = \omega_{c2} U_{c2}^0 = 0.9995 \times 1.000 = 0.9995$

步骤10：计算地层ⅡA、B、C工况各分层的固结度贡献值及其总和。

1）A工况：$\lambda_{a1} U_{a1} = 0.2802 \times 0.9653 = 0.2705$

$\qquad\qquad \lambda_{a2} U_{a2} = 0.7198 \times 0.8266 = 0.595$

2）B工况：$\lambda_{b1} U_{b1} = 0.0119 \times 0.0278 = 0.0003$

$\qquad\qquad \lambda_{b2} U_{b2} = 0.9881 \times 0.7685 = 0.7594$

3）C 工况：$\lambda_{c1}U_{c1} = 0.2501 \times 0.9998 = 0.2500$

$\lambda_{c2}U_{c2} = 0.7499 \times 0.9995 = 0.7495$

4）用式（4-27）、式（4-28）和式（4-19）分别计算地层ⅡA、B、C 工况整层的总平均固结度。

A 工况：$\overline{U}_{az} = \sum\limits_{i=1}^{2} \lambda_{ai}U_{ai} = 0.2705 + 0.595 = 0.8655$

B 工况：$\overline{U}_{bz} = \sum\limits_{i=1}^{2} \lambda_{bi}U_{bi} = 0.0003 + 0.7594 = 0.7597$

C 工况：$\overline{U}_{cz} = \sum\limits_{i=1}^{2} \lambda_{ci}U_{ci} = 0.2500 + 0.7495 = 0.9995$

步骤 11：按式（4-38）计算地层Ⅱ U 工况的整层总平均固结度。

$\overline{U}_{uz} = Q_{ua}\overline{U}_{az} + Q_{ub}\overline{U}_{bz} + Q_{uc}\overline{U}_{cz}$

$= 0.5539 \times 0.8655 + 0.1407 \times 0.7597 + 0.3054 \times 0.9995 = 0.8915$

步骤 12：按式（4-44）计算地层Ⅱ U 工况各分层的分层平均固结度。

分层 1：$U_{u1} = q_{ua1}U_{a1} + q_{ub1}U_{b1} + q_{uc1}U_{c1}$

$= 0.6654 \times 0.9653 + 0.0072 \times 0.0278 + 0.3274 \times 0.9998 = 0.9699$

分层 2：$U_{u2} = q_{ua2}U_{a2} + q_{ub2}U_{b2} + q_{uc2}U_{c2}$

$= 0.520 \times 0.8266 + 0.1813 \times 0.7685 + 0.2987 \times 0.9995 = 0.8677$

步骤 13：用式（4-48）计算地层Ⅱ U 工况整层总平均固结度。

$\overline{U}_{uz} = \sum\limits_{i=1}^{2} \lambda_{ui}U_{ui} = 0.2333 \times 0.9699 + 0.7667 \times 0.8677 = 0.2262 + 0.6653$

$= 0.8915$

其结果与步骤 11 的计算结果完全一致，证明计算准确无误。

7.3.3 地层Ⅲ

地层Ⅲ与地层Ⅰ相同，有 2 个分层的双层完整井地基，地层厚度 $h_{\text{Ⅲ}} = 9\text{m}$，其计算步骤如下。

步骤 1：根据联合预压方案设计及岩土工程资料计算竖井的各项参数。

除竖井深度 $h_{\text{w}} = 9\text{m}$ 外，其余均同 7.2.2 中步骤 1 的竖井层参数。

步骤 2：同地层Ⅰ。

步骤 3：同地层Ⅰ。

步骤 4：计算并绘制衰减后的真空负压与深度的关系曲线和分层平均真空负压与深度的关系曲线。计算并绘制水位下降作用的压力和分层平均压力与深度的关系曲线。

1）用式（2-29）计算地层Ⅲ各分层底的真空压力。

分层 1：$p_{a,1.5} = p_{a0} - h_1\delta_1 = 80 - 1.5 \times 3.7 = 74.45(\text{kPa})$

分层 2：$p_{a,9.0} = p_{a,1.5} - h_2\delta_2 = 74.45 - 7.5 \times 3.7 = 46.7(\text{kPa})$

2）按式（2-30）计算地层Ⅲ各分层的平均真空压力值。

分层 1：$p_{a1} = p_{a0} - \dfrac{h_1\delta_1}{2} = 80 - \dfrac{1.5 \times 3.7}{2} = 77.23(\text{kPa})$

分层 2：$p_{a2} = p_{a1} - \dfrac{h_1\delta_1}{2} - \dfrac{h_2\delta_2}{2} = 77.23 - \dfrac{1.5 \times 3.7}{2} - \dfrac{7.5 \times 3.7}{2} = 60.58(\text{kPa})$

3）衰减后地层Ⅲ的层底真空压力和分层平均压力的曲线（略）。

4）按式（2-38）计算地层ⅢA工况各分层的应力折减系数。

分层1：$\omega_{a1} = \dfrac{77.23}{80} = 0.9653$

分层2：$\omega_{a2} = \dfrac{60.58}{80} = 0.7572$

5）用式（2-31）计算地层ⅢB工况各分层底的水位下降作用压力。

分层1：$z \leqslant h_b = 1.0\text{m}$　　　　$p_{b,1.0} = 0\text{kPa}$

　　　　$z = h_1 = 1.5\text{m} < h_a$　　$p_{b,1.5} = 10 \times (1.5 - 1) = 5(\text{kPa})$

分层2：$z = 4\text{m} = h_a$　　　　$p_{b,4.0} = 10 \times 3 = 30(\text{kPa})$

　　　　$z = h_Ⅲ = 9\text{m} > h_a$　　$p_{b,9.0} = 10 \times 3 = 30(\text{kPa})$

6）按式（2-37）计算地层ⅢB工况各分层的平均压力。

分层1：应力图形为三角形，用式（2-32）计算应力图形面积。

$$p_{b1} = \frac{10 \times (1.5 - 1)^2}{2 \times 1.5} = 0.83(\text{kPa})$$

分层2：应力图形为五边形，用式（2-35）计算应力图形面积。

$$p_{b2} = 10 \times 3 - \frac{10 \times (4 - 1.5)^2}{2 \times 7.5} = 25.83(\text{kPa})$$

7）绘制地层Ⅲ水位下降作用的压力曲线与分层平均压力曲线图（略）。

8）按式（2-39）计算地层ⅢB工况各分层的应力折减系数。

分层1：$\omega_{b1} = \dfrac{0.83}{30} = 0.0278$

分层2：$\omega_{b2} = \dfrac{25.83}{30} = 0.8611$

9）先按式（2-10）算得各分层的附加应力系数沿土层厚度的积分值 A_i，再按式（2-26）计算地层ⅢC工况各分层的应力折减系数。

分层1：$\omega_{c1} = \dfrac{A_{c1}}{h_1} = \dfrac{1.4998}{1.5} = 0.9999$

分层2：$\omega_{c2} = \dfrac{A_{c2}}{h_2} = \dfrac{7.4946}{7.5} = 0.9993$

步骤5：确定各分层的排水距离，计算非理想井地基的各项系数，计算各分层全路径竖向固结系数，算得系数 β_i 值。

1）确定各分层的排水距离。

分层1：$h_1 = 1.5\text{m}$。

分层2：$h_2 = 9\text{m}$。

2）计算非理想井地基的各项系数。

①已知井径比 $n_w = 20.4 > 15$，按式（4-7）计算地层Ⅲ的井径比因子系数 F_n。

分层1、2：$F_n = \ln(20.4) - 0.75 = 2.264$

②已知 $\dfrac{k_h}{k_s} = 3$，$S_1 = S_2 = 3$，按式（4-9）计算地层Ⅲ的涂抹作用影响系数 F_{si}。

分层1、2：$F_{s1} = F_{s2} = (3-1) \times \ln(3) = 2.197$

③按式（4-10）计算地层Ⅲ的井阻作用影响系数 F_{ri}。

分层1：$F_{r1} = \dfrac{3.14^2 \times 2.94 \times 10^{-4} \times 1.5^2}{4 \times 3.46} = 0.0005$

分层2：$F_{r2} = \dfrac{3.14^2 \times 12.96 \times 10^{-4} \times 9^2}{4 \times 3.46} = 0.0749$

④按式（4-8）计算地层Ⅲ的各分层的综合系数 F_i。

分层1：$F_1 = F_n + F_{s1} + F_{r1} = 2.264 + 2.197 + 0.0005 = 4.462$

分层2：$F_2 = F_n + F_{s2} + F_{r2} = 2.264 + 2.197 + 0.0749 = 4.536$

3）用式（2-19）和式（2-18）分别计算地层Ⅲ各分层的全路径竖向固结系数。

分层1：$\bar{c}_{v1} = c_{v1} = 0.056\,\mathrm{m^2/d}$

分层2：$\bar{c}_{v2} = \dfrac{\dfrac{0.056}{1.5^2} + \dfrac{0.065}{7.5^2}}{\dfrac{1}{1.5^2} + \dfrac{1}{7.5^2}} = 0.0563\,(\mathrm{m^2/d})$

4）地层Ⅲ各分层的径向固结系数。

分层1：$c_{h1} = 0.063\,\mathrm{m^2/d}$

分层2：$c_{h2} = 0.278\,\mathrm{m^2/d}$

5）按式（4-3）计算地层Ⅲ各分层的系数 β_i 值。

分层1：$\beta_1 = \dfrac{8 \times 0.063}{4.462 \times 1.356^2} + \dfrac{3.14^2 \times 0.056}{4 \times 1.5^2} = 0.0614 + 0.0613 = 0.1228\,(\mathrm{d^{-1}})$

分层2：$\beta_2 = \dfrac{8 \times 0.278}{4.536 \times 1.356^2} + \dfrac{3.14^2 \times 0.0563}{4 \times 9^2} = 0.2705 + 0.0017 = 0.2722\,(\mathrm{d^{-1}})$

步骤6：同地层Ⅰ。

步骤7：计算A、B、C工况的分层的最终变形量和累计最终变形量，确定沉降计算经验系数，计算A、B、C、U工况各分层最终沉降值和整层最终沉降值，计算A、B、C、U工况的分层贡献率，计算A、B、C工况各分层的分层权重和整层权重。

1）地层ⅢA工况地基变形计算列于表7-20。

表7-20 地层ⅢA工况地基变形计算表 （$\psi_v = 1.00$）

i	z_i/m	h_i/m	$\omega_{ai}p_{a0}/\mathrm{kPa}$	E_{si}/MPa	$\Delta s'_{aif}/\mathrm{mm}$	$\sum \Delta s'_{aif}/\mathrm{mm}$	λ_{ai}
1	1.5	1.5	77.23	2.1	55.16	55.16	0.2032
2	9	7.5	60.58	2.1	216.3	271.5	0.7968

2）地层ⅢB工况地基变形计算列于表7-21。

表7-21 地层ⅢB工况地基变形计算表 （$\psi_v = 1.00$）

i	z_i/m	h_i/m	$\omega_{bi}p_{b0}/\mathrm{kPa}$	E_{si}/MPa	$\Delta s'_{bif}/\mathrm{mm}$	$\sum \Delta s'_{bif}/\mathrm{mm}$	λ_{bi}
1	1.5	1.5	0.83	2.1	0.6	0.6	0.0064
2	9	7.5	25.83	2.1	92.26	92.86	0.9936

3）地层ⅢC工况地基变形计算列于表7-22。

表 7-22　地层ⅢC 工况地基变形计算表　　（$p_{c0}=38\text{kPa}$　$\psi_s=1.00$）

i	z_i/m	h_i/m	$\omega_{ci}p_{c0}/\text{kPa}$	E_{si}/MPa	$\Delta s'_{cif}/\text{mm}$	$\sum\Delta s'_{cif}/\text{mm}$	λ_{ci}
1	1.5	1.5	38.0	2.1	27.14	27.14	0.1668
2	9	7.5	37.97	2.1	135.62	162.76	0.8332

4）地层ⅢU 工况地基沉降计算列于表 7-23。

表 7-23　地层ⅢU 工况地基沉降计算表

i	z_i/m	h_i/m	$\Delta s_{uif}/\text{mm}$	$\sum\Delta s_{uif}/\text{mm}$	λ_{ui}
1	1.5	1.5	82.90	82.90	0.1573
2	9	7.5	444.22	527.11	0.8427

5）用式（4-45）、式（4-46）和式（4-47）分别计算地层ⅢA、B、C 工况各分层的分层权重。

A 工况：分层 1：$q_{ua1}=\dfrac{55.16}{82.9}=0.6654$

分层 2：$q_{ua2}=\dfrac{216.34}{444.22}=0.487$

B 工况：分层 1：$q_{ub1}=\dfrac{0.6}{82.9}=0.0072$

分层 2：$q_{ub2}=\dfrac{49.4}{444.22}=0.2077$

C 工况：分层 1：$q_{uc1}=\dfrac{27.14}{82.9}=0.3274$

分层 2：$q_{uc2}=\dfrac{81.39}{444.22}=0.3053$

6）用式（4-39）、式（4-40）和式（4-41）分别计算地层ⅢA、B、C 工况的整层权重。

A 工况：$Q_{ua}=\dfrac{271.5}{527.11}=0.5151$

B 工况：$Q_{ub}=\dfrac{92.86}{527.11}=0.1762$

C 工况：$Q_{uc}=\dfrac{162.76}{527.11}=0.3088$

步骤 8：计算 A、B、C 工况各分层的分层固结度初值。

1）用式（4-23）算得地层ⅢA 工况各分层的分层固结度初值。

分层 1：$U_{a1}^0=1-\alpha e^{-\beta_1 t}=1-0.811e^{-0.1228\times157}=1.000$

分层 2：$U_{a2}^0=1-\alpha e^{-\beta_2 t}=1-0.811e^{-0.2722\times157}=1.000$

2）用式（4-24）算得地层ⅢB 工况各分层的分层固结度初值。

分层 1：$U_{b1}^0=1-\alpha e^{-\beta_1 t/2}=1-0.811e^{-0.1228\times157/2}=0.9999$

分层 2：$U_{b2}^0=1-\alpha e^{-\beta_2 t/2}=1-0.811e^{-0.2722\times157/2}=1.000$

3）用式（4-21）算得地层ⅢC 工况各分层的固结度初值各级荷载的分量。

分层 1：$U_{c1,1}^0 = 1 - \alpha e^{-\beta_1 T_1} = 1 - 0.811 e^{-0.1228 \times 112} = 1.000$

$U_{c1,2}^0 = 1 - \alpha e^{-\beta_2 T_2} = 1 - 0.811 e^{-0.1228 \times 73} = 0.9999$

分层 2：$U_{c2,1}^0 = 1 - \alpha e^{-\beta_1 T_1} = 1 - 0.811 e^{-0.2722 \times 112} = 1.000$

$U_{c2,2}^0 = 1 - \alpha e^{-\beta_2 T_2} = 1 - 0.811 e^{-0.2722 \times 73} = 1.000$

4）用式（4-22）算得地层Ⅲ C 工况各分层的固结度初值。

分层 1：$U_{c1}^0 = \sum_{j=1}^{2} \eta_j U_{c1,j}^0 = 0.5 \times 1.000 + 0.5 \times 0.9999 = 0.9999$

分层 2：$U_{c2}^0 = \sum_{j=1}^{2} \eta_j U_{c2,j}^0 = 0.5 \times 1.000 + 0.5 \times 1.000 = 1.000$

步骤 9：将 A、B、C 工况各分层的固结度初值乘上对应的分层应力折减系数，获得 A、B、C 工况各分层的分层平均固结度。

1）用式（4-25）计算地层Ⅲ A 工况各分层的分层平均固结度。

分层 1：$U_{a1} = \omega_{a1} U_{a1}^0 = 0.9653 \times 1.000 = 0.9653$

分层 2：$U_{a2} = \omega_{a2} U_{a2}^0 = 0.7572 \times 1.000 = 0.7572$

2）用式（4-26）计算地层Ⅲ B 工况各分层的分层平均固结度。

分层 1：$U_{b1} = \omega_{b1} U_{b1}^0 = 00278 \times 1.000 = 0.0278$

分层 2：$U_{b2} = \omega_{b2} U_{b2}^0 = 0.8611 \times 1.000 = 0.8611$

3）用式（4-16）计算地层Ⅲ C 工况各分层的分层平均固结度。

分层 1：$U_{p1} = \omega_{c1} U_{c1}^0 = 0.9999 \times 0.9999 = 0.9998$

分层 2：$U_{p2} = \omega_{c2} U_{c2}^0 = 0.9993 \times 1.000 = 0.9993$

步骤 10：计算地层Ⅲ A、B、C 工况各分层的固结度贡献值。

1）A 工况：$\lambda_{a1} U_{a1} = 0.2032 \times 0.9653 = 0.1961$

$\lambda_{a2} U_{a2} = 0.7968 \times 0.7572 = 0.6033$

2）B 工况：$\lambda_{b1} U_{b1} = 0.0064 \times 0.0278 = 0.0002$

$\lambda_{b2} U_{b2} = 0.9936 \times 0.8611 = 0.8556$

3）C 工况：$\lambda_{c1} U_{c1} = 0.1668 \times 0.9998 = 0.1667$

$\lambda_{c2} U_{c2} = 0.8332 \times 0.9993 = 0.8327$

4）用式（4-27）、式（4-28）和式（4-19）分别计算地层Ⅲ A、B、C 工况整层的总平均固结度。

A 工况：$\overline{U}_{az} = \sum_{i=1}^{2} \lambda_{ai} U_{ai} = 0.1961 + 0.6033 = 0.7994$

B 工况：$\overline{U}_{bz} = \sum_{i=1}^{2} \lambda_{bi} U_{bi} = 0.0002 + 0.8556 = 0.8558$

C 工况：$\overline{U}_{cz} = \sum_{i=1}^{2} \lambda_{ci} U_{ci} = 0.1667 + 0.8327 = 0.9994$

步骤 11：按式（4-38）计算地层Ⅲ U 工况的整层总平均固结度。

$$\overline{U}_{uz} = Q_{ua} \overline{U}_{az} + Q_{ub} \overline{U}_{bz} + Q_{uc} \overline{U}_{cz}$$
$$= 0.5151 \times 0.7994 + 0.1762 \times 0.8558 + 0.3088 \times 0.9994 = 0.8711$$

步骤 12：按式（4-44）计算地层Ⅲ U 工况各分层的分层平均固结度。

分层 1：$U_{u1} = q_{ua1}U_{a1} + q_{ub1}U_{b1} + q_{uc1}U_{c1}$
$= 0.6654 \times 0.9653 + 0.0072 \times 0.0278 + 0.3274 \times 0.9998 = 0.9699$

分层 2：$U_{u2} = q_{ua2}U_{a2} + q_{ub2}U_{b2} + q_{uc2}U_{c2}$
$= 0.487 \times 0.7572 + 0.2077 \times 0.8611 + 0.3053 \times 0.9993 = 0.8527$

步骤 13：用式（4-48）计算地层Ⅲ U 工况整层总平均固结度。

$$\overline{U}_{uz} = \sum_{i=1}^{2} \lambda_{ui}U_{ui} = 0.1573 \times 0.9699 + 0.8427 \times 0.8527 = 0.1525 + 0.7186$$
$$= 0.8711$$

其结果与步骤 11 的计算结果完全一致，证明计算准确无误。

7.3.4 地层Ⅳ

地层Ⅳ与地层Ⅰ相同，有 2 个分层的双层完整井地基，地层厚度 $h_Ⅳ = 12\mathrm{m}$，其计算步骤如下。

步骤 1：根据联合预压方案设计及岩土工程资料计算竖井的各项参数。

除竖井深度 $h_w = 12\mathrm{m}$ 外，其余均同 7.2.2 中步骤 1 的竖井层参数。

步骤 2：同地层Ⅰ。

步骤 3：同地层Ⅰ。

步骤 4：计算并绘制衰减后的真空负压与深度的关系曲线和分层平均真空负压与深度的关系曲线。计算并绘制水位下降作用的压力和分层平均压力与深度的关系曲线。

1）用式（2-29）计算地层Ⅳ各分层底的真空压力。

分层 1：$p_{a,1.5} = p_{a0} - h_1\delta_1 = 80 - 1.5 \times 3.7 = 74.45(\mathrm{kPa})$

分层 2：$p_{a,12} = p_{a,1.5} - h_2\delta_2 = 74.45 - 10.5 \times 3.7 = 35.6(\mathrm{kPa})$

2）按式（2-30）计算地层Ⅳ各分层的平均真空压力值。

分层 1：$p_{a1} = p_{a0} - \dfrac{h_1\delta_1}{2} = 80 - \dfrac{1.5 \times 3.7}{2} = 77.23(\mathrm{kPa})$

分层 2：$p_{a2} = p_{a1} - \dfrac{h_1\delta_1}{2} - \dfrac{h_2\delta_2}{2} = 77.23 - \dfrac{1.5 \times 3.7}{2} - \dfrac{10.5 \times 3.7}{2} = 55.03(\mathrm{kPa})$

3）地层Ⅳ衰减后的层底真空压力和分层平均压力的曲线（略）。

4）按式（2-38）计算地层Ⅳ A 工况各分层的应力折减系数。

分层 1：$\omega_{a1} = \dfrac{p_{a1}}{p_{a0}} = \dfrac{77.23}{80} = 0.9653$

分层 2：$\omega_{a2} = \dfrac{p_{a2}}{p_{a0}} = \dfrac{55.03}{80} = 0.6878$

5）用式（2-31）计算地层Ⅳ B 工况各分层底的水位下降作用压力。

分层 1：$z \leqslant h_b = 1.0\mathrm{m}$　　　　$p_{b,1.0} = 0\mathrm{kPa}$
　　　　$z = h_1 = 1.5\mathrm{m} < h_a$　　$p_{b,1.5} = 10 \times (1.5 - 1) = 5(\mathrm{kPa})$

分层 2：$z = 4\mathrm{m} = h_a$　　　　$p_{b,4.0} = 10 \times 3 = 30(\mathrm{kPa})$
　　　　$z = h_Ⅳ = 12\mathrm{m} > h_a$　$p_{b,12} = 10 \times 3 = 30(\mathrm{kPa})$

6）按式（2-37）计算地层Ⅳ B 工况各分层的平均压力。

分层1：应力图形为三角形，用式（2-32）计算应力图形面积。

$$p_{b1} = \frac{10 \times (1.5 - 1)^2}{2 \times 1.5} = 0.83 (\text{kPa})$$

分层2：应力图形为五边形，用式（2-35）计算应力图形面积。

$$p_{b2} = 10 \times 3 - \frac{10 \times (4 - 1.5)^2}{2 \times 10.5} = 27.02 (\text{kPa})$$

7）绘制地层Ⅳ水位下降作用的压力曲线与分层平均压力曲线图（略）。

8）按式（2-39）计算地层ⅣB工况各分层的应力折减系数。

分层1：$\omega_{b1} = \dfrac{0.83}{30} = 0.0278$

分层2：$\omega_{b2} = \dfrac{27.02}{30} = 0.9008$

9）先按式（2-10）算得各分层的附加应力系数沿土层厚度的积分值 A_i，再按式（2-26）计算地层ⅣC工况各分层的应力折减系数。

分层1：$\omega_{c1} = \dfrac{A_{c1}}{h_1} = \dfrac{1.4998}{1.5} = 0.9999$

分层2：$\omega_{c2} = \dfrac{A_{c2}}{h_2} = \dfrac{10.4902}{10.5} = 0.9991$

步骤5：确定各分层的排水距离，计算非理想井地基的各项系数，计算各分层全路径竖向固结系数，算得系数 β_i 值。

1）确定各分层的排水距离。

分层1：$h_1 = 1.5 \text{m}$。

分层2：$h_2 = 12 \text{m}$。

2）计算非理想井地基的各项系数。

①已知井径比 $n_w = 20.4 > 15$，按式（4-7）计算地层Ⅳ的井径比因子系数 F_n。

分层1、2：$F_n = \ln(20.4) - 0.75 = 2.264$

②已知 $\dfrac{k_h}{k_s} = 3$，$S_1 = S_2 = 3$，按式（4-9）计算地层Ⅳ的涂抹作用影响系数 F_{si}。

分层1、2：$F_{s1} = F_{s2} = (3 - 1) \times \ln(3) = 2.197$

③按式（4-10）计算地层Ⅳ的井阻作用影响系数 F_{ri}。

分层1：$F_{r1} = \dfrac{3.14^2 \times 2.94 \times 10^{-4} \times 1.5^2}{4 \times 3.46} = 0.0005$

分层2：$F_{r2} = \dfrac{3.14^2 \times 12.96 \times 10^{-4} \times 12^2}{4 \times 3.46} = 0.1331$

④按式（4-8）计算地层Ⅳ的各分层的综合系数 F_i。

分层1：$F_1 = F_n + F_{s1} + F_{r1} = 2.264 + 2.197 + 0.0005 = 4.462$

分层2：$F_2 = F_n + F_{s2} + F_{r2} = 2.264 + 2.197 + 0.1331 = 4.595$

3）用式（2-19）和式（2-18）分别计算地层Ⅳ各分层的全路径竖向固结系数。

分层1：$\bar{c}_{v1} = c_{v1} = 0.056 \text{m}^2/\text{d}$

分层 2：$\bar{c}_{v2} = \dfrac{\dfrac{0.056}{1.5^2} + \dfrac{0.065}{10.5^2}}{\dfrac{1}{1.5^2} + \dfrac{1}{10.5^2}} = 0.0562(\mathrm{m^2/d})$

4）地层Ⅳ各分层的径向固结系数。

分层 1：$c_{h1} = 0.063\,\mathrm{m^2/d}$

分层 2：$c_{h2} = 0.278\,\mathrm{m^2/d}$

5）按式（4-3）计算地层Ⅳ各分层的系数 β_i 值。

分层 1：$\beta_1 = \dfrac{8 \times 0.063}{4.462 \times 1.356^2} + \dfrac{3.14^2 \times 0.056}{4 \times 1.5^2} = 0.0614 + 0.0613 = 0.1228(\mathrm{d^{-1}})$

分层 2：$\beta_2 = \dfrac{8 \times 0.278}{4.595 \times 1.356^2} + \dfrac{3.14^2 \times 0.0562}{4 \times 12^2} = 0.2693 + 0.001 = 0.2703(\mathrm{d^{-1}})$

步骤 6：同地层Ⅰ。

步骤 7：计算 A、B、C 工况的分层的最终变形量和累计最终变形量，确定沉降计算经验系数，计算 A、B、C、U 工况各分层最终沉降值和整层最终沉降值，计算 A、B、C、U 工况的分层贡献率，计算 A、B、C 工况各分层的分层权重和整层权重。

1）地层ⅣA 工况地基变形计算列于表 7-24。

表 7-24　地层ⅣA 工况地基变形计算表　　　　　　　　$(\psi_v = 1.00)$

i	z_i/m	h_i/m	$\omega_{ai}p_{a0}/\mathrm{kPa}$	E_{si}/MPa	$\Delta s'_{aif}/\mathrm{mm}$	$\sum \Delta s'_{aif}/\mathrm{mm}$	λ_{ai}
1	1.5	1.5	77.23	2.1	55.16	55.16	0.167
2	12	10.5	55.03	2.1	275.13	330.29	0.833

2）地层ⅣB 工况地基变形计算列于表 7-25。

表 7-25　地层ⅣB 工况地基变形计算表　　　　　　　　$(\psi_v = 1.00)$

i	z_i/m	h_i/m	$\omega_{bi}p_{b0}/\mathrm{kPa}$	E_{si}/MPa	$\Delta s'_{bif}/\mathrm{mm}$	$\sum \Delta s'_{bif}/\mathrm{mm}$	λ_{bi}
1	1.5	1.5	0.83	2.1	0.6	0.6	0.0044
2	12	10.5	27.02	2.1	135.12	135.71	0.9956

3）地层ⅣC 工况地基变形计算列于表 7-26。

表 7-26　地层ⅣC 工况地基变形计算表　　$(p_{c0} = 38\mathrm{kPa}\quad \psi_s = 1.00)$

i	z_i/m	h_i/m	$\omega_{ci}p_{c0}/\mathrm{kPa}$	E_{si}/MPa	$\Delta s'_{cif}/\mathrm{mm}$	$\sum \Delta s'_{cif}/\mathrm{mm}$	λ_{ci}
1	1.5	1.5	38.0	2.1	27.14	27.14	0.1251
2	12	10.5	37.97	2.1	189.8	216.96	0.8749

4）地层ⅣU 工况地基沉降计算列于表 7-27。

表 7-27　地层ⅣU 工况地基沉降计算表

i	z_i/m	h_i/m	$\Delta s_{uif}/\mathrm{mm}$	$\sum \Delta s_{uif}/\mathrm{mm}$	λ_{ui}
1	1.5	1.5	82.9	82.9	0.1214
2	12	10.5	600.07	682.96	0.8786

5）用式（4-45）、式（4-46）和式（4-47）分别计算地层ⅣA、B、C 工况各分层的分层权重。

A 工况：分层 1：$q_{ua1} = \dfrac{55.16}{82.9} = 0.6654$

分层 2：$q_{ua2} = \dfrac{275.13}{600.07} = 0.4585$

B 工况：分层 1：$q_{ub1} = \dfrac{0.6}{82.9} = 0.0072$

分层 2：$q_{ub2} = \dfrac{135.12}{600.07} = 0.2252$

C 工况：分层 1：$q_{uc1} = \dfrac{27.14}{82.9} = 0.3274$

分层 2：$q_{uc2} = \dfrac{189.82}{600.07} = 0.3163$

6）用式（4-39）、式（4-40）和式（4-41）分别计算地层ⅣA、B、C 工况的整层权重。

A 工况：$Q_{ua} = \dfrac{330.29}{682.96} = 0.4836$

B 工况：$Q_{ub} = \dfrac{135.71}{682.96} = 0.1987$

C 工况：$Q_{uc} = \dfrac{216.96}{682.96} = 0.3177$

步骤 8：计算 A、B、C 工况各分层的分层固结度初值。

1）用式（4-23）算得地层ⅣA 工况各分层的分层固结度初值。

分层 1：$U_{a1}^0 = 1 - \alpha e^{-\beta_1 t} = 1 - 0.811 e^{-0.1228 \times 157} = 1.000$

分层 2：$U_{a2}^0 = 1 - \alpha e^{-\beta_2 t} = 1 - 0.811 e^{-0.2703 \times 157} = 1.000$

2）用式（4-24）算得地层ⅣB 工况各分层的分层固结度初值。

分层 1：$U_{b1}^0 = 1 - \alpha e^{-\beta_1 t/2} = 1 - 0.811 e^{-0.1228 \times 157/2} = 0.9999$

分层 2：$U_{b2}^0 = 1 - \alpha e^{-\beta_2 t/2} = 1 - 0.811 e^{-0.2703 \times 157/2} = 1.000$

3）用式（4-21）算得地层ⅣC 工况各分层的固结度初值各级荷载的分量。

分层 1：$U_{c1,1}^0 = 1 - \alpha e^{-\beta_1 T_1} = 1 - 0.811 e^{-0.1228 \times 112} = 1.000$

$U_{c1,2}^0 = 1 - \alpha e^{-\beta_2 T_2} = 1 - 0.811 e^{-0.1228 \times 73} = 0.9999$

分层 2：$U_{c2,1}^0 = 1 - \alpha e^{-\beta_1 T_1} = 1 - 0.811 e^{-0.2703 \times 112} = 1.000$

$U_{c2,2}^0 = 1 - \alpha e^{-\beta_2 T_2} = 1 - 0.811 e^{-0.2703 \times 73} = 1.000$

4）用式（4-22）算得地层ⅣC 工况各分层的固结度初值。

分层 1：$U_{c1}^0 = \sum_{j=1}^{2} \eta_j U_{c1,j}^0 = 0.5 \times 1.000 + 0.5 \times 0.9999 = 0.9999$

分层 2：$U_{c2}^0 = \sum_{j=1}^{2} \eta_j U_{c2,j}^0 = 0.5 \times 1.000 + 0.5 \times 1.000 = 1.000$

步骤 9：将 A、B、C 工况各分层的固结度初值乘上对应的分层应力折减系数，获得 A、B、C 工况各分层的分层平均固结度。

1）用式（4-25）计算地层ⅣA工况各分层的分层平均固结度。

分层1：$U_{a1} = \omega_{a1} U_{a1}^0 = 0.9653 \times 1.000 = 0.9653$

分层2：$U_{a2} = \omega_{a2} U_{a2}^0 = 0.6878 \times 1.000 = 0.6878$

2）用式（4-26）计算地层ⅣB工况各分层的分层平均固结度。

分层1：$U_{b1} = \omega_{b1} U_{b1}^0 = 00278 \times 0.9999 = 0.0278$

分层2：$U_{b2} = \omega_{b2} U_{b2}^0 = 0.9008 \times 1.000 = 0.9008$

3）用式（4-16）计算地层ⅣC工况各分层的分层平均固结度。

分层1：$U_{c1} = \omega_{c1} U_{c1}^0 = 0.9999 \times 0.9999 = 0.9998$

分层2：$U_{c2} = \omega_{c2} U_{c2}^0 = 0.9991 \times 1.000 = 0.9991$

步骤10：计算地层ⅣA、B、C工况各分层的固结度贡献值。

1）A工况：$\lambda_{a1} U_{a1} = 0.167 \times 0.9653 = 0.1612$

$\lambda_{a2} U_{a2} = 0.833 \times 0.6878 = 0.5729$

2）B工况：$\lambda_{b1} U_{b1} = 0.0044 \times 0.0278 = 0.0001$

$\lambda_{b2} U_{b2} = 0.9956 \times 0.9008 = 0.8968$

3）C工况：$\lambda_{c1} U_{c1} = 0.1251 \times 0.9998 = 0.1251$

$\lambda_{c2} U_{c2} = 0.8749 \times 0.9991 = 0.8741$

4）用式（4-27）、式（4-28）和式（4-19）分别计算地层ⅣA、B、C工况整层的总平均固结度。

A工况：$\overline{U}_{az} = \sum\limits_{i=1}^{2} \lambda_{ai} U_{ai} = 0.1612 + 0.5729 = 0.7342$

B工况：$\overline{U}_{bz} = \sum\limits_{i=1}^{2} \lambda_{bi} U_{bi} = 0.0001 + 0.8968 = 0.897$

C工况：$\overline{U}_{cz} = \sum\limits_{i=1}^{2} \lambda_{ci} U_{ci} = 0.1251 + 0.8741 = 0.9992$

步骤11：按式（4-38）计算地层ⅣU工况的整层总平均固结度。

$$\overline{U}_{uz} = Q_{ua} \overline{U}_{az} + Q_{ub} \overline{U}_{bz} + Q_{uc} \overline{U}_{cz}$$
$$= 0.4836 \times 0.7342 + 0.1987 \times 0.897 + 0.3177 \times 0.9992 = 0.8507$$

步骤12：按式（4-44）地层Ⅳ计算U工况各分层的分层平均固结度。

分层1：$U_{u1} = q_{ua1} U_{a1} + q_{ub1} U_{b1} + q_{uc1} U_{u1}$
$= 0.6654 \times 0.9653 + 0.0072 \times 0.0278 + 0.3274 \times 0.9998 = 0.9699$

分层2：$U_{u2} = q_{ua2} U_{a2} + q_{ub2} U_{b2} + q_{uc2} U_{u2}$
$= 0.4585 \times 0.6878 + 0.2252 \times 0.9008 + 0.3163 \times 0.9991 = 0.8342$

步骤13：用式（4-48）计算地层ⅣU工况整层总平均固结度。

$$\overline{U}_{uz} = \sum\limits_{i=1}^{2} \lambda_{ui} U_{ui} = 0.1214 \times 0.9699 + 0.8786 \times 0.8342 = 0.1177 + 0.733$$
$$= 0.8507$$

其结果与步骤11的计算结果完全一致，证明计算准确无误。

7.3.5 地层Ⅴ

地层Ⅴ与地层Ⅰ相同，有2个分层的双层完整井地基，地层厚度 $h_V = 15m$，其计算步骤如下。

步骤 1：根据联合预压方案设计及岩土工程资料计算竖井的各项参数。

除竖井深度 $h_w = 15m$ 外，其余均同 7.2.2 中步骤 1 的竖井层参数。

步骤 2：同地层Ⅰ。

步骤 3：同地层Ⅰ。

步骤 4：计算并绘制衰减后的真空负压与深度的关系曲线和分层平均真空负压与深度的关系曲线。计算并绘制水位下降作用的压力和分层平均压力与深度的关系曲线。

1）用式（2-29）计算地层Ⅴ各分层底的真空压力。

分层 1：$p_{a,1.5} = p_{a0} - h_1 \delta_1 = 80 - 1.5 \times 3.7 = 74.45 \text{(kPa)}$

分层 2：$p_{a,15} = p_{a,1.5} - h_2 \delta_2 = 74.45 - 13.5 \times 3.7 = 24.5 \text{(kPa)}$

2）按式（2-30）计算地层Ⅴ各分层的平均真空压力值。

分层 1：$p_{a1} = p_{a0} - \dfrac{h_1 \delta_1}{2} = 80 - \dfrac{1.5 \times 3.7}{2} = 77.23 \text{(kPa)}$

分层 2：$p_{a2} = p_{a1} - \dfrac{h_1 \delta_1}{2} - \dfrac{h_2 \delta_2}{2} = 77.23 - \dfrac{1.5 \times 3.7}{2} - \dfrac{13.5 \times 3.7}{2} = 49.48 \text{(kPa)}$

3）地层Ⅴ衰减后的层底真空压力和分层平均压力的曲线（略）。

4）按式（2-38）计算地层ⅤA工况各分层的应力折减系数。

分层 1：$\omega_{a1} = \dfrac{p_{a1}}{p_{a0}} = \dfrac{77.23}{80} = 0.9653$

分层 2：$\omega_{a2} = \dfrac{p_{a2}}{p_{a0}} = \dfrac{49.48}{80} = 0.6184$

5）用式（2-31）计算地层ⅤB工况各分层底的水位下降作用压力。

分层 1：$z \leqslant h_b = 1.0m$　　　$p_{b,1.0} = 0 \text{kPa}$

　　　　$z = h_1 = 1.5m < h_a$　　　$p_{b,1.5} = 10 \times (1.5 - 1) = 5 \text{(kPa)}$

分层 2：$z = 4m = h_a$　　　$p_{b,4.0} = 10 \times 3 = 30 \text{(kPa)}$

　　　　$z = h_V = 15m > h_a$　　　$p_{b,15} = 10 \times 3 = 30 \text{(kPa)}$

6）按式（2-37）计算地层ⅤB工况各分层平均压力。

分层 1：应力图形为三角形，用式（2-32）计算应力图形面积。

$$p_{b1} = \frac{10 \times (1.5 - 1)^2}{2 \times 1.5} = 0.83 \text{(kPa)}$$

分层 2：应力图形为五边形，用式（2-35）计算应力图形面积。

$$p_{b2} = 10 \times 3 - \frac{10 \times (4 - 1.5)^2}{2 \times 13.5} = 27.69 \text{(kPa)}$$

7）绘制地层Ⅴ水位下降作用的压力曲线与分层平均压力曲线图（略）。

8）按式（2-39）计算地层ⅤB工况各分层的应力折减系数。

分层 1：$\omega_{b1} = \dfrac{0.83}{30} = 0.0278$

分层 2：$\omega_{b2} = \dfrac{27.69}{30} = 0.9228$

9）先按式（2-10）算得各分层的附加应力系数沿土层厚度的积分值 A_i，再按式（2-26）

计算地层ⅤC工况各分层的应力折减系数。

分层1：$\omega_{c1}=\dfrac{A_{c1}}{h_1}=\dfrac{1.4998}{1.5}=0.9999$

分层2：$\omega_{c2}=\dfrac{A_{c2}}{h_2}=\dfrac{13.482}{13.5}=0.9986$

步骤5：确定各分层的排水距离，计算非理想井地基的各项系数，计算各分层全路径竖向固结系数，算得系数β_i值。

1）确定各分层的排水距离。

分层1：$h_1=1.5\mathrm{m}$。

分层2：$h_2=15\mathrm{m}$。

2）计算非理想井地基的各项系数。

①已知井径比$n_w=20.4>15$，按式（4-7）计算地层Ⅴ的井径比因子系数F_n。

分层1、2：$F_n=\ln(20.4)-0.75=2.264$

②已知$\dfrac{k_h}{k_s}=3$，$S_1=S_2=3$，按式（4-9）计算地层Ⅴ的涂抹作用影响系数F_{si}。

分层1、2：$F_{s1}=F_{s2}=(3-1)\times\ln(3)=2.197$

③按式（4-10）计算地层Ⅴ的井阻作用影响系数F_{ri}。

分层1：$F_{r1}=\dfrac{3.14^2\times2.94\times10^{-4}\times1.5^2}{4\times3.46}=0.0005$

分层2：$F_{r2}=\dfrac{3.14^2\times12.96\times10^{-4}\times15^2}{4\times3.46}=0.208$

④按式（4-8）计算地层Ⅴ各分层的综合系数F_i。

分层1：$F_1=F_n+F_{s1}+F_{r1}=2.264+2.197+0.0005=4.462$

分层2：$F_2=F_n+F_{s2}+F_{r2}=2.264+2.197+0.208=4.669$

3）用式（2-19）和式（2-18）分别计算地层Ⅴ各分层的全路径竖向固结系数。

分层1：$\bar{c}_{v1}=c_{v1}=0.056\mathrm{m^2/d}$

分层2：$\bar{c}_{v2}=\dfrac{\dfrac{0.056}{1.5^2}+\dfrac{0.065}{13.5^2}}{\dfrac{1}{1.5^2}+\dfrac{1}{13.5^2}}=0.0561(\mathrm{m^2/d})$

4）地层Ⅴ各分层的径向固结系数。

分层1：$c_{h1}=0.063\mathrm{m^2/d}$

分层2：$c_{h2}=0.278\mathrm{m^2/d}$

5）按式（4-3）计算地层Ⅴ各分层的系数β_i值。

分层1：$\beta_1=\dfrac{8\times0.063}{4.462\times1.356^2}+\dfrac{3.14^2\times0.056}{4\times1.5^2}=0.0614+0.0613=0.1228(\mathrm{d^{-1}})$

分层2：$\beta_2=\dfrac{8\times0.278}{4.669\times1.356^2}+\dfrac{3.14^2\times0.0561}{4\times15^2}=0.2678+0.0006=0.2685(\mathrm{d^{-1}})$

步骤6：同地层Ⅰ。

步骤7：计算A、B、C工况的分层的最终变形量和累计最终变形量，确定沉降计算经验系数，计算 A、B、C、U 工况各分层最终沉降值和整层最终沉降值，计算 A、B、C、U 工况的分层贡献率，计算 A、B、C 工况各分层的分层权重和整层权重。

1）地层ⅤA 工况地基变形计算列于表 7-28。

表 7-28　地层ⅤA 工况地基变形计算表　　　　　　　　　　$(\psi_v = 1.00)$

i	z_i/m	h_i/m	$\omega_{ai}p_{a0}$/kPa	E_{si}/MPa	$\Delta s'_{aif}$/mm	$\sum \Delta s'_{aif}$/mm	λ_{ai}
1	1.5	1.5	77.23	2.1	55.16	55.16	0.1478
2	15	13.5	49.48	2.1	318.05	373.21	0.8522

2）地层ⅤB 工况地基变形计算列于表 7-29。

表 7-29　地层ⅤB 工况地基变形计算表　　　　　　　　　　$(\psi_v = 1.00)$

i	z_i/m	h_i/m	$\omega_{bi}p_{b0}$/kPa	E_{si}/MPa	$\Delta s'_{bif}$/mm	$\sum \Delta s'_{bif}$/mm	λ_{bi}
1	1.5	1.5	0.83	2.1	0.6	0.6	0.0033
2	15	13.5	27.69	2.1	177.98	178.57	0.9967

3）地层ⅤC 工况地基变形计算列于表 7-30。

表 7-30　地层ⅤC 工况地基变形计算表　　　　$(p_{c0} = 38\text{kPa}\quad \psi_s = 1.00)$

i	z_i/m	h_i/m	$\omega_{ci}p_{c0}$/kPa	E_{si}/MPa	$\Delta s'_{cif}$/mm	$\sum \Delta s'_{cif}$/mm	λ_{ci}
1	1.5	1.5	38.0	2.1	27.14	27.14	0.1001
2	15	13.5	37.95	2.1	243.95	271.09	0.8999

4）地层ⅤU 工况地基沉降计算列于表 7-31。

表 7-31　地层ⅤU 工况地基沉降计算表

i	z_i/m	h_i/m	Δs_{uif}/mm	$\sum \Delta s_{uif}$/mm	λ_{ui}
1	1.5	1.5	82.90	82.90	0.1007
2	15	13.5	739.98	822.88	0.8993

5）用式（4-45）、式（4-46）和式（4-47）分别计算地层ⅤA、B、C 工况各分层的分层权重。

A 工况：分层 1：$q_{ua1} = \dfrac{55.16}{82.9} = 0.6654$

　　　　　分层 2：$q_{ua2} = \dfrac{318.05}{739.98} = 0.4298$

B 工况：分层 1：$q_{ub1} = \dfrac{0.6}{82.9} = 0.0072$

　　　　　分层 2：$q_{ub2} = \dfrac{177.98}{739.98} = 0.2405$

C 工况：分层 1：$q_{uc1} = \dfrac{27.14}{82.9} = 0.3274$

　　　　　分层 2：$q_{uc2} = \dfrac{243.95}{739.98} = 0.3297$

6）用式（4-39）、式（4-40）和式（4-41）分别计算地层ⅤA、B、C工况的整层权重。

A工况：$Q_{ua} = \dfrac{373.21}{822.88} = 0.4536$

B工况：$Q_{ub} = \dfrac{178.57}{822.88} = 0.217$

C工况：$Q_{uc} = \dfrac{271.09}{822.88} = 0.3294$

步骤8：计算A、B、C工况各分层的分层固结度初值。

1）用式（4-23）算得地层ⅤA工况各分层的分层固结度初值。

分层1：$U_{a1}^0 = 1 - \alpha e^{-\beta_1 t} = 1 - 0.811 e^{-0.1228 \times 157} = 1.000$

分层2：$U_{a2}^0 = 1 - \alpha e^{-\beta_2 t} = 1 - 0.811 e^{-0.2685 \times 157} = 1.000$

2）用式（4-24）算得地层ⅤB工况各分层的分层固结度初值。

分层1：$U_{b1}^0 = 1 - \alpha e^{-\beta_1 t/2} = 1 - 0.811 e^{-0.1228 \times 157/2} = 0.9999$

分层2：$U_{b2}^0 = 1 - \alpha e^{-\beta_2 t/2} = 1 - 0.811 e^{-0.2685 \times 157/2} = 1.000$

3）用式（4-21）算得地层ⅤC工况各分层的固结度初值各级荷载的分量。

分层1：$U_{c1,1}^0 = 1 - \alpha e^{-\beta_1 T_1} = 1 - 0.811 e^{-0.1228 \times 112} = 1.000$

$U_{c1,2}^0 = 1 - \alpha e^{-\beta_2 T_2} = 1 - 0.811 e^{-0.1228 \times 73} = 0.9999$

分层2：$U_{c2,1}^0 = 1 - \alpha e^{-\beta_1 T_1} = 1 - 0.811 e^{-0.2685 \times 112} = 1.000$

$U_{c2,2}^0 = 1 - \alpha e^{-\beta_2 T_2} = 1 - 0.811 e^{-0.2685 \times 73} = 1.000$

4）用式（4-22）算得地层ⅤC工况各分层的固结度初值。

分层1：$U_{c1}^0 = \sum_{j=1}^{2} \eta_j U_{c1,j}^0 = 0.5 \times 1.000 + 0.5 \times 0.9999 = 0.9999$

分层2：$U_{c2}^0 = \sum_{j=1}^{2} \eta_j U_{c2,j}^0 = 0.5 \times 1.000 + 0.5 \times 1.000 = 1.000$

步骤9：将A、B、C工况各分层的固结度初值乘上对应的分层应力折减系数，获得A、B、C工况各分层的分层平均固结度。

1）用式（4-25）计算地层ⅤA工况各分层的分层平均固结度。

分层1：$U_{a1} = \omega_{a1} U_{a1}^0 = 0.9653 \times 1.000 = 0.9653$

分层2：$U_{a2} = \omega_{a2} U_{a2}^0 = 0.6184 \times 1.000 = 0.6184$

2）用式（4-26）计算地层ⅤB工况各分层的分层平均固结度。

分层1：$U_{b1} = \omega_{b1} U_{b1}^0 = 00278 \times 0.9999 = 0.0278$

分层2：$U_{b2} = \omega_{b2} U_{b2}^0 = 0.9228 \times 1.000 = 0.9228$

3）用式（4-16）计算地层ⅤC工况各分层的分层平均固结度。

分层1：$U_{c1} = \omega_{c1} U_{c1}^0 = 0.9999 \times 0.9999 = 0.9998$

分层2：$U_{c2} = \omega_{c2} U_{c2}^0 = 0.9986 \times 1.000 = 0.9986$

步骤10：计算地层ⅤA、B、C工况各分层的固结度贡献值。

1）A工况：$\lambda_{a1} U_{a1} = 0.1478 \times 0.9653 = 0.1427$

$\lambda_{a2} U_{a2} = 0.8522 \times 0.6184 = 0.527$

2）B 工况：$\lambda_{b1}U_{b1} = 0.0033 \times 0.0278 = 0.0001$

$\lambda_{b2}U_{b2} = 0.9967 \times 0.9228 = 0.9198$

3）C 工况：$\lambda_{c1}U_{c1} = 0.1001 \times 0.9998 = 0.1001$

$\lambda_{c2}U_{c2} = 0.8999 \times 0.9986 = 0.8987$

4）用式（4-27）、式（4-28）和式（4-19）分别计算地层Ⅴ A、B、C 工况整层的总平均固结度。

A 工况：$\overline{U}_{az} = \sum_{i=1}^{2} \lambda_{ai}U_{ai} = 0.1427 + 0.527 = 0.6697$

B 工况：$\overline{U}_{bz} = \sum_{i=1}^{2} \lambda_{bi}U_{bi} = 0.0001 + 0.9198 = 0.9199$

C 工况：$\overline{U}_{cz} = \sum_{i=1}^{2} \lambda_{ci}U_{ci} = 0.1001 + 0.8987 = 0.9988$

步骤 11：按式（4-38）计算地层Ⅴ U 工况的整层总平均固结度。

$$\overline{U}_{uz} = Q_{ua}\overline{U}_{az} + Q_{ub}\overline{U}_{bz} + Q_{uc}\overline{U}_{cz}$$
$$= 0.4536 \times 0.6697 + 0.217 \times 0.9199 + 0.3294 \times 0.9988 = 0.8324$$

步骤 12：按式（4-44）计算地层Ⅴ U 工况各分层的分层平均固结度。

分层 1：$U_{u1} = q_{ua1}U_{a1} + q_{ub1}U_{b1} + q_{uc1}U_{c1}$
$$= 0.6654 \times 0.9653 + 0.0072 \times 0.0278 + 0.3274 \times 0.9998 = 0.9699$$

分层 2：$U_{u2} = q_{ua2}U_{a2} + q_{ub2}U_{b2} + q_{uc2}U_{c2}$
$$= 0.4298 \times 0.6184 + 0.2405 \times 0.9228 + 0.3297 \times 0.9986 = 0.817$$

步骤 13：用式（4-48）计算地层Ⅴ U 工况整层总平均固结度。

$$\overline{U}_{uz} = \sum_{i=1}^{2} \lambda_{ui}U_{ui} = 0.1007 \times 0.9699 + 0.8993 \times 0.817 = 0.0977 + 0.7347 = 0.8324$$

其结果与步骤 11 的计算结果完全一致，证明计算准确无误。

7.3.6　地层Ⅵ

地层Ⅵ与地层Ⅰ相同，有 2 个分层的双层完整井地基，地层厚度 $h_Ⅵ = 18\text{m}$，其计算步骤如下。

步骤 1：根据真空预压方案设计及岩土工程资料计算竖井的各项参数。

除竖井深度 $h_w = 18\text{m}$ 外，其余均同 7.2.2 中步骤 1 的竖井层参数。

步骤 2：同地层Ⅰ。

步骤 3：同地层Ⅰ。

步骤 4：计算并绘制衰减后的真空负压与深度的关系曲线和分层平均真空负压与深度的关系曲线。计算并绘制水位下降作用的压力和分层平均压力与深度的关系曲线。

1）用式（2-29）计算地层Ⅵ的各分层底的真空压力。

分层 1：$p_{a,1.5} = p_{a0} - h_1\delta_1 = 80 - 1.5 \times 3.7 = 74.45\,(\text{kPa})$

分层 2：$p_{a,18} = p_{a,1.5} - h_2\delta_2 = 74.45 - 16.5 \times 3.7 = 13.4\,(\text{kPa})$

2）按式（2-30）计算地层Ⅵ的各分层的平均真空压力值。

分层 1：$p_{a1} = p_{a0} - \dfrac{h_1\delta_1}{2} = 80 - \dfrac{1.5 \times 3.7}{2} = 77.23\,(\text{kPa})$

分层 2：$p_{a2} = p_{a1} - \dfrac{h_1\delta_1}{2} - \dfrac{h_2\delta_2}{2} = 77.23 - \dfrac{1.5 \times 3.7}{2} - \dfrac{16.5 \times 3.7}{2} = 43.93(\text{kPa})$

3）地层Ⅵ衰减后的层底真空压力和分层平均压力的曲线（略）。

4）按式（2-38）计算地层ⅥA工况各分层的应力折减系数。

分层 1：$\omega_{a1} = \dfrac{p_{a1}}{p_{a0}} = \dfrac{77.23}{80} = 0.9653$

分层 2：$\omega_{a2} = \dfrac{p_{a2}}{p_{a0}} = \dfrac{43.93}{80} = 0.5491$

5）用式（2-31）计算地层ⅥB工况各分层底的水位下降作用压力。

分层 1：$z \le h_b = 1.0\text{m}$ $p_{b,1.0} = 0\text{kPa}$

     $z = h_1 = 1.5\text{m} < h_a$ $p_{b,1.5} = 10 \times (1.5 - 1) = 5(\text{kPa})$

分层 2：$z = 4\text{m} = h_a$ $p_{b,4.0} = 10 \times 3 = 30(\text{kPa})$

     $z = h_Ⅵ = 18\text{m} > h_a$ $p_{b,18} = 10 \times 3 = 30(\text{kPa})$

6）按式（2-37）计算地层ⅥB工况各分层平均压力。

分层 1：应力图形为三角形，用式（2-32）计算应力图形面积。

$$p_{b1} = \dfrac{10 \times (1.5 - 1)^2}{2 \times 1.5} = 0.83(\text{kPa})$$

分层 2：应力图形为五边形，用式（2-35）计算应力图形面积。

$$p_{b2} = 10 \times 3 - \dfrac{10 \times (4 - 1.5)^2}{2 \times 16.5} = 28.11(\text{kPa})$$

7）绘制地层Ⅵ水位下降作用的压力曲线与分层平均压力曲线图（略）。

8）按式（2-39）计算地层ⅥB工况各分层的应力折减系数。

分层 1：$\omega_{b1} = \dfrac{0.83}{30} = 0.0278$

分层 2：$\omega_{b2} = \dfrac{28.11}{30} = 0.9369$

9）先按式（2-10）算得各分层的附加应力系数沿土层厚度的积分值 A_i，再按式（2-26）计算地层ⅥC工况各分层的应力折减系数。

分层 1：$\omega_{c1} = \dfrac{1.4998}{1.5} = 0.9999$

分层 2：$\omega_{c2} = \dfrac{16.455}{16.5} = 0.9973$

步骤 5：确定各分层的排水距离，计算非理想井地基的各项系数，计算各分层全路径竖向固结系数，算得系数 β_i 值。

1）确定各分层的排水距离。

分层 1：$h_1 = 1.5\text{m}$。

分层 2：$h_2 = 18\text{m}$。

2）计算非理想井地基的各项系数。

①已知井径比 $n_w = 20.4 > 15$，按式（4-7）计算地层Ⅵ的井径比因子系数 F_n。

分层 1、2：$F_n = \ln(20.4) - 0.75 = 2.264$

②已知 $\dfrac{k_h}{k_s}=3$，$S_1=S_2=3$，按式（4-9）计算地层Ⅵ的涂抹作用影响系数 F_{si}。

分层 1、2：$F_{s1}=F_{s2}=(3-1)\times\ln(3)=2.197$

③按式（4-10）计算地层Ⅵ的井阻作用影响系数 F_{ri}。

分层 1：$F_{r1}=\dfrac{3.14^2\times2.94\times10^{-4}\times1.5^2}{4\times3.46}=0.0005$

分层 2：$F_{r2}=\dfrac{3.14^2\times12.96\times10^{-4}\times18^2}{4\times3.46}=0.2995$

④按式（4-8）计算地层Ⅵ的各分层的综合系数 F_i。

分层 1：$F_1=F_n+F_{s1}+F_{r1}=2.264+2.197+0.0005=4.462$

分层 2：$F_2=F_n+F_{s2}+F_{r2}=2.264+2.197+0.2995=4.761$

3）用式（2-19）和式（2-18）分别计算地层Ⅵ各分层的全路径竖向固结系数。

分层 1：$\bar{c}_{v1}=c_{v1}=0.056\,\mathrm{m^2/d}$

分层 2：$\bar{c}_{v2}=\dfrac{\dfrac{0.056}{1.5^2}+\dfrac{0.065}{16.5^2}}{\dfrac{1}{1.5^2}+\dfrac{1}{16.5^2}}=0.0561\,(\mathrm{m^2/d})$

4）地层Ⅵ各分层的径向固结系数。

分层 1：$c_{h1}=0.063\,\mathrm{m^2/d}$

分层 2：$c_{h2}=0.278\,\mathrm{m^2/d}$

5）按式（4-3）计算地层Ⅵ各分层的系数 β_i 值。

分层 1：$\beta_1=\dfrac{8\times0.063}{4.462\times1.356^2}+\dfrac{3.14^2\times0.056}{4\times1.5^2}=0.0614+0.0613=0.1228\,(\mathrm{d^{-1}})$

分层 2：$\beta_2=\dfrac{8\times0.278}{4.761\times1.356^2}+\dfrac{3.14^2\times0.0561}{4\times18^2}=0.2660+0.0004=0.2664\,(\mathrm{d^{-1}})$

步骤 6：同地层Ⅰ。

步骤 7：计算 A、B、C 工况的分层的最终变形量和累计最终变形量，确定沉降计算经验系数，计算 A、B、C、U 工况各分层最终沉降值和整层最终沉降值，计算 A、B、C、U 工况的分层贡献率，计算 A、B、C 工况各分层的分层权重和整层权重。

1）地层ⅥA 工况地基变形计算列于表 7-32。

表 7-32　地层ⅥA 工况地基变形计算表　　　　　　　($\psi_v=1.00$)

i	z_i/m	h_i/m	$\omega_{ai}p_{a0}/\mathrm{kPa}$	E_{si}/MPa	$\Delta s'_{aif}/\mathrm{mm}$	$\sum\Delta s'_{aif}/\mathrm{mm}$	λ_{ai}
1	1.5	1.5	77.23	2.1	55.16	55.16	0.1378
2	18	16.5	43.93	2.1	345.13	400.29	0.8622

2）地层ⅥB 工况地基变形计算列于表 7-33。

表 7-33　地层ⅥB 工况地基变形计算表　　　　　　　($\psi_v=1.00$)

i	z_i/m	h_i/m	$\omega_{bi}p_{b0}/\mathrm{kPa}$	E_{si}/MPa	$\Delta s'_{bif}/\mathrm{mm}$	$\sum\Delta s'_{bif}/\mathrm{mm}$	λ_{bi}
1	1.5	1.5	0.83	2.1	0.6	0.6	0.0027
2	18	16.5	28.11	2.1	220.83	221.43	0.9973

3）地层ⅥC工况地基变形计算列于表7-34。

表7-34　地层ⅥC工况地基变形计算表　　（$p_{c0}=38\text{kPa}$　$\psi_s=1.00$）

i	z_i/m	h_i/m	$\omega_{ci}p_{c0}$/kPa	E_{si}/MPa	$\Delta s'_{cif}$/mm	$\sum \Delta s'_{cif}$/mm	λ_{ci}
1	1.5	1.5	38.0	2.1	27.14	27.14	0.0835
2	18	16.5	37.9	2.1	297.75	324.89	0.9165

4）地层ⅥU工况地基沉降计算列于表7-35。

表7-35　地层ⅥU工况地基沉降计算表

i	z_i/m	h_i/m	Δs_{uif}/mm	$\sum \Delta s_{uif}$/mm	λ_{ui}
1	1.5	1.5	82.90	82.9	0.0876
2	18	16.5	863.71	946.6	0.9124

5）用式（4-45）、式（4-46）和式（4-47）分别计算地层ⅥA、B、C工况各分层的分层权重。

A工况：分层1：$q_{ua1}=\dfrac{55.16}{82.9}=0.6654$

分层2：$q_{ua2}=\dfrac{345.13}{863.71}=0.3996$

B工况：分层1：$q_{ub1}=\dfrac{0.6}{82.9}=0.0072$

分层2：$q_{ub2}=\dfrac{220.83}{863.71}=0.2557$

C工况：分层1：$q_{uc1}=\dfrac{27.14}{82.9}=0.3274$

分层2：$q_{uc2}=\dfrac{297.75}{863.71}=0.3447$

6）用式（4-39）、式（4-40）和式（4-41）分别计算地层ⅥA、B、C工况的整层权重。

A工况：$Q_{ua}=\dfrac{400.29}{946.6}=0.4229$

B工况：$Q_{ub}=\dfrac{221.43}{946.6}=0.2339$

C工况：$Q_{uc}=\dfrac{324.89}{946.6}=0.3432$

步骤8：计算A、B、C工况各分层的分层固结度初值。

1）用式（4-23）算得地层ⅥA工况各分层的分层固结度初值。

分层1：$U_{a1}^0=1-\alpha e^{-\beta_1 t}=1-0.811e^{-0.1228\times157}=1.000$

分层2：$U_{a2}^0=1-\alpha e^{-\beta_2 t}=1-0.811e^{-0.2664\times157}=1.000$

2）用式（4-24）算得地层ⅥB工况各分层的分层固结度初值。

分层1：$U_{b1}^0=1-\alpha e^{-\beta_1 t/2}=1-0.811e^{-0.1228\times157/2}=0.9999$

分层2：$U_{b2}^0=1-\alpha e^{-\beta_2 t/2}=1-0.811e^{-0.2664\times157/2}=1.000$

3）用式（4-21）算得地层ⅥC工况各分层的固结度初值各级荷载的分量。

分层1：$U_{c1,1}^0 = 1 - \alpha e^{-\beta_1 T_1} = 1 - 0.811 e^{-0.1228 \times 112} = 1.000$

$U_{c1,2}^0 = 1 - \alpha e^{-\beta_2 T_2} = 1 - 0.811 e^{-0.1228 \times 73} = 0.9999$

分层2：$U_{c2,1}^0 = 1 - \alpha e^{-\beta_1 T_1} = 1 - 0.811 e^{-0.2664 \times 112} = 1.000$

$U_{c2,2}^0 = 1 - \alpha e^{-\beta_2 T_2} = 1 - 0.811 e^{-0.2664 \times 73} = 1.000$

4）用式（4-22）算得地层ⅥC工况各分层的固结度初值。

分层1：$U_{c1}^0 = \sum_{j=1}^{2} \eta_j U_{c1,j}^0 = 0.5 \times 1.000 + 0.5 \times 0.9999 = 0.9999$

分层2：$U_{c2}^0 = \sum_{j=1}^{2} \eta_j U_{c2,j}^0 = 0.5 \times 1.000 + 0.5 \times 1.000 = 1.000$

步骤9：将A、B、C工况各分层的固结度初值乘上对应的分层应力折减系数，获得A、B、C工况各分层的平均固结度。

1）用式（4-25）计算地层ⅥA工况各分层的分层平均固结度。

分层1：$U_{a1} = \omega_{a1} U_{a1}^0 = 0.9653 \times 1.000 = 0.9653$

分层2：$U_{a2} = \omega_{a2} U_{a2}^0 = 0.5491 \times 1.000 = 0.5491$

2）用式（4-26）计算地层ⅥB工况各分层的分层平均固结度。

分层1：$U_{b1} = \omega_{b1} U_{b1}^0 = 00278 \times 0.9999 = 0.0278$

分层2：$U_{b2} = \omega_{b2} U_{b2}^0 = 0.9369 \times 1.000 = 0.9369$

3）用式（4-16）计算地层ⅥC工况各分层的分层平均固结度。

分层1：$U_{c1} = \omega_{c1} U_{c1}^0 = 0.9999 \times 0.9999 = 0.9998$

分层2：$U_{c2} = \omega_{c2} U_{c2}^0 = 0.9973 \times 1.000 = 0.9973$

步骤10：计算地层ⅥA、B、C工况各分层的固结度贡献值。

1）A工况：$\lambda_{a1} U_{a1} = 0.1378 \times 0.9653 = 0.133$

$\lambda_{a2} U_{a2} = 0.8622 \times 0.5491 = 0.4734$

2）B工况：$\lambda_{b1} U_{b1} = 0.0027 \times 0.0278 = 0.0001$

$\lambda_{b2} U_{b2} = 0.9973 \times 0.9369 = 0.9344$

3）C工况：$\lambda_{c1} U_{c1} = 0.0835 \times 0.9998 = 0.0835$

$\lambda_{c2} U_{c2} = 0.9165 \times 0.9973 = 0.914$

4）用式（4-27）、式（4-28）和式（4-19）分别计算地层Ⅵ的A、B、C工况整层的总平均固结度。

A工况：$\overline{U}_{az} = \sum_{i=1}^{2} \lambda_{ai} U_{ai} = 0.133 + 0.4734 = 0.6064$

B工况：$\overline{U}_{bz} = \sum_{i=1}^{2} \lambda_{bi} U_{bi} = 0.0001 + 0.9343 = 0.9344$

C工况：$\overline{U}_{cz} = \sum_{i=1}^{2} \lambda_{ci} U_{ci} = 0.0835 + 0.914 = 0.9975$

步骤11：按式（4-38）计算地层ⅥU工况的整层总平均固结度。

$$\overline{U}_{uz} = Q_{ua} \overline{U}_{az} + Q_{ub} \overline{U}_{bz} + Q_{uc} \overline{U}_{uz}$$

$$= 0.4229 \times 0.6064 + 0.2339 \times 0.9344 + 0.3432 \times 0.9975 = 0.8174$$

步骤12：按式（4-44）计算地层ⅥU工况各分层的分层平均固结度。

分层1：$U_{u1} = q_{ua1}U_{a1} + q_{ub1}U_{b1} + q_{uc1}U_{c1}$
$\qquad = 0.6654 \times 0.9653 + 0.0072 \times 0.0278 + 0.3274 \times 0.9998 = 0.9699$

分层2：$U_{u2} = q_{ua2}U_{a2} + q_{ub2}U_{b2} + q_{uc2}U_{c2}$
$\qquad = 0.3996 \times 0.5491 + 0.2557 \times 0.9369 + 0.3447 \times 0.9973 = 0.8027$

步骤13：用式（4-48）计算地层ⅥU工况的整层总平均固结度。

$$\overline{U}_{uz} = \sum_{i=1}^{2} \lambda_{ui}U_{ui} = 0.0876 \times 0.9699 + 0.9124 \times 0.8027$$
$$= 0.0849 + 0.7324 = 0.8174$$

其结果与步骤11的计算结果完全一致，证明计算准确无误。

7.3.7 地层Ⅶ

地层Ⅶ与地层Ⅰ相同，有2个分层的双层完整井地基，地层厚度 $h_{Ⅶ} = 21\text{m}$，其计算步骤如下。

步骤1：根据联合预压方案设计及岩土工程资料计算竖井的各项参数。

除竖井深度 $h_w = 21\text{m}$ 外，其余均同7.2.2中步骤1的竖井层参数。

步骤2：同地层Ⅰ。

步骤3：同地层Ⅰ。

步骤4：计算并绘制衰减后的真空负压与深度的关系曲线和分层平均真空负压与深度的关系曲线。计算并绘制水位下降作用的压力和分层平均压力与深度的关系曲线。

1）用式（2-29）计算地层Ⅶ各分层底的真空压力。

分层1：$p_{a,1.5} = p_{a0} - h_1\delta_1 = 80 - 1.5 \times 3.7 = 74.45 (\text{kPa})$

分层2：$p_{a,21} = p_{a,1.5} - h_2\delta_2 = 74.45 - 19.5 \times 3.7 = 2.3 (\text{kPa})$

2）按式（2-30）计算地层Ⅶ各分层的平均真空压力值。

分层1：$p_{a1} = p_{a0} - \dfrac{h_1\delta_1}{2} = 80 - \dfrac{1.5 \times 3.7}{2} = 77.23 (\text{kPa})$

分层2：$p_{a2} = p_{a1} - \dfrac{h_1\delta_1}{2} - \dfrac{h_2\delta_2}{2} = 77.23 - \dfrac{1.5 \times 3.7}{2} - \dfrac{19.5 \times 3.7}{2} = 38.38 (\text{kPa})$

3）地层Ⅶ衰减后的层底真空压力和分层平均压力的曲线（略）。

4）按式（2-38）计算地层ⅦA工况各分层的应力折减系数。

分层1：$\omega_{a1} = \dfrac{p_{a1}}{p_{a0}} = \dfrac{77.23}{80} = 0.9653$

分层2：$\omega_{a2} = \dfrac{p_{a2}}{p_{a0}} = \dfrac{38.38}{80} = 0.4797$

5）用式（2-31）计算地层ⅦB工况各分层底的水位下降作用压力。

分层1：$z \leqslant h_b = 1.0\text{m}$ $\qquad p_{b,1.0} = 0\text{kPa}$
$\qquad z = h_1 = 1.5\text{m} < h_a$ $\qquad p_{b,1.5} = 10 \times (1.5 - 1) = 5 (\text{kPa})$

分层2：$z = 4\text{m} = h_a$ $\qquad p_{b,4.0} = 10 \times 3 = 30 (\text{kPa})$
$\qquad z = h_{Ⅶ} = 21\text{m} > h_a$ $\qquad p_{b,21} = 10 \times 3 = 30 (\text{kPa})$

6）按式（2-37）计算地层ⅦB工况各分层平均压力。

分层1：应力图形为三角形，用式（2-32）计算应力图形面积。

$$p_{b1} = \frac{10 \times (1.5-1)^2}{2 \times 1.5} = 0.83(\text{kPa})$$

分层2：应力图形为五边形，用式（2-35）计算应力图形面积。

$$p_{b2} = 10 \times 3 - \frac{10 \times (4-1.5)^2}{2 \times 19.5} = 28.4(\text{kPa})$$

7）绘制地层Ⅶ水位下降作用的压力曲线与分层平均压力曲线图（略）。

8）按式（2-39）计算地层ⅦB工况各分层的应力折减系数。

分层1：$\omega_{b1} = \dfrac{0.83}{30} = 0.0278$

分层2：$\omega_{b2} = \dfrac{28.4}{30} = 0.9466$

9）先按式（2-10）算得各分层的附加应力系数沿土层厚度的积分值 A_i，再按式（2-26）计算地层ⅦC工况各分层的应力折减系数。

分层1：$\omega_{c1} = \dfrac{1.4998}{1.5} = 0.9999$

分层2：$\omega_{c2} = \dfrac{19.42}{19.5} = 0.9959$

步骤5：确定各分层的排水距离，计算非理想井地基的各项系数，计算各分层全路径竖向固结系数，算得系数 β_i 值。

1）确定各分层的排水距离。

分层1：$h_1 = 1.5\text{m}$。

分层2：$h_2 = 21\text{m}$。

2）计算非理想井地基的各项系数。

①已知井径比 $n_w = 20.4 > 15$，按式（4-7）计算地层Ⅶ的井径比因子系数 F_n。

分层1、2：$F_n = \ln(20.4) - 0.75 = 2.264$

②已知 $\dfrac{k_h}{k_s} = 3$，$S_1 = S_2 = 3$，按式（4-9）计算地层Ⅶ的涂抹作用影响系数 F_{si}。

分层1、2：$F_{s1} = F_{s2} = (3-1) \times \ln(3) = 2.197$

③按式（4-10）计算地层Ⅶ的井阻作用影响系数 F_{ri}。

分层1：$F_{r1} = \dfrac{3.14^2 \times 2.94 \times 10^{-4} \times 1.5^2}{4 \times 3.46} = 0.0005$

分层2：$F_{r2} = \dfrac{3.14^2 \times 12.96 \times 10^{-4} \times 21^2}{4 \times 3.46} = 0.4072$

④按式（4-8）计算地层Ⅶ各分层的综合系数 F_i。

分层1：$F_1 = F_n + F_{s1} + F_{r1} = 2.264 + 2.197 + 0.0005 = 4.462$

分层2：$F_2 = F_n + F_{s2} + F_{r2} = 2.264 + 2.197 + 0.4072 = 4.869$

3）用式（2-19）和式（2-18）分别计算地层Ⅶ各分层的全路径竖向固结系数。

分层1：$\bar{c}_{v1} = c_{v1} = 0.056\text{m}^2/\text{d}$

分层 2：$\bar{c}_{v2} = \dfrac{\dfrac{0.056}{1.5^2} + \dfrac{0.065}{19.5^2}}{\dfrac{1}{1.5^2} + \dfrac{1}{19.5^2}} = 0.0561(\text{m}^2/\text{d})$

4）地层Ⅶ各分层的径向固结系数。

分层 1：$c_{h1} = 0.063\,\text{m}^2/\text{d}$

分层 2：$c_{h2} = 0.278\,\text{m}^2/\text{d}$

5）按式（4-3）计算地层Ⅶ各分层的系数 β_i 值。

分层 1：$\beta_1 = \dfrac{8 \times 0.063}{4.462 \times 1.356^2} + \dfrac{3.14^2 \times 0.056}{4 \times 1.5^2} = 0.0614 + 0.0613 = 0.1228(\text{d}^{-1})$

分层 2：$\beta_2 = \dfrac{8 \times 0.278}{4.869 \times 1.356^2} + \dfrac{3.14^2 \times 0.0561}{4 \times 21^2} = 0.2639 + 0.0003 = 0.2642(\text{d}^{-1})$

步骤 6：同地层Ⅰ。

步骤 7：计算 A、B、C 工况的分层的最终变形量和累计最终变形量，确定沉降计算经验系数，计算 A、B、C、U 工况各分层最终沉降值和整层最终沉降值，计算 A、B、C、U 工况的分层贡献率，计算 A、B、C 工况各分层的分层权重和整层权重。

1）地层ⅦA 工况地基变形计算列于表 7-36。

表 7-36　地层ⅦA 工况地基变形计算表　　　　　　($\psi_v = 1.00$)

i	z_i/m	h_i/m	$\omega_{ai}p_{a0}$/kPa	E_{si}/MPa	$\Delta s'_{aif}$/mm	$\sum \Delta s'_{aif}$/mm	λ_{ai}
1	1.5	1.5	77.23	2.1	55.16	55.16	0.134
2	21	19.5	38.38	2.1	356.34	411.5	0.866

2）地层ⅦB 工况地基变形计算列于表 7-37。

表 7-37　地层ⅦB 工况地基变形量计算表　　　　　　($\psi_v = 1.00$)

i	z_i/m	h_i/m	$\omega_{bi}p_{b0}$/kPa	E_{si}/MPa	$\Delta s'_{bif}$/mm	$\sum \Delta s'_{bif}$/mm	λ_{bi}
1	1.5	1.5	0.83	2.1	0.6	0.6	0.0023
2	21	19.5	28.4	2.1	263.69	264.29	0.9977

3）地层ⅦC 工况地基变形计算列于表 7-38。

表 7-38　地层ⅦC 工况地基变形计算表　　　($p_{c0} = 38\,\text{kPa}$　$\psi_s = 1.00$)

i	z_i/m	h_i/m	$\omega_{ci}p_{c0}$/kPa	E_{si}/MPa	$\Delta s'_{cif}$/mm	$\sum \Delta s'_{cif}$/mm	λ_{ci}
1	1.5	1.5	38.0	2.1	27.14	27.14	0.0717
2	21	19.5	37.84	2.1	351.41	378.55	0.9283

4）地层ⅦU 工况地基沉降计算列于表 7-39。

表 7-39　地层ⅦU 工况地基沉降计算表

i	z_i/m	h_i/m	Δs_{uif}/mm	$\sum \Delta s_{uif}$/mm	λ_{ui}
1	1.5	1.5	82.90	82.9	0.0786
2	21	19.5	971.44	1054.34	0.9214

5）用式（4-45）、式（4-46）和式（4-47）分别计算地层ⅦA、B、C工况各分层的分层权重。

A工况：分层1：$q_{ua1} = \dfrac{55.16}{82.9} = 0.6654$

分层2：$q_{ua2} = \dfrac{356.34}{971.44} = 0.3668$

B工况：分层1：$q_{ub1} = \dfrac{0.6}{82.9} = 0.0072$

分层2：$q_{ub2} = \dfrac{263.69}{971.44} = 0.2714$

C工况：分层1：$q_{uc1} = \dfrac{27.14}{82.9} = 0.3274$

分层2：$q_{uc2} = \dfrac{351.41}{971.44} = 0.3618$

6）用式（4-39）、式（4-40）和式（4-41）分别计算地层ⅦA、B、C工况的整层权重。

A工况：$Q_{ua} = \dfrac{411.5}{1054.34} = 0.3903$

B工况：$Q_{ub} = \dfrac{264.29}{1054.34} = 0.2507$

C工况：$Q_{uc} = \dfrac{378.55}{1054.34} = 0.389$

步骤8：计算A、B、C工况各分层的分层固结度初值。

1）用式（4-23）算得地层ⅦA工况各分层的分层固结度初值。

分层1：$U_{a1}^0 = 1 - \alpha e^{-\beta_1 t} = 1 - 0.811 e^{-0.1228 \times 157} = 1.000$

分层2：$U_{a2}^0 = 1 - \alpha e^{-\beta_2 t} = 1 - 0.811 e^{-0.2642 \times 157} = 1.000$

2）用式（4-24）算得地层ⅦB工况各分层的分层固结度初值。

分层1：$U_{b1}^0 = 1 - \alpha e^{-\beta_1 t/2} = 1 - 0.811 e^{-0.1228 \times 157/2} = 0.9999$

分层2：$U_{b2}^0 = 1 - \alpha e^{-\beta_2 t/2} = 1 - 0.811 e^{-0.2642 \times 157/2} = 1.000$

3）用式（4-21）算得地层ⅦC工况各分层的固结度初值各级荷载的分量。

分层1：$U_{c1,1}^0 = 1 - \alpha e^{-\beta_1 T_1} = 1 - 0.811 e^{-0.1228 \times 112} = 1.000$

$U_{c1,2}^0 = 1 - \alpha e^{-\beta_2 T_2} = 1 - 0.811 e^{-0.1228 \times 73} = 0.9999$

分层2：$U_{c2,1}^0 = 1 - \alpha e^{-\beta_1 T_1} = 1 - 0.811 e^{-0.2642 \times 112} = 1.000$

$U_{c2,2}^0 = 1 - \alpha e^{-\beta_2 T_2} = 1 - 0.811 e^{-0.2642 \times 73} = 1.000$

4）用式（4-22）算得地层ⅦC工况各分层的固结度初值。

分层1：$U_{c1}^0 = \sum\limits_{j=1}^{2} \eta_j U_{c1,j}^0 = 0.5 \times 1.000 + 0.5 \times 0.9999 = 0.9999$

分层2：$U_{c2}^0 = \sum\limits_{j=1}^{2} \eta_j U_{c2,j}^0 = 0.5 \times 1.000 + 0.5 \times 1.000 = 1.000$

步骤9：将A、B、C工况各分层的固结度初值乘上对应的分层应力折减系数，获得A、B、C工况各分层的平均固结度。

1）用式（4-25）计算地层ⅦA工况各分层的分层平均固结度。

分层1：$U_{a1} = \omega_{a1} U_{a1}^0 = 0.9653 \times 1.000 = 0.9653$

分层2：$U_{a2} = \omega_{a2} U_{a2}^0 = 0.4797 \times 1.000 = 0.4797$

2）用式（4-26）计算地层ⅦB工况各分层的分层平均固结度。

分层1：$U_{b1} = \omega_{b1} U_{b1}^0 = 0.0278 \times 0.9999 = 0.0278$

分层2：$U_{b2} = \omega_{b2} U_{b2}^0 = 0.9466 \times 1.000 = 0.9466$

3）用式（4-16）计算地层ⅦC工况各分层的分层平均固结度。

分层1：$U_{c1} = \omega_{c1} U_{c1}^0 = 0.9999 \times 0.9999 = 0.9998$

分层2：$U_{c2} = \omega_{c2} U_{c2}^0 = 0.9959 \times 1.000 = 0.9959$

步骤10：计算地层ⅦA、B、C工况各分层的固结度贡献值。

1）A工况：$\lambda_{a1} U_{a1} = 0.134 \times 0.9653 = 0.1294$

$\lambda_{a2} U_{a2} = 0.866 \times 0.4797 = 0.4154$

2）B工况：$\lambda_{b1} U_{b1} = 0.0023 \times 0.0278 = 0.0001$

$\lambda_{b2} U_{b2} = 0.9977 \times 0.9466 = 0.9444$

3）C工况：$\lambda_{c1} U_{c1} = 0.0717 \times 0.9998 = 0.0717$

$\lambda_{c2} U_{c2} = 0.9283 \times 0.9959 = 0.9245$

4）用式（4-27）、式（4-28）和式（4-19）分别计算地层ⅦA、B、C工况整层的总平均固结度。

A工况：$\overline{U}_{az} = \sum\limits_{i=1}^{2} \lambda_{ai} U_{ai} = 0.1294 + 0.4154 = 0.5448$

B工况：$\overline{U}_{bz} = \sum\limits_{i=1}^{2} \lambda_{bi} U_{bi} = 0.0001 + 0.9444 = 0.9445$

C工况：$\overline{U}_{cz} = \sum\limits_{i=1}^{2} \lambda_{ci} U_{ci} = 0.0717 + 0.9245 = 0.9962$

步骤11：按式（4-38）计算地层ⅦU工况的整层总平均固结度。

$\overline{U}_{uz} = Q_{ua} \overline{U}_{az} + Q_{ub} \overline{U}_{bz} + Q_{uc} \overline{U}_{cz}$

$= 0.3903 \times 0.5448 + 0.2507 \times 0.9445 + 0.359 \times 0.9962 = 0.8071$

步骤12：按式（4-44）计算地层ⅦU工况各分层的分层平均固结度。

分层1：$U_{u1} = q_{ua1} U_{a1} + q_{ub1} U_{b1} + q_{uc1} U_{c1}$

$= 0.6654 \times 0.9653 + 0.0072 \times 0.0278 + 0.3274 \times 0.9998 = 0.9699$

分层2：$U_{u2} = q_{ua2} U_{a2} + q_{ub2} U_{b2} + q_{uc2} U_{c2}$

$= 0.3668 \times 0.4797 + 0.2714 \times 0.9466 + 0.3617 \times 0.9959 = 0.7932$

步骤13：用式（4-48）计算地层ⅦU工况整层总平均固结度。

$\overline{U}_{uz} = \sum\limits_{i=1}^{2} \lambda_{ui} U_{ui} = 0.0786 \times 0.9699 + 0.9214 \times 0.7932 = 0.0763 + 0.7308$

$= 0.8071$

其结果与步骤11的计算结果完全一致，证明计算准确无误。

7.3.8 地层Ⅷ

地层Ⅷ与以上各地层均不相同，地层Ⅷ有3个土层、4个分层的非完整井地基，地层厚

度 $h_{Ⅷ}=24\mathrm{m}$，其计算步骤如下。

步骤 1：根据联合预压方案设计及岩土工程资料计算竖井的各项参数。与 7.2.2 中步骤 1 的竖井层参数均相同。

步骤 2：同地层 Ⅰ。

步骤 3：同地层 Ⅰ。

步骤 4：计算并绘制衰减后的真空负压与深度的关系曲线和分层平均真空负压与深度的关系曲线。计算并绘制水位下降作用的压力和分层平均压力与深度的关系曲线。

1）用式（2-29）计算地层 Ⅷ 各分层底的真空压力。

分层 1：$p_{\mathrm{a},1.5}=p_{\mathrm{a}0}-h_1\delta_1=80-1.5\times3.7=74.45(\mathrm{kPa})$

分层 2：$p_{\mathrm{a},21.6}=p_{\mathrm{a},1.5}-h_2\delta_2=74.45-20.1\times3.7=0.08(\mathrm{kPa})$

分层 3：$p_{\mathrm{a},22}=p_{\mathrm{a},21.6}-h_3\delta_3=0.08-0.4\times3.2=0(\mathrm{kPa})$

分层 4：$p_{\mathrm{a},24}=0\mathrm{kPa}$

2）按式（2-30）计算地层 Ⅷ 各分层的平均真空压力值。

分层 1：$p_{\mathrm{a}1}=p_{\mathrm{a}0}-\dfrac{h_1\delta_1}{2}=80-\dfrac{1.5\times3.7}{2}=77.2(\mathrm{kPa})$

分层 2：$p_{\mathrm{a}2}=p_{\mathrm{a}1}-\dfrac{h_1\delta_1}{2}-\dfrac{h_2\delta_2}{2}=77.23-\dfrac{1.5\times3.7}{2}-\dfrac{20.1\times3.7}{2}=37.3(\mathrm{kPa})$

分层 3：$p_{\mathrm{a}3}=p_{\mathrm{a}2}-\dfrac{h_2\delta_2}{2}-\dfrac{h_3\delta_3}{2}=37.27-\dfrac{20.1\times3.7}{2}-\dfrac{0.4\times3.2}{2}\approx0(\mathrm{kPa})$

分层 4：$p_{\mathrm{a}4}=0\mathrm{kPa}$

3）地层 Ⅷ 衰减后的层底真空压力和分层平均压力的曲线（略）。

4）按式（2-38）计算地层 ⅧA 工况各分层的应力折减系数。

分层 1：$\omega_{\mathrm{a}1}=\dfrac{p_{\mathrm{a}1}}{p_{\mathrm{a}0}}=\dfrac{77.23}{80}=0.9653$

分层 2：$\omega_{\mathrm{a}2}=\dfrac{p_{\mathrm{a}2}}{p_{\mathrm{a}0}}=\dfrac{37.27}{80}=0.4658$

分层 3、分层 4：$\omega_{\mathrm{a}3}=\omega_{\mathrm{a}4}=0$

5）用式（2-31）计算地层 ⅧB 工况各分层底的水位下降作用压力。

分层 1：$z\leqslant h_{\mathrm{b}}=1.0\mathrm{m}$　　　$p_{\mathrm{b},1.0}=0\mathrm{kPa}$

　　　　 $z=h_1=1.5\mathrm{m}<h_{\mathrm{a}}$　　$p_{\mathrm{b},1.5}=10\times(1.5-1)=5(\mathrm{kPa})$

分层 2：$z=4\mathrm{m}=h_{\mathrm{a}}$　　　　 $p_{\mathrm{b},4.0}=10\times3=30(\mathrm{kPa})$

　　　　 $z=h_2=21.6\mathrm{m}>h_{\mathrm{a}}$　 $p_{\mathrm{b},21.6}=10\times3=30(\mathrm{kPa})$

分层 3：$z=h_3=22\mathrm{m}>h_{\mathrm{a}}$　　 $p_{\mathrm{b},22}=10\times3=30(\mathrm{kPa})$

分层 4：$z=h_{Ⅷ}=24\mathrm{m}>h_{\mathrm{a}}$　 $p_{\mathrm{b},24}=10\times3=30(\mathrm{kPa})$

6）按式（2-37）计算地层 ⅧB 工况各分层平均压力。

分层 1：应力图形为三角形，用式（2-32）计算应力图形面积。

$$p_{\mathrm{b}1}=\dfrac{10\times(1.5-1)^2}{2\times1.5}=0.83(\mathrm{kPa})$$

分层 2：应力图形为五边形，用式（2-35）计算应力图形面积。

$$p_{b2} = 10 \times 3 - \frac{10 \times (4-1.5)^2}{2 \times 20.1} = 28.45(\text{kPa})$$

分层3、分层4：应力图形为矩形，用式（2-36）计算应力图形面积。

$$p_{b3} = p_{b4} = 10 \times 3 = 30(\text{kPa})$$

7）绘制地层Ⅷ水位下降作用的压力曲线与分层平均压力曲线图（略）。

8）按式（2-39）计算地层ⅧB工况各分层的应力折减系数。

分层1：$\omega_{b1} = \dfrac{0.83}{30} = 0.0278$

分层2：$\omega_{b2} = \dfrac{28.45}{30} = 0.9482$

分层3：$\omega_{b3} = \dfrac{30}{30} = 1$

分层4：$\omega_{b4} = \dfrac{30}{30} = 1$

9）先按式（2-10）算得各分层的附加应力系数沿土层厚度的积分值 A_i，再按式（2-26）计算地层ⅧC工况各分层的应力折减系数。

分层1：$\omega_{c1} = \dfrac{1.4998}{1.5} = 0.9999$

分层2：$\omega_{c2} = \dfrac{20.012}{20.1} = 0.9956$

分层3：$\omega_{c3} = \dfrac{0.3946}{0.4} = 0.9865$

分层4：$\omega_{c4} = \dfrac{1.9709}{2} = 0.9855$

步骤5：确定各分层的排水距离，计算非理想井地基的各项系数，计算各分层全路径竖向固结系数，算得系数 β_i 值。

1）确定各分层的排水距离。

分层1：$h_1 = 1.5\text{m}$。

分层2：$h_2 = 21.6\text{m}$。

分层3：$h_3 = 22\text{m}$。

分层4：$h_4 = 24\text{m}$。

2）计算非理想井地基的各项系数。

①已知井径比 $n_w = 20.4 > 15$，按式（4-7）计算地层Ⅷ的井径比因子系数 F_n。

分层1、2：$F_n = \ln(20.4) - 0.75 = 2.264$

②已知 $\dfrac{k_h}{k_s} = 3$，$S_1 = S_2 = 3$，$S_3 = 2.5$ 按式（4-9）计算地层Ⅷ的竖井层中各分层的涂抹作用影响系数 F_{si}。

分层1、2：$F_{s1} = F_{s2} = (3-1) \times \ln(3) = 2.197$

分层3：$F_{s3} = (3-1) \times \ln(2.5) = 1.833$

③按式（4-10）计算地层Ⅷ的竖井层中各分层井阻作用影响系数 F_{ri}。

分层1：$F_{r1} = \dfrac{3.14^2 \times 2.94 \times 10^{-4} \times 1.5^2}{4 \times 3.46} = 0.0005$

分层2：$F_{r2} = \dfrac{3.14^2 \times 12.96 \times 10^{-4} \times 21.6^2}{4 \times 3.46} = 0.431$

分层3：$F_{r3} = \dfrac{3.14^2 \times 4.41 \times 10^{-4} \times 22^2}{4 \times 3.46} = 0.152$

④按式（4-8）计算地层Ⅷ的竖井层中各分层的综合系数 F_i。

分层1：$F_1 = F_n + F_{s1} + F_{r1} = 2.264 + 2.197 + 0.0005 = 4.46$

分层2：$F_2 = F_n + F_{s2} + F_{r2} = 2.264 + 2.197 + 0.431 = 4.89$

分层3：$F_3 = F_n + F_{s3} + F_{r3} = 2.264 + 2.197 + 0.152 = 4.25$

3）用式（2-19）、式（2-18）和式（2-24）分别计算地层Ⅷ各分层的全路径竖向固结系数。

分层1：$\bar{c}_{v1} = c_{v1} = 0.056 \mathrm{m^2/d}$

分层2：$\bar{c}_{v2} = \dfrac{\dfrac{0.056}{1.5^2} + \dfrac{0.065}{20.1^2}}{\dfrac{1}{1.5^2} + \dfrac{1}{20.1^2}} = 0.056\,(\mathrm{m^2/d})$

分层3：$\bar{c}_{v3} = \dfrac{\dfrac{0.056}{1.5^2} + \dfrac{0.065}{20.1^2} + \dfrac{0.265}{0.4^2}}{\dfrac{1}{1.5^2} + \dfrac{1}{20.1^2} + \dfrac{1}{0.4^2}} = 0.251\,(\mathrm{m^2/d})$

分层4：$\bar{c}_{v4} = \dfrac{\dfrac{0.55}{1.5^2} + \dfrac{0.56}{20.1^2} + \dfrac{0.76}{0.4^2} + \dfrac{0.265}{2^2}}{\dfrac{1}{1.5^2} + \dfrac{1}{20.1^2} + \dfrac{1}{0.4^2} + \dfrac{1}{2^2}} = 0.7287\,(\mathrm{m^2/d})$

4）地层Ⅷ各分层的径向固结系数。

分层1：$c_{h1} = 0.063 \mathrm{m^2/d}$

分层2：$c_{h2} = 0.278 \mathrm{m^2/d}$

分层3：$c_{h3} = 0.288 \mathrm{m^2/d}$

5）按式（4-3）计算地层Ⅷ的竖井层中各分层的系数 β_i 值。

分层1：$\beta_1 = \dfrac{8 \times 0.063}{4.46 \times 1.356^2} + \dfrac{3.14^2 \times 0.056}{4 \times 1.5^2} = 0.0614 + 0.0613 = 0.1228\,(\mathrm{d^{-1}})$

分层2：$\beta_2 = \dfrac{8 \times 0.278}{4.89 \times 1.356^2} + \dfrac{3.14^2 \times 0.056}{4 \times 21.6^2} = 0.247 + 0.0003 = 0.2475\,(\mathrm{d^{-1}})$

分层3：$\beta_3 = \dfrac{8 \times 0.288}{4.25 \times 1.356^2} + \dfrac{3.14^2 \times 0.251}{4 \times 22^2} = 0.295 + 0.0013 = 0.2961\,(\mathrm{d^{-1}})$

6）按式（4-4）计算地层Ⅷ的竖井下层中各分层的系数 β_i 值。

分层4：$\beta_4 = \dfrac{3.14^2 \times 0.7287}{4 \times 24^2} = 0.0031\,(\mathrm{d^{-1}})$

步骤6：同地层Ⅰ。

步骤7：计算 A、B、C 工况的分层的最终变形量和累计最终变形量，确定沉降计算经验系数，计算 A、B、C、U 工况各分层最终沉降值和整层最终沉降值，计算 A、B、C、U 工况的分层贡献率，计算 A、B、C 工况各分层的分层权重和整层权重。

1）地层ⅧA 工况地基变形计算列于表 7-40。

表 7-40　地层ⅧA 工况地基变形计算表　　　　　　　($\psi_v = 1.00$)

i	z_i/m	h_i/m	$\omega_{ai}p_{a0}$/kPa	E_{si}/MPa	$\Delta s'_{aif}$/mm	$\sum \Delta s'_{aif}$/mm	λ_{ai}
1	1.5	1.5	77.23	2.1	55.16	55.16	0.1339
2	21.6	20.1	37.27	2.1	356.68	411.84	0.8661
3	22	0.4	0	6.4	0	411.84	0
4	24	2.0	0	6.4	0	411.84	0

2）地层ⅧB 工况地基变形计算列于表 7-41。

表 7-41　地层ⅧB 工况地基变形计算表　　　　　　　($\psi_v = 1.00$)

i	z_i/m	h_i/m	$\omega_{bi}p_{b0}$/kPa	E_{si}/MPa	$\Delta s'_{bif}$/mm	$\sum \Delta s'_{bif}$/mm	λ_{bi}
1	1.5	1.5	0.83	2.1	0.6	0.6	0.0021
2	21.6	20.1	28.45	2.1	272.26	272.86	0.9583
3	22	0.4	30	6.4	1.88	274.73	0.0066
4	24	2.0	30	6.4	9.38	284.11	0.033

3）地层ⅧC 工况地基变形计算列于表 7-42。

表 7-42　地层ⅧC 工况地基变形计算表　　　　($p_{c0} = 38\text{kPa}$　$\psi_s = 1.00$)

i	z_i/m	h_i/m	$\omega_{ci}p_{c0}$/kPa	E_{si}/MPa	$\Delta s'_{cif}$/mm	$\sum \Delta s'_{cif}$/mm	λ_{ci}
1	1.5	1.5	38.0	2.1	27.14	27.14	0.0673
2	21.6	20.1	37.9	2.1	362.13	389.27	0.8979
3	22	0.4	37.49	6.4	2.34	391.61	0.0058
4	24	2.0	37.81	6.4	11.7	403.31	0.029

4）地层ⅧU 工况地基沉降计算列于表 7-43。

表 7-43　地层ⅧU 工况地基沉降计算表

i	z_i/m	h_i/m	Δs_{uif}/mm	$\sum \Delta s_{uif}$/mm	λ_{ui}
1	1.5	1.5	82.90	82.9	0.0754
2	21.6	20.1	991.07	1073.96	0.9016
3	22	0.4	4.22	1078.18	0.0038
4	24	2.0	21.08	1099.26	0.0192

5）用式（4-45）、式（4-46）和式（4-47）分别计算地层ⅧA、B、C 工况各分层的分层权重。

A 工况：分层 1：$q_{ua1} = \dfrac{55.16}{82.9} = 0.6654$

分层 2：$q_{ua2} = \dfrac{356.68}{991.07} = 0.3599$

分层 3、分层 4：$q_{ua3} = q_{ua4} = 0$

B 工况：分层 1：$q_{ub1} = \dfrac{0.6}{82.9} = 0.0072$

分层 2：$q_{ub2} = \dfrac{272.56}{991.07} = 0.2747$

分层 3：$q_{ub3} = \dfrac{1.88}{4.22} = 0.4445$

分层 4：$q_{ub4} = \dfrac{9.38}{21.08} = 0.4448$

C 工况：分层 1：$q_{uc1} = \dfrac{27.14}{82.9} = 0.3274$

分层 2：$q_{uc2} = \dfrac{362.13}{991.07} = 0.3654$

分层 3：$q_{uc3} = \dfrac{2.34}{4.22} = 0.5555$

分层 4：$q_{uc4} = \dfrac{11.7}{21.08} = 0.5552$

6）用式（4-39）、式（4-40）和式（4-41）分别计算地层Ⅷ A、B、C 工况的整层权重。

A 工况：$Q_{ua} = \dfrac{411.84}{1099.26} = 0.3747$

B 工况：$Q_{ub} = \dfrac{284.11}{1099.26} = 0.2585$

C 工况：$Q_{uc} = \dfrac{403.31}{1099.26} = 0.3669$

步骤 8：计算 A、B、C 工况各分层的分层固结度初值。

1）用式（4-23）算得地层Ⅷ A 工况各分层的分层固结度初值。

分层 1：$U_{a1}^0 = 1 - \alpha e^{-\beta_1 t} = 1 - 0.811 e^{-0.1228 \times 157} = 1.000$

分层 2：$U_{a2}^0 = 1 - \alpha e^{-\beta_2 t} = 1 - 0.811 e^{-0.2475 \times 157} = 1.000$

分层 3：$U_{a3}^0 = 1 - \alpha e^{-\beta_3 t} = 1 - 0.811 e^{-0.2961 \times 157} = 1.000$

分层 4：$U_{a4}^0 = 1 - \alpha e^{-\beta_4 t} = 1 - 0.811 e^{-0.0031 \times 157} = 0.5027$

2）用式（4-24）算得地层Ⅷ B 工况各分层的分层固结度初值。

分层 1：$U_{b1}^0 = 1 - \alpha e^{-\beta_1 t/2} = 1 - 0.811 e^{-0.1228 \times 157/2} = 0.9999$

分层 2：$U_{b2}^0 = 1 - \alpha e^{-\beta_2 t/2} = 1 - 0.811 e^{-0.2475 \times 157/2} = 1.000$

分层 3：$U_{b3}^0 = 1 - \alpha e^{-\beta_3 t/2} = 1 - 0.811 e^{-0.2961 \times 157/2} = 1.000$

分层 4：$U_{b4}^0 = 1 - \alpha e^{-\beta_4 t/2} = 1 - 0.811 e^{-0.0031 \times 157/2} = 0.3648$

3）用式（4-21）算得地层Ⅷ C 工况各分层的固结度初值各级荷载的分量。

分层 1：$U_{c1,1}^0 = 1 - \alpha e^{-\beta_1 T_1} = 1 - 0.811 e^{-0.1228 \times 112} = 1.000$

$U_{c1,2}^0 = 1 - \alpha e^{-\beta_1 T_2} = 1 - 0.811 e^{-0.1228 \times 73} = 0.9999$

分层 2：$U_{c2,1}^0 = 1 - \alpha e^{-\beta_2 T_1} = 1 - 0.811 e^{-0.2475 \times 112} = 1.000$

$U_{c2,2}^0 = 1 - \alpha e^{-\beta_2 T_2} = 1 - 0.811 e^{-0.2475 \times 73} = 1.000$

分层 3：$U_{c3,1}^0 = 1 - \alpha e^{-\beta_3 T_1} = 1 - 0.811 e^{-0.2961 \times 112} = 1.000$

$\qquad\qquad U_{c3,2}^0 = 1 - \alpha e^{-\beta_3 T_2} = 1 - 0.811 e^{-0.2961 \times 73} = 1.000$

分层 4：$U_{c4,1}^0 = 1 - \alpha e^{-\beta_4 T_1} = 1 - 0.811 e^{-0.0031 \times 112} = 0.4278$

$\qquad\qquad U_{c4,2}^0 = 1 - \alpha e^{-\beta_4 T_2} = 1 - 0.811 e^{-0.0031 \times 73} = 0.3538$

4）用式（4-22）算得地层ⅧC工况各分层的固结度初值。

分层 1：$U_{c1}^0 = \sum_{j=1}^{2} \eta_j U_{c1,j}^0 = 0.5 \times 1.000 + 0.5 \times 0.9999 = 0.9999$

分层 2：$U_{c2}^0 = \sum_{j=1}^{2} \eta_j U_{c2,j}^0 = 0.5 \times 1.000 + 0.5 \times 1.000 = 1.000$

分层 3：$U_{c3}^0 = \sum_{j=1}^{2} \eta_j U_{c3,j}^0 = 0.5 \times 1.000 + 0.5 \times 1.000 = 1.000$

分层 4：$U_{c4}^0 = \sum_{j=1}^{2} \eta_j U_{c4,j}^0 = 0.5 \times 0.4278 + 0.5 \times 0.3538 = 0.3908$

步骤 9：将 A、B、C 工况各分层的固结度初值乘上对应的分层应力折减系数，获得 A、B、C 工况各分层的分层平均固结度。

1）用式（4-25）计算地层ⅧA工况各分层的分层平均固结度。

分层 1：$U_{a1} = 0.9653 \times 1.000 = 0.9653$

分层 2：$U_{a2} = 0.4658 \times 1.000 = 0.4658$

分层 3：$U_{a3} = 0 \times 1.000 = 0$

分层 4：$U_{a4} = 0 \times 0.5027 = 0$

2）用式（4-26）计算地层ⅧB工况各分层的分层平均固结度。

分层 1：$U_{b1} = 00278 \times 0.9999 = 0.0278$

分层 2：$U_{b2} = 0.9482 \times 1.000 = 0.9482$

分层 3：$U_{b3} = 1.0 \times 1.000 = 1.000$

分层 4：$U_{b4} = 1.0 \times 0.3648 = 0.3648$

3）用式（4-16）计算地层ⅧC工况各分层的分层平均固结度。

分层 1：$U_{c1} = 0.9999 \times 0.9999 = 0.9998$

分层 2：$U_{c2} = 0.9956 \times 1.000 = 0.9956$

分层 3：$U_{c3} = 0.9865 \times 1.000 = 0.9865$

分层 4：$U_{c4} = 0.9855 \times 0.3908 = 0.3851$

步骤 10：计算地层ⅧA、B、C工况各分层的固结度贡献值。

1）A 工况：

分层 1：$\lambda_{a1} U_{a1} = 0.1339 \times 0.9653 = 0.1293$

分层 2：$\lambda_{a2} U_{a2} = 0.8661 \times 0.4658 = 0.4034$

分层 3、分层 4：$\lambda_{a3} U_{a3} = \lambda_{a4} U_{a4} = 0 \times 0 = 0$

2）B 工况：

分层 1：$\lambda_{b1} U_{b1} = 0.0021 \times 0.0278 = 0.0001$

分层 2：$\lambda_{b2} U_{b2} = 0.9538 \times 0.9482 = 0.9086$

分层 3：$\lambda_{b3} U_{b3} = 0.0066 \times 1.000 = 0.0066$

分层 4：$\lambda_{b4} U_{b4} = 0.033 \times 0.3658 = 0.012$

3）C 工况：

分层 1：$\lambda_{c1} U_{c1} = 0.0673 \times 0.9998 = 0.0673$

分层 2：$\lambda_{c2} U_{c2} = 0.8979 \times 0.9956 = 0.894$

分层 3：$\lambda_{c3} U_{c3} = 0.0058 \times 0.9865 = 0.0057$

分层 4：$\lambda_{c4} U_{c4} = 0.029 \times 0.3889 = 0.0112$

4）用式（4-27）、式（4-28）和式（4-19）分别计算地层ⅧA、B、C 工况整层的总平均固结度。

A 工况：$\overline{U}_{az} = \sum\limits_{i=1}^{4} \lambda_{ai} U_{ai} = 0.5327$

B 工况：$\overline{U}_{bz} = \sum\limits_{i=1}^{4} \lambda_{bi} U_{bi} = 0.9273$

C 工况：$\overline{U}_{cz} = \sum\limits_{i=1}^{4} \lambda_{ci} U_{ci} = 0.9782$

步骤 11：按式（4-38）计算地层ⅧU 工况的整层总平均固结度。

$$\overline{U}_{uz} = Q_{ua}\overline{U}_{az} + Q_{ub}\overline{U}_{bz} + Q_{uc}\overline{U}_{cz}$$
$$= 0.3747 \times 0.5327 + 0.2585 \times 0.9273 + 0.3669 \times 0.9782 = 0.7981$$

步骤 12：按式（4-44）计算地层ⅧU 工况各分层的分层平均固结度。

分层 1：$U_{u1} = q_{ua1} U_{a1} + q_{ub1} U_{b1} + q_{uc1} U_{c1}$
$$= 0.6654 \times 0.9653 + 0.0072 \times 0.0278 + 0.3274 \times 0.9998 = 0.9699$$

分层 2：$U_{u2} = q_{ua2} U_{a2} + q_{ub2} U_{b2} + q_{uc2} U_{c2}$
$$= 0.3599 \times 0.4658 + 0.2747 \times 0.9482 + 0.3654 \times 0.9956 = 0.7919$$

分层 3：$U_{u3} = q_{ua3} U_{a3} + q_{ub3} U_{b3} + q_{uc3} U_{c3}$
$$= 0 \times 0 + 0.4445 \times 1.0 + 0.5555 \times 0.9865 = 0.9925$$

分层 4：$U_{u4} = q_{ua4} U_{a4} + q_{ub4} U_{b4} + q_{uc4} U_{c4}$
$$= 0 \times 0 + 0.4448 \times 0.3648 + 0.5552 \times 0.3851 = 0.3761$$

步骤 13：用式（4-48）计算地层ⅧU 工况的整层总平均固结度。

$$\overline{U}_{uz} = \sum\limits_{i=1}^{2} \lambda_{ui} U_{ui}$$
$$= 0.0754 \times 0.9699 + 0.9016 \times 0.7919 + 0.0038 \times 0.9925 + 0.0192 \times 0.3761$$
$$= 0.0731 + 0.714 + 0.0038 + 0.0072 = 0.7981$$

其结果与步骤 11 的计算结果完全一致，证明计算准确无误。

7.3.9　分层沉降实测成果整理分析

1. 各沉降环实测值时程曲线图

图 7-8 示出的是 Z2 区各沉降环的实测值时程曲线图。图中 8 条曲线显示了 8 个深度处地基沉降随预压时长的变化情况，曲线形状与地面的沉降曲线是相似的，要获得压缩层固结度达到 100% 时各深度处地基的最终沉降值仍然要采用经验双曲线法来推算。有了各深度处地基的最终沉降值就可获得各深度处地层的平均固结度。

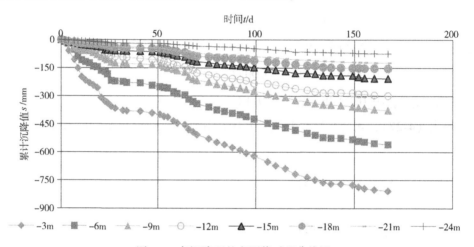

图 7-8　各沉降环的实测值时程曲线图

2. 推算的各深度分层沉降的最终值

用经验双曲线法推算的各地层最终沉降值及其相关系数和显著性检验列于表 7-44。

表 7-44　各地层最终沉降值及其参数表

地层序号	深度 z/m	最终沉降值 s_{mif}/mm	相关系数 $\lvert r \rvert$	显著性检验（$\alpha = 0.05$）		
				剩余自由度	临界值	实测值
I	3	1101	0.960	6	5.99	71.2
II	6	814	0.922	4	7.71	22.5
III	9	583	0.896	7	5.59	28.6
IV	12	454	0.831	7	5.59	15.6
V	15	337	0.834	11	4.84	25.1
VI	18	267	0.902	3	10.13	13.1
VII	21	220	0.952	4	7.71	28.3
VIII	24	108	0.990	6	5.99	301.2

3. 计算各地层平均应变固结度

将各测点预压结束时的实测沉降值与推算的最终沉降值一起列于表 7-45 中。用表中各地层的沉降值计算的地层平均固结度称为地层平均应变固结度。

表 7-45　各测点的沉降值一览表

地层序号	I	II	III	IV	V	VI	VII	VIII
测点深度 z_m/m	3	6	9	12	15	18	21	24
预压结束时沉降值 s_{umT_z}/mm	807	559	377	299	207	153	123	74
最终沉降值 s_{umf}/mm	1101	814	583	454	337	267	220	108

各地层平均应变固结度可用下式计算得到：

$$U_m = \frac{s_{uT_z} - s_{umT_z}}{s_{uf} - s_{umf}}$$

式中　U_m——第 m 地层的平均应变固结度，无量纲；

　　　s_{uT_z}——预压结束时整层的沉降值，已知 $s_{uT_z} = 1053\text{mm}$，见前文 7.2.4；

　　　s_{umT_z}——预压结束时第 m 地层的沉降值（mm）；

　　　s_{uf}——整层的最终沉降值，已知 $s_{uf} = 1374\text{mm}$，见前文 7.2.4；

　　　s_{umf}——第 m 地层的最终沉降值（mm）。

1) 地层 I：地层平均应变固结度 $U_{E,I} = \dfrac{1053 - 807}{1374 - 1101} = 0.903$

2) 地层 II：地层平均应变固结度 $U_{E,II} = \dfrac{1053 - 559}{1374 - 814} = 0.882$

3) 地层 III：地层平均应变固结度 $U_{E,III} = \dfrac{1053 - 377}{1374 - 583} = 0.855$

4) 地层 IV：地层平均应变固结度 $U_{E,IV} = \dfrac{1053 - 299}{1374 - 454} = 0.820$

5) 地层 V：地层平均应变固结度 $U_{E,V} = \dfrac{1053 - 207}{1374 - 337} = 0.816$

6) 地层 VI：地层平均应变固结度 $U_{E,VI} = \dfrac{1053 - 153}{1374 - 267} = 0.813$

7) 地层 VII：地层平均应变固结度 $U_{E,VII} = \dfrac{1053 - 123}{1374 - 220} = 0.806$

8) 地层 VIII：地层平均应变固结度 $U_{E,VIII} = \dfrac{1053 - 74}{1374 - 108} = 0.773$

4. 与岩土工程参数计算结果的比较

将 7.3.1~7.3.8 中计算的结果和 7.3.9 中用实测值计算的结果均汇于表 7-46 中。

表 7-46　两种方法计算的各地层平均应变固结度 U_m 比较表

比较项目		地层序号							
		I	II	III	IV	V	VI	VII	VIII
	地层厚度 z/m	3	6	9	12	15	18	21	24
U_m	用岩土工程参数值计算	0.923	0.892	0.871	0.851	0.832	0.817	0.807	0.798
	用沉降实测值计算	0.903	0.882	0.855	0.820	0.816	0.813	0.806	0.773
	差值（%）	2.2	1.1	1.9	3.8	2.0	0.5	0.1	3.2

　　用表7-46中的数据绘制的图形示于图7-9。不难看出，两种方法所得的曲线图形略有差距。用岩土工程参数算得的地层平均应变固结度曲线比较规整；用沉降实测值算得的地层平均应变固结度曲线稍有曲折。与岩土工程参数计算的结果相比，都略小，其差值在0.1% ~ 3.8%。

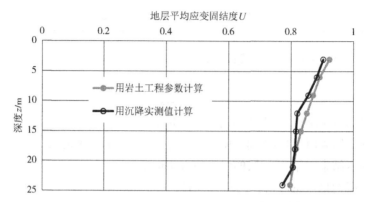

图7-9　两种方法计算得到的地层平均应变固结度与深度的变化曲线图

附　　录

附录A　附加应力系数 k_0、平均附加应力系数 $\bar{c}$

A.0.1　如图 A-1 所示，矩形面积（$A \times B$）上作用均布荷载 p，对于位于 z 轴上的各点（简称中点，$x = y = 0$），σ_z 的表达式为：

$$\sigma_{z,(0,0,z)} = k_0 p \tag{A-1}$$

式中　k_0——中点附加应力系数，可根据 A/B 及 z/B 值查表 A-1。

　　　A——矩形面积的长边（m）；

　　　B——矩形面积的短边（m）。

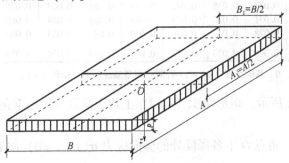

图 A-1　矩形面积（$A \times B$）上作用均布荷载 p 示意图

中点应力系数 k_0 也可按下式计算得到。

$$k_0 = \frac{2}{\pi}(K_1 + K_2) \tag{A-2}$$

式中

$$K_1 = \arctan\left(\frac{A_1 B_1}{z\sqrt{A_1^2 + B_1^2 + z^2}}\right) \tag{A-3}$$

$$K_2 = \frac{A_1 B_1 z (A_1^2 + B_1^2 + z^2)}{(A_1^2 + z^2)(B_1^2 + z^2)\sqrt{A_1^2 + B_1^2 + z^2}} \tag{A-4}$$

表 A-1　均布矩形荷载中心点的应力系数 k_0

z/B	A/B											
	1.0	1.2	1.4	1.6	1.8	2.0	2.4	2.8	3.2	4.0	5.0	≥10
0.0	1.000	1.000	1.000	1.000	1.000	1.000	1.000	1.000	1.000	1.000	1.000	1.000
0.2	0.960	0.968	0.972	0.974	0.975	0.976	0.977	0.977	0.977	0.977	0.977	0.977
0.4	0.800	0.830	0.848	0.859	0.866	0.870	0.876	0.878	0.879	0.880	0.881	0.881
0.6	0.606	0.651	0.682	0.703	0.717	0.727	0.740	0.746	0.749	0.753	0.754	0.755
0.8	0.449	0.496	0.532	0.558	0.580	0.593	0.612	0.623	0.630	0.636	0.639	0.642

（续）

z/B	A/B											
	1.0	1.2	1.4	1.6	1.8	2.0	2.4	2.8	3.2	4.0	5.0	≥10
1.0	0.334	0.378	0.414	0.441	0.463	0.480	0.505	0.520	0.529	0.540	0.545	0.550
1.2	0.257	0.294	0.325	0.352	0.374	0.392	0.419	0.437	0.469	0.462	0.470	0.477
1.4	0.201	0.232	0.360	0.284	0.304	0.321	0.350	0.369	0.383	0.400	0.410	0.420
1.6	0.160	0.187	0.210	0.232	0.251	0.267	0.294	0.314	0.329	0.348	0.260	0.374
1.8	0.130	0.153	0.173	0.192	0.209	0.221	0.250	0.270	0.285	0.300	0.320	0.337
2.0	0.108	0.127	0.145	0.161	0.176	0.189	0.214	0.233	0.241	0.270	0.285	0.304
2.2	0.094	0.107	0.123	0.137	0.150	0.163	0.185	0.203	0.218	0.239	0.256	0.277
2.4	0.079	0.091	0.105	0.118	0.130	0.141	0.161	0.178	0.192	0.213	0.230	0.254
2.6	0.068	0.079	0.091	0.102	0.112	0.123	0.141	0.157	0.170	0.191	0.208	0.239
2.8	0.059	0.069	0.079	0.089	0.099	0.108	0.124	0.139	0.152	0.172	0.189	0.217
3.0	0.052	0.060	0.070	0.078	0.087	0.095	0.110	0.124	0.136	0.155	0.172	0.158
3.2	0.046	0.053	0.062	0.070	0.077	0.085	0.099	0.111	0.122	0.141	0.158	0.189
3.4	0.040	0.047	0.055	0.062	0.069	0.076	0.089	0.100	0.111	0.128	0.145	0.177
3.6	0.036	0.043	0.049	0.056	0.062	0.068	0.080	0.091	0.100	0.117	0.133	0.166
3.8	0.033	0.038	0.044	0.050	0.056	0.062	0.072	0.082	0.091	0.107	0.123	0.156
4.0	0.029	0.035	0.040	0.046	0.051	0.056	0.066	0.075	0.084	0.095	0.113	0.158
4.2	0.027	0.032	0.037	0.042	0.046	0.051	0.060	0.069	0.077	0.091	0.105	0.139
4.4	0.024	0.029	0.033	0.038	0.042	0.047	0.055	0.063	0.071	0.084	0.098	0.131
4.6	0.022	0.026	0.031	0.035	0.039	0.043	0.051	0.058	0.065	0.078	0.091	0.124
4.8	0.021	0.024	0.028	0.032	0.036	0.040	0.047	0.054	0.060	0.072	0.085	0.118
5.0	0.019	0.022	0.026	0.030	0.033	0.037	0.043	0.050	0.056	0.067	0.079	0.126

注：A—基础长度（m）；B—基础宽度（m）；z—计算点离基础底面垂直距离（m）。

A.0.2　如图 A-2 所示，矩形面积（$b \times l$）上均布荷载 p 作用下角点 O 的平均附加应力系数 $\bar{c}$ 列于表 A-2。

矩形面积（$b \times l$）角点 O 下各深度处的竖向应力 $\sigma(x = y = 0)$ 的表达式为：

$$\sigma_{z,(0,0,z)} = \bar{c}p \tag{A-5}$$

矩形面积（$B \times L$）中心点 O 下各深度处的竖向应力 $\sigma(x = y = 0)$ 的表达式为：

$$\sigma_{z,(0,0,z)} = \bar{\alpha}p = 4\bar{c}p \tag{A-6}$$

式中　$\bar{c}$——矩形面积（$b \times l$）角点平均附加应力系数，可根据 $\dfrac{l}{b}$ 及 $\dfrac{z}{b}$ 值查表 A-2；

$\bar{\alpha}$——矩形面积（$B \times L$）中心点 O 的平均附加应力系数，相对于 4 个矩形面积（$b \times l$）角点平均附加应力系数之和，$\bar{\alpha} = 4\bar{c}$；

l——矩形面积（$b \times l$）的长边边长（m）；

b——矩形面积（$b \times l$）的短边边长（m）。

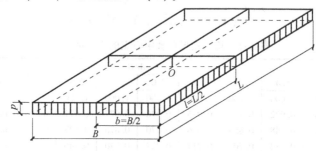

图 A-2　矩形面积（$B \times L$）上均布荷载 p 示意图

表 A-2 矩形面积上均布荷载作用下角点的平均附加应力系数 $\bar{c}$

z/b	l/b												
	1.0	1.2	1.4	1.6	1.8	2.0	2.4	2.8	3.2	3.6	4.0	5.0	10
0.0	0.2500	0.2500	0.2500	0.2500	0.2500	0.2500	0.2500	0.2500	0.2500	0.2500	0.2500	0.2500	0.2500
0.2	0.2496	0.2497	0.2497	0.2498	0.2498	0.2498	0.2498	0.2498	0.2498	0.2498	0.2498	0.2498	0.2498
0.4	0.2474	0.2479	0.2481	0.2483	0.2483	0.2484	0.2485	0.2485	0.2485	0.2485	0.2485	0.2485	0.2485
0.6	0.2423	0.2437	0.2444	0.2448	0.2451	0.2452	0.2454	0.2455	0.2455	0.2455	0.2455	0.2455	0.2456
0.8	0.2346	0.2372	0.2387	0.2395	0.2400	0.2403	0.2407	0.2408	0.2409	0.2409	0.2410	0.2410	0.2410
1.0	0.2252	0.2291	0.2313	0.2326	0.2335	0.2340	0.2346	0.2349	0.2351	0.2352	0.2352	0.2353	0.2353
1.2	0.2149	0.2199	0.2229	0.2248	0.2260	0.2268	0.2278	0.2282	0.2285	0.2286	0.2287	0.2288	0.2289
1.4	0.2043	0.2102	0.2140	0.2164	0.2180	0.2191	0.2204	0.2211	0.2215	0.2217	0.2218	0.2220	0.2221
1.6	0.1939	0.2006	0.2049	0.2079	0.2039	0.2113	0.2130	0.2138	0.2143	0.2146	0.2148	0.2150	0.2152
1.8	0.1840	0.1912	0.1960	0.1994	0.2018	0.2034	0.2055	0.2066	0.2073	0.2077	0.2079	0.2082	0.2084
2.0	0.1746	0.1822	0.1875	0.1812	0.1938	0.1958	0.1982	0.1996	0.2004	0.2009	0.2012	0.2015	0.2018
2.2	0.1659	0.1737	0.1875	0.1912	0.1938	0.1958	0.1982	0.1927	0.1937	0.1943	0.1947	0.1952	0.1955
2.4	0.1578	0.1657	0.1793	0.1853	0.1862	0.1883	0.1911	0.1927	0.1937	0.1943	0.1947	0.1952	0.1955
2.6	0.1502	0.1583	0.1642	0.1686	0.1719	0.1745	0.1779	0.1799	0.1812	0.1820	0.1825	0.1832	0.1838
2.8	0.1433	0.1514	0.1574	0.1619	0.1654	0.1680	0.1717	0.1739	0.1753	0.1763	0.1769	0.1777	0.1784
3.0	0.1369	0.1449	0.1510	0.1556	0.1593	0.1619	0.1658	0.1682	0.1698	0.1708	0.1715	0.1725	0.1733
3.2	0.1310	0.1390	0.1450	0.1497	0.1533	0.1562	0.1602	0.1628	0.1645	0.1657	0.1664	0.1675	0.1685
3.4	0.1256	0.1334	0.1394	0.1441	0.1478	0.1508	0.1550	0.1577	0.1595	0.1607	0.1616	0.1628	0.1639
3.6	0.1205	0.1282	0.1342	0.1389	0.1427	0.1456	0.1500	0.1528	0.1548	0.1561	0.1570	0.1583	0.1595
3.8	0.1158	0.1234	0.1203	0.1340	0.1378	0.1403	0.1452	0.1482	0.1502	0.1516	0.1526	0.1541	0.1554
4.0	0.1114	0.1189	0.1248	0.1294	0.1332	0.1362	0.1408	0.1438	0.1459	0.1474	0.1485	0.1500	0.1516
4.2	0.1073	0.1147	0.1205	0.1251	0.1289	0.1319	0.1365	0.1395	0.1418	0.1434	0.1445	0.1452	0.1479
4.4	0.1035	0.1107	0.1164	0.1210	0.1248	0.1279	0.1325	0.1357	0.1379	0.1396	0.1407	0.1425	0.1444
4.6	0.1000	0.1070	0.1127	0.1172	0.1209	0.1240	0.1287	0.1319	0.1342	0.1359	0.1371	0.1390	0.1410
4.8	0.0967	0.1036	0.1091	0.1136	0.1173	0.1204	0.1250	0.1283	0.1307	0.1324	0.1337	0.1357	0.1379
5.0	0.0935	0.1003	0.1057	0.1102	0.1139	0.1169	0.1216	0.1249	0.1273	0.1291	0.1301	0.1325	0.1348
5.2	0.0906	0.0972	0.1026	0.1070	0.1106	0.1136	0.1183	0.1217	0.1241	0.1259	0.1273	0.1295	0.1320
5.4	0.0878	0.0943	0.0996	0.1039	0.1075	0.1105	0.1152	0.1186	0.1211	0.1229	0.1243	0.1265	0.1292
5.6	0.0852	0.0916	0.0968	0.1010	0.1046	0.1076	0.1122	0.1156	0.1181	0.1200	0.1215	0.1238	0.1266
5.8	0.0828	0.0890	0.0941	0.0983	0.1018	0.1047	0.1094	0.1128	0.1153	0.1172	0.1187	0.1211	0.1240
6.0	0.0805	0.0866	0.0916	0.0957	0.0991	0.1021	0.1067	0.1101	0.1126	0.1146	0.1161	0.1185	0.1216
6.2	0.0783	0.0842	0.0891	0.0932	0.0966	0.0995	0.1041	0.1075	0.1101	0.1120	0.1136	0.1161	0.1193
6.4	0.0762	0.0820	0.0869	0.0909	0.0942	0.0971	0.1016	0.1050	0.1076	0.1096	0.1111	0.1137	0.1171
6.6	0.0742	0.0799	0.0847	0.0886	0.0919	0.0948	0.0993	0.1027	0.1053	0.1073	0.1088	0.1114	0.1149
6.8	0.0723	0.0779	0.0826	0.0865	0.0898	0.0926	0.0970	0.1004	0.1030	0.1050	0.1066	0.1092	0.1129
7.0	0.0705	0.0761	0.0806	0.0844	0.0877	0.0904	0.0949	0.0982	0.1008	0.1028	0.1044	0.1071	0.1109

注：l—基础长度的二分之一（m）；b—基础宽度的二分之一（m）；z—计算点离基础底面垂直距离（m）。

附录 B　渗透系数经验值

B.0.1　岩土工程勘察报告应提供压缩层范围内各土层的竖向渗透系数值，同时提供竖井层范围内各土层的水平渗透系数值。

B.0.2　当岩土工程勘察报告未提供各土层的渗透系数值时，可采用类似工程提供的渗透系数经验值。

B.0.3　毛昶熙主编的《堤防工程手册》中的渗透系数经验值列于表 B-1。

表 B-1　各种土的渗透系数经验值

土质类别	$k/(\text{cm/s})$	土质类别	$k/(\text{cm/s})$
粗砾	$1 \sim 0.5$	黄土（砂质）	$1 \times 10^{-3} \sim 1 \times 10^{-4}$
砂质砾	$0.1 \sim 0.05$	黄土（泥质）	$1 \times 10^{-5} \sim 1 \times 10^{-6}$
粗砂	$5 \times 10^{-2} \sim 1 \times 10^{-2}$	黏壤土	$1 \times 10^{-4} \sim 1 \times 10^{-6}$
细砂	$5 \times 10^{-3} \sim 1 \times 10^{-3}$	淤泥土	$1 \times 10^{-6} \sim 1 \times 10^{-7}$
黏质砂	$2 \times 10^{-3} \sim 1 \times 10^{-4}$	黏土	$1 \times 10^{-6} \sim 1 \times 10^{-8}$
砂壤土	$1 \times 10^{-3} \sim 1 \times 10^{-4}$	均匀肥黏土	$1 \times 10^{-8} \sim 1 \times 10^{-10}$

B.0.4　郑春苗，Gordon D. Bennett 著《地下水污染物迁移模拟》所给的部分渗透系数取值范围列于表 B-2。

表 B-2　各种土的渗透系数取值范围

土质类别	$k/(\text{cm/s})$	土质类别	$k/(\text{cm/s})$
砾石	$3 \times 10^{-2} \sim 3 \times 10^{-3}$	黄土	$1 \times 10^{-7} \sim 2 \times 10^{-3}$
粗砂	$9 \times 10^{-5} \sim 6 \times 10^{-1}$	冰碛物	$1 \times 10^{-10} \sim 2 \times 10^{-4}$
中砂	$9 \times 10^{-5} \sim 5 \times 10^{-2}$	黏土	$1 \times 10^{-9} \sim 5 \times 10^{-7}$
细砂	$2 \times 10^{-5} \sim 2 \times 10^{-2}$	未风化的海积黏土	$8 \times 10^{-11} \sim 2 \times 10^{-7}$
粉砂	$1 \times 10^{-7} \sim 2 \times 10^{-3}$		

B.0.5　《地下铁道、轻轨交通岩土工程勘察规范》（GB 50307—1999）所建议的岩土的渗透系数经验值列于表 B-3。

表 B-3　岩土的渗透系数经验值

岩土名称	渗透系数	
	m/d	cm/s
黏土	<0.001	$<1.2 \times 10^{-6}$
粉质黏土	$0.001 \sim 0.100$	$1.2 \times 10^{-6} \sim 1.2 \times 10^{-4}$
粉土	$0.100 \sim 0.500$	$1.2 \times 10^{-4} \sim 6.0 \times 10^{-4}$
黄土	$0.250 \sim 0.500$	$3.0 \times 10^{-4} \sim 6.0 \times 10^{-4}$
粉砂	$0.500 \sim 1.000$	$6.0 \times 10^{-4} \sim 1.2 \times 10^{-3}$
细砂	$1.000 \sim 5.000$	$1.2 \times 10^{-3} \sim 6.0 \times 10^{-3}$

(续)

岩土名称	渗透系数	
	m/d	cm/s
中砂	5.000 ~ 20.000	$6.0 \times 10^{-3} \sim 2.4 \times 10^{-2}$
均质中砂	35.000 ~ 50.000	$4.0 \times 10^{-2} \sim 6.0 \times 10^{-2}$
粗砂	20.000 ~ 50.000	$2.4 \times 10^{-2} \sim 6.0 \times 10^{-2}$
均质粗砂	60.000 ~ 75.000	$7.0 \times 10^{-2} \sim 8.6 \times 10^{-2}$
圆砾	50.000 ~ 100.000	$6.0 \times 10^{-2} \sim 1.2 \times 10^{-1}$
卵石	100.000 ~ 500.000	$1.2 \times 10^{-1} \sim 6.0 \times 10^{-1}$
无充填的卵石	500.000 ~ 1000.000	$6.0 \times 10^{-1} \sim 1.2 \times 10^{0}$
稍有裂隙岩石	20.000 ~ 60.000	$2.4 \times 10^{-2} \sim 7.0 \times 10^{-2}$
裂隙多的岩石	> 60.000	$> 7.0 \times 10^{-2}$

B.0.6 《水利水电工程水文地质勘察规范》（SL 373—2007）所建议的土体的渗透系数值列于表 B-4。

表 B-4 土体的渗透系数值

岩土名称	渗透系数	
	m/d	cm/s
淤泥	—	$1 \times 10^{-7} \sim 1 \times 10^{-6}$
淤泥质土	—	$1 \times 10^{-6} \sim 1 \times 10^{-5}$
黏土	< 0.001	$< 1 \times 10^{-6}$
粉质黏土	0.001 ~ 0.01	$1 \times 10^{-6} \sim 1 \times 10^{-5}$
粉质壤土	0.005 ~ 0.05	$6 \times 10^{-6} \sim 6 \times 10^{-5}$
壤土	0.05 ~ 0.01	$6 \times 10^{-5} \sim 6 \times 10^{-4}$
砂壤土	0.1 ~ 0.5	$1 \times 10^{-4} \sim 6 \times 10^{-4}$
新黄土（泥质）	0.001 ~ 0.01	$1 \times 10^{-6} \sim 1 \times 10^{-5}$
黄土	0.25 ~ 0.50	$3 \times 10^{-4} \sim 6 \times 10^{-4}$
老黄土（砂质）	0.1 ~ 1.0	$1 \times 10^{-4} \sim 1 \times 10^{-3}$
粉砂	0.5 ~ 1.0	$6.0 \times 10^{-4} \sim 1 \times 10^{-3}$
粉土	0.01	1×10^{-5}
细砂	1.0 ~ 5.0	$1 \times 10^{-3} \sim 6 \times 10^{-3}$
中砂	5.0 ~ 20.0	$6 \times 10^{-3} \sim 2 \times 10^{-2}$
均质中砂	35 ~ 50	$4 \times 10^{-2} \sim 6 \times 10^{-2}$
粗砂	20 ~ 50	$2 \times 10^{-2} \sim 6 \times 10^{-2}$
均质粗砂	60 ~ 75	$7 \times 10^{-2} \sim 8 \times 10^{-2}$
砂砾	50 ~ 150	$6.0 \times 10^{-2} \sim 1.6 \times 10^{-1}$
圆砾	75 ~ 200	$8 \times 10^{-2} \sim 2 \times 10^{-1}$
卵石	100 ~ 500	$1 \times 10^{-1} \sim 6 \times 10^{-1}$
无充填的卵石	500 ~ 1000	$6 \times 10^{-1} \sim 1 \times 10^{0}$
粒径均匀的巨砾	≥ 1000	$\geq 1 \times 10^{0}$

附录 C　塑料排水带的性能指标

C.0.1　我国于 1981 年由河海大学与南京塑料研制厂合作生产出第一代产品 SPB-1 型塑料排水带，并于 1982—1984 年在天津塘沽新港进行了塑料排水带堆载预压的试验研究。塑料排水带由于是工厂制作，质量指标较稳定，且具有质量轻、运输方便、连续性好、施工简便及效率高等优点而得到广泛应用。我国生产的各种型号塑料排水带都属于复合结构型。它由带有沟槽或凸橡的芯带和包在芯带外面的滤膜套组合而成。芯带是由硬质聚氯乙烯树脂和聚丙烯树脂根据使用时的气温条件按一定配合比制成。滤膜套由丙烯类合成纤维无纺布制成。

C.0.2　国内常用塑料排水带型号及性能指标应符合表 C-1 的规定。

表 C-1　国内常用塑料排水带型号及性能指标

项目		型号				条件
		A 型	B 型	C 型	D 型	
宽度/mm		$(1 \pm 0.02)b$				
厚度/mm		≥3.5	≥4.0	≥4.5	≥5.0	
打设深度/m		≤15	≤25	≤35	≤50	
纵向通水量/(cm³/s)		≥15	≥25	≥40	≥55	侧压力 350kPa
滤膜渗透系数/(m/s)		$\geq 5 \times 10^{-4}$				试件在水中浸泡 24h
滤膜等效孔径/mm		<0.075				以 O_{95} 计
塑料排水带抗拉强度/(kN/10cm)		≥1.0	≥1.3	≥1.5	≥1.8	伸长率 10% 时
滤膜抗拉强度 /(N/cm)	干态	≥15	≥25	≥30	≥37	伸长率 10% 时
	湿态	≥10	≥20	≥25	≥32	伸长率 15% 时，试件在水中浸泡 24h

注：b 为塑料排水带的宽度，>95mm，生产厂家的产品样本都标为 100mm。

C.0.3　江苏鑫岩岩土科技有限公司出产的防淤堵塑料排水带的型号及性能指标列于表 C-2。

表 C-2　防淤堵塑料排水带的型号及性能指标

项目		型号			备注
		FDPS-A	FDPS-B	FDPS-C	
材料	芯板	共聚丙烯			纯新料
	滤膜	涤纶丙纶等无纺织物			板芯滤膜热熔
芯板	厚度/mm	≥3.5±0.2	≥4.0±0.2	≥4.5±0.2	
	宽度/mm	100±0.03			
	舌形撕裂强度/N	≥25	≥30	≥35	
	抗弯折性能/mm	无撕裂			180° 对折 5 次
复合体	抗拉强度/(kN/10cm)	≥1.5	≥2.0	≥2.5	干态，伸长率 10% 时
	纵向通水量/(cm³/s)	≥15	≥25	≥40	侧压力为 350kPa

（续）

项目			型号			备注
			FDPS-A	FDPS-B	FDPS-C	
滤膜（白色）	抗拉强度	纵向干态/(N/cm)	≥20			伸长率10%
		纵向湿态/(N/cm)	≥20			伸长率15%，水中浸泡24h
	气力比降/直径3cm		660~1000Pa			伸长率10%时
	有效孔径/μm		80~130（可调）			伸长率15%时，试件在水中浸泡24h

C.0.3　塑料排水带的芯板的材料由聚丙烯（PP）和聚乙烯（PE）按一定的配合比掺和制成。据厂家的介绍，聚丙烯和聚乙烯的配合比要根据气温的高低调整，在高温季节聚丙烯：聚乙烯=6：4，低温季节聚丙烯：聚乙烯=4：6。

C.0.4　聚乙烯（Polyethylene，PE）是由乙烯聚合而成的聚合物，聚乙烯依聚合方法、分子量高低、链结构的不同，分为高密度聚乙烯、低密度聚乙烯及线性低密度聚乙烯。低密度聚乙烯（LDPE）俗称高压聚乙烯，因密度较低，材质最软，是塑料排水带芯板的成分之一。高压聚乙烯的密度为 $0.91 \sim 0.925 g/cm^3$，弹性模量为 $1.5 \sim 2.5 GPa$。

C.0.5　聚丙烯（Polypropylene，PP）为无毒、无臭、无味的乳白色高结晶的聚合物，密度只有 $0.90 \sim 0.91 g/cm^3$，是目前所有塑料中最轻的品种之一。聚丙烯的结晶度高，结构规整，因而具有优良的力学性能，其强度和硬度、弹性都比高密度聚乙烯高，但在室温和低温下，由于本身的分子结构规整度高，所以耐冲击强度较差，分子量增加的时候，耐冲击强度也增大。聚丙烯的缺点：尺寸精度低、刚性不足、耐候性差，它具有后收缩现象，脱模后易老化、变脆、易变形，耐寒性不如聚乙烯。聚丙烯的弹性模量为 $1.32 \sim 1.42 GPa$。

参 考 文 献

[1] 蓝柳和，谢康和．半解析法在成层软粘土地基固结问题中的应用 [J]．岩石力学与工程学报，2003：327-331.

[2] 文新治．多层地基 Terzaghi 一维固结解 [J]．岩土工程学报，2010 (s2)：29-32.

[3] 谢康和．双层地基一维固结理论与应用 [J]．岩土工程学报，1994 (5)：24-35.

[4] 徐翠微．计算方法引论 [M]．北京：高等教育出版社，1985.

[5] 罗嗣海．层状地基的固结计算与固结特性 [J]．地球科学——中国地质大学学报，1997 (3)：205-209.

[6] 周健，周凯敏，贾敏才，等．成层软黏土地基的固结沉降计算分析 [J]．岩土力学，2010，31 (3)：789-793.

[7] 胡中熊，潘林有．软土地基和预压法地基处理 [M]．北京：机械工业出版社，2005.

[8] 谢康和，郑辉，李冰和．变荷载下成层地基一维非线性固结分析 [J]．浙江大学学报 (工业版)，2003，23 (7)：426-431.

[9] 蓝柳和，谢康和．成层软粘土地基粘弹性一维固结半解析解 [J]．土木工程学报，2003，36 (4)：105-110.

[10] 徐长节，蔡袁强，吴世明．任意荷载下成层弹性地基的一维固结 [J]．土木工程学报，1999，32 (4)：57-63.

[11] 刘加才，蔡南树，施建勇，等．成层竖向排水井地基固结分析 [J]．岩土力学，2005，25 (8)：1247-1252.

[12] 闫富有．成层未打穿砂井地基固结 Lagrange 插值解法 [J]．岩石力学与工程学报，2007，26 (9)：1932-1939.

[13] ONOUE A. Consolidation of multi-layered anisotropic soils by vertical drains with well resistance [J]. Soils and Foundations, 1988, 28 (4)：75-90.

[14] 房营光．层状饱和黏性土砂井路基的固结变形分析 [J]．土木工程学报，1997，30 (5)：49-56.

[15] 谢康和．等应变条件下的双层理想井地基固结理论 [J]．浙江大学学报，1995，29 (5)：529-540.

[16] TANG X W, ONITSUKA K. Consolidation of double-layered ground with vertical drains [J]. International Journal for Numerical and Analytical Methods in Geomechanics, 2001, 25 (14)：1449-1465.

[17] TANG X W, ONITSUKA K. Consolidation of ground with partially penetrated vertical drains [J]. Geotechnical Engineering Journal, 1998, 29 (2)：209-231.

[18] 刘加才，施建勇，赵维炳，等．变荷载作用下未打穿砂井地基固结分析 [J]．岩石力学与工程学报，2005，24 (6)：1041-1046.

[19] 刘加才，蔡南树，施建勇，等．成层竖向排水井地基固结分析 [J]．岩土力学，2005，25 (8)：1247-1252.

[20] HART E G, KONDNER R L, BOYER W C. Analysis of partially penetrating sand drains [J]. Journal of Soil Mechani5cs and Foundation Division, ASCE, 1958, 84 (SM4)：1812-1815.

[21] 谢康和，曾国熙．砂井地基的优化设计 [J]．土木工程学报，1989，22 (2)：3-12.

[22] 陈根媛．等应变条件下的双层理想井地基固结成层地基的一维固结计算方法与砂井地基计算的改进建议 [J]．水利水运科学研究，1984，5 (2)：18-29.

[23] 王立忠，李玲玲．未打穿砂井地基下卧层固结度分析 [J]．中国公路学报，2000，13 (3)：4-8.

[24] 郝玉龙，陈云敏，王军．深厚软土未打穿砂井超载预压地基孔隙水压力消散规律分析 [J]．中国公路

学报，2002，15（2）：36-39.

[25] 张玉国，谢康和，庄迎春，等．未打穿砂井地基固结理论计算分析［J］．岩石力学与工程学报，2005，24（22）：4164-4171.

[26] 张仪萍，严露，俞亚南，等．真空预压加固软土地基变形与固结计算研究［J］．岩土力学，32（增刊1）：149-154.

[27] 叶柏荣．真空预压法的发展及工程实录［J］．地基处理，1995（3）：1-10.

[28] 叶柏荣．综述真空预压法在我国的发展［J］．地基处理，2000（3）：49-57.

[29] 从瑞江．真空预压加固超大面积软土地基［J］．地基处理，1996（2）：30-37.

[30] SHAN J Q, TANG M, MIAO Z. Vacuum preloading consolidation of reclaimed land: a case study ［J］. Can Geotech J, 1998, 35: 740-749.

[31] BARRON R A. Consolidation of fine-grianed soils by drain wlls ［J］. Tran-sactions of the American Society of Civil Engineers, 1948, 113 (2346): 718-742.

[32] HASBO S. Consolidation of fine-grained soils by prefabricated drains ［C］//Proceedings of 10th International Conference on Soil Mechanics and Foundation Engineering. Sweden: ［s. n.］1981: 677-682.

[33] 谢康和，曾国熙．应变条件下砂井地基固结解析解［J］．岩土工程学报，1989，3（2）：4-9.

[34] 龚晓南，岑仰润．真空预压加固软土地基机理探讨［J］．哈尔滨工业大学学报，2002，35（2）：7-10.

[35] 董志良．堆载及真空预压砂井地基固结解析理论［J］．水运工程，1992（9）：1-7.

[36] 谢康和，曾国熙．等应变条件下的砂井地基固结解析解理论［J］．岩土工程学报，1989，21（2）：3-17.

[37] 彭劼．真空-堆载联合预压法加固机理与计算理论研究［D］．南京：河海大学岩土工程系，2003.

[38] MOHAMEDELHASSAN E, SHANG J Q. Vacuum andsurcharge combined one-dimensional consolidation ofclay soils ［J］. Can Geotech., 2002, 39: 1126-1138.

[39] INDRARATNA B, RUJIKIATKAMJORN C, SATHANANTHAN I. Analytical and numerical solutions for a single vertical drain including the effects of vacuum prelonding ［J］. Can Geotech., 2005, 42: 994-1014.

[40] TRAN T A, MITACHI T. Equivalent plane strain modeling of vertical drain in soft ground under embankment combined with vacuum prelonding ［J］. Computers and Geotecnics, 2008, 35: 655-672.

[41] 高志义，张美燕，刘立钮，等．真空预压加固的离心模型试验研究［J］．港口工程，1988（1）：18-24.

[42] 唐奕生．真空预压法加固软土地基现场试验研究及其应用［G］．真空预压加固软土地基论文汇编，1986.

[43] 叶柏荣，董志良．真空预压加固地基的固结解析理论［J］．港口工程，1991，4：4-7.

[44] 黄腾，张迎春，杨春林．真空联合堆载加固软基的抗滑稳定性模型与应用［J］．水运工程，2001（2）：11-150.

[45] 徐泽中，刘世同，柴玉卿．真空堆载联合预压法的渗流分析［J］．河海大学学报，2002，30（3）：85-88.

[46] 邱长林，等．低位抽真空加固软基的有限元分析［J］．岩土工程师，1997，9（4）：1-5.

[47] 陈析，周卫，洪宝宁，真空-堆载联合预压加固软基过程的数值分析［J］．南京理工大学学报，2000，24（5）：457-461.

[48] 李格平．真空联合堆载加固软黏土地基的有限元分析［D］．天津：天津大学，2001.

[49] 杨海彤．真空堆载联合预压固结与沉降规律研究［D］．南京：河海大学，2001.

[50] 周顺华，王炳龙，李尧臣．真空排水固结法处理地基的沉降计算［J］．铁道学报，2001，23（2）：

58-60.

[51] 彭劼，刘汉龙，等．真空堆载联合预压法软基加固对周围环境的影响 [J]．岩土工程学报，2002，24（5）：656-659．

[52] 李豪，高玉峰，等．真空-堆载联合预压加固软基简化计算方法 [J]．岩土工程学报，2003，25（1）：58-62．

[53] 地基处理手册编写委员会．地基处理手册 [M]．2版．北京：中国建筑工业出版社，2000．

[54] 张鹏，罗如平，丁磊，等．华能灌云热电联产项目真空堆载联合预压软基处理施工监测周报表 [R]．华能灌云热电联产项目沉降与稳定监测项目部，2014，11．

[55] 唐彤芝，董江平，黄家青，等．薄砂层长短板结合真空预压法处理吹填淤泥土试验研究 [J]．岩土工程学报，2012，34（5）：899-905．

[56] 沈珠江，陆舜英．软土地基真空排水预压的固结变形分析 [J]．岩土工程学报，1986，8（3），7-15．

[57] 彭劼，刘汉龙，陈永辉，等．真空-堆载联合预压法软基加固对周围环境的影响 [J]．岩土工程学报，2002，24（5）：656-659．

[58] 张泽鹏，李约俊，冯淦清，等．塑料排水板在真空预压加固软基中的作用 [J]．广州大学学报（自然科学版），2002（2）：68-71．

[59] INDRARATNA B. Analytical and numerical solutions forecasting vertical drain including the effects of vacuum preloading [J]. Canadian Geotechnical Journal, 2005, 42 (4): 994-1014.

[60] 陈平山，董志良，张功新．新吹填淤泥浅表层加固中"土桩"形成机理及数值分析 [J]．水运工程，2015，2：88-94．

[61] 王军．大面积海涂围垦吹填淤泥淤堵机理及加固技术 [R]．第14届全国地基处理学术讨论会专题报告，2016，11．

[62] 蒋基安．真空预压作用下淤泥质吹填重塑土地基内负压传递规律研究 [R]．上海：交通行业疏浚技术重点实验室，2014：17-67，118-146．

[63] 住建部．建筑地基基础设计规范：GB 50007—2011 [S]．北京：中国建筑工业出版社，2011．

[64] 住建部．建筑地基处理技术规范：JGJ 79—2012 [S]．北京：中国建筑工业出版社，2012．

[65] 交通运输部．真空预压加固软土地基技术规程：JTS 147—2—2009 [S]．北京：人民交通出版社，2009．

[66] 岑仰润．真空预压加固地基的试验及理论研究 [D]．杭州：浙江大学，2003．

[67] 谢新宇，朱向荣，潘秋元，等．舟山机场场道软基超载预压加固效果分析 [J]．土木工程学报，2000，33（3）：60-65．

[68] 曾国熙，谢康和．砂井地基固结理论的新发展："第五届土力学及基础工程学术会议"论文选集 [C]．北京：中国建筑工业出版社，1987：471-478．

[69] 谢康和．层状图半透水边界一维固结分析 [J]．浙江大学学报，1996，30（5）：25-30．

[70] 夏建中，江雯，谢康和．成层非均质地基一维固结方程半解析求解 [J]．中国公路学报，2006，19（3）：8-11．

[71] 王曦，张宁．多层地基条件下的软土固结计算 [J]．岩土工程界，2004，6（2）：17-19．

[72] 蓝柳和，谢康和．半解析法在成层软黏土地基固结问题中的应用 [J]．岩石力学与工程学报，2003，2：327-331．

[73] 艾智勇，陈祥达，董建国．分层地基 Terzaghi 一维固结问题的刚度矩阵解 [J]．矿产勘查，2004，7（s1）：180-184．

[74] 蔡烽，何利军，周小鹏，等．连续排水边界下成层地基一维固结问题的有限元分析 [J]．中南大学学报（自然科学版），2013，44（1）：315-323．

[75] 徐长节，蔡袁强．任意荷载下弹性地基的一维固结 [J]．土木工程学报，1999，32 (4)：57-63.

[76] 刘加才，赵维炳，宰金珉．排水固结井下层固结度简化计算 [J]．水运工程，2006 (1)：75-79.

[77] 谢新宇，朱向荣，潘秋元，等．舟山机场场道软基超载预压加固效果分析 [J]．土木工程学报，2000，33 (3)：60-65.

[78] 蒋基安，陈海英，陈越，等．排水板真空度损耗的排水固结解析解 [J]．岩土工程学报，2016，38 (3)：404-418.

后　记

本书是全面、系统地阐述采用分层法计算预压成层地基固结度的技术专著。分层法在现有的排水固结原理基础上，建立了一些新概念和新参数，提出了一些新算法，成功地解决了成层地基的固结计算问题，是件值得庆贺的事情。分层法有别于其他方法，它不需要将成层地基等效为单层地基后计算固结度，也不需要建立新的微分方程，避免采用高深复杂的数学方法，只需用电子表格进行四则运算就可算得各土层的平均固结度和整个压缩层的总平均固结度，也可按需要算得任意相邻多层地基组合层的平均固结度。无论地基有多少层，采用何种施工工艺，分层法都能将成层地基拆解为若干个单一土质的均质地基，用现有的方法计算得到各层地基的平均固结度，再用特有的方法将它们整合成压缩层的总平均固结度，使较复杂的非均质地基课题转化为简单的均质地基课题。计算结果的精度远高于平均指标等方法，与工程实例的实测值十分吻合，误差都在允许范围内。分层法弥补了现行规范尚无成层地基固结计算方法的缺憾。分层法还化解了工程界争论不休的最远排水距离问题；描述了真空度在地基中传递的衰减规律及应力分布模式；计入了地下水位下降的影响；创立了真空负压、地下水位下降等的变形量计算公式。对于多种荷载的预压工艺，采用"先分后合"的方式，摒弃了将真空负压等同于地面堆载的算法，创立了真空预压法的 ABV 算法，真空联合堆载预压法的 ABCU 算法，区别对待不同荷载在地基中的分布模式和施加方式。在合成时又充分考虑了荷载在联合作用中"权"的大小。

因各种主、客观方面的原因，现场监测记录的孔隙水压力值存在不小的偏差，加上地面高程、地下水位和附加应力等都在不停地变化，要想利用现成的理论和方法获得真正的超静孔隙水压力确非易事。为此我们将此课题作为下一个待攻克的目标。在此我荣幸地介绍与我共同努力的合作者：朱丽，女，生于 1985 年，江苏徐州人，本科，工程师，从事房屋建筑、轨道交通建筑的建筑结构与岩土工程施工工作。曾发表专业论文 2 篇，获得国家知识产权局审查批准的国家发明专利一项。现任江苏正一基础工程有限公司副总工程师。

本书虽经多次反复校审，几易其稿，仍难免存在差错，在此先深表歉意，恳请读者发现差错后，不吝赐教，以便后续改进。

沈锦儒

2021 年 4 月 30 日